强化学习：
基础·理论·前沿

白文松　张　超　著

东南大学出版社
SOUTHEAST UNIVERSITY PRESS
·南京·

内容简介

本书系统地介绍了强化学习的理论基础、经典算法与前沿技术，内容涵盖从基本概念到最新研究进展的完整体系。全书共九章，前半部分包括马尔可夫决策过程、值迭代与策略迭代、策略梯度、价值学习、深度确定性策略梯度等核心方法，同时介绍了采样技术与重参数化方法，以及模仿学习中的行为克隆、逆强化学习和对抗式模仿学习等策略。后半部分聚焦于前沿领域，涵盖值分布式强化学习、元强化学习、增量强化学习等方向，并在最后探讨了大模型在强化学习中的应用与发展潜力。本书兼具理论深度与应用广度，是理解和掌握强化学习的理想参考资料。

图书在版编目(CIP)数据

强化学习：基础·理论·前沿 / 白文松，张超著.
南京：东南大学出版社，2025. 8. -- ISBN 978-7-5766-
2297-3

Ⅰ. TP181

中国国家版本馆 CIP 数据核字第 202550JP74 号

策划编辑:杨　澍　　责任编辑:姜晓乐　　责任校对:韩小亮
封面设计:毕　真　　责任印制:周荣虎

强化学习:基础·理论·前沿
Qianghua Xuexi：Jichu·Lilun·Qianyan

著　　者	白文松　张　超	
出版发行	东南大学出版社	
出 版 人	白云飞	
社　　址	南京市四牌楼 2 号(邮编:210096　电话:025 - 83793330)	
经　　销	全国各地新华书店	
印　　刷	苏州市古得堡数码印刷有限公司	
开　　本	787 mm×1092 mm　1/16	
印　　张	15.75	
字　　数	307 千字	
版　　次	2025 年 8 月第 1 版	
印　　次	2025 年 8 月第 1 次印刷	
书　　号	ISBN 978-7-5766-2297-3	
定　　价	69.00 元	

本社图书若有印装质量问题,请直接与营销部联系,电话:025 - 83791830。

常用符号

符号	中文	英文
$\mathbb{R}$	实数集	set of real numbers
S 或 s	状态	state
A 或 a	动作	action
R 或 r	奖励	reward
γ	折扣率	discount factor
$\mathcal{S}$	状态空间	state space
$\mathcal{A}$	动作空间	action space
$\pi(\cdot\mid s)$	随机策略函数	stochastic policy function
$\pi(a\mid s)$	随机策略下动作 a 的概率	probability for a of $\pi(\cdot\mid s)$
$\pi(s)$	确定性策略函数	deterministic policy function
$p(s'\mid s,a)$	状态转移函数	state-transition function
$Q^{\pi}(s,a)$	动作价值函数	action-value function
$Q^{*}(s,a)$	最优动作价值函数	optimal action-value function
$V^{\pi}(s)$	状态价值函数	state-value function
$V^{*}(s)$	最优状态价值函数	optimal state-value function
$A^{\pi}(s)$	优势函数	advantage function
$\pi(\cdot\mid s;\theta)$	参数化的随机策略	parameterized stochastic policy
$\pi(s;\theta)$	参数化的确定性策略	parameterized deterministic policy
$Q(s,a;\theta)$	参数化的动作价值函数	parameterized action-value function
$\mathbb{E}[X]$	随机变量的期望	expectation of a random variable

前言

在当今数字化与智能化迅速发展的时代,强化学习(Reinforcement learning,RL)正以前所未有的速度渗透并影响着现代生活的方方面面。从无人驾驶、智能推荐系统到金融风险控制和自动化生产,强化学习技术推动了各个领域的革新,赋予机器不断学习和自我优化的能力。这种技术带来的不仅是效率的提升,更是对人类工作和生活模式的深远重塑。强化学习的核心思想源于行为心理学中的"试错"学习,通过环境反馈进行动态调整,以达到最优决策。强化学习赋予了机器与人类相似的探索与学习能力,使得它们不仅能在已知环境中完成指定任务,更能在复杂、不确定的环境中不断学习和改进。这种学习模式为传统的静态编程开辟了全新的篇章,使得机器有能力根据反馈自我优化,朝着具备自主性的智能体方向迈进。

本书以严谨的逻辑结构和丰富的内容层次,全景式地呈现了强化学习的理论基础与科研前沿。书籍从基础概念开始,逐层深入,囊括了马尔可夫决策过程等基本框架的详细阐述,以及策略梯度、Q学习、深度确定性策略梯度和双重延迟深度确定性策略梯度等经典算法。这些内容不仅让读者掌握经典强化学习算法的精髓,还为其在实践中选择和应用这些算法提供了系统的指导。

本书特别关注了强化学习中一些具有开创意义的方法,如基于采样的学习方式,这在生成模型的构建和优化上有着深远影响。采样方法帮助智能体以高效且成本低廉的方式获得样本,进而在不断丰富的采样过程中积累知识。模仿学习作为另一重要方向,通过学习人类或专家的行为,快速提升了智能体在复杂任务中的适应性与执行效率。在这一领域中,本书深入分析了行为克隆、逆向强化学习和对抗模仿学习等方法的潜力和挑战,拓宽了读者对强化学习在各类环境中应用的视野。

随着强化学习技术的进步,风险与不确定性问题成为该领域亟须解决的关键。本书专门开辟章节探讨值分布式强化学习这一先进方法,并介绍了QR-DQN和IQN等算法,使得读者能更深入地理解如何在风险复杂的环境下实施决策。此外,增量学习和元学习的引入,为强化学习带来了更强的适应性和可迁移性,赋予智能体在不断变化的环境中持续成长的能力。本书详细阐述了增量学习中的灾难性遗忘问题及其对策，举例讲解元强化学习和增量强化学习的结合算法，帮助读者更系统地理解如何提高智能体的学习效率和鲁棒性。

在大模型和 Transformer 架构日益流行的今天，强化学习与这些技术的融合正引领着下一代智能体的研究潮流。借助大语言模型的强大序列处理能力，智能体可以更有效地管理复杂任务和信息流，甚至在缺乏直接监督的情况下实现自主学习。通过 Decision Transformer 和 Trajectory Transformer 等创新模型的应用示例，本书探讨了大模型在决策问题上的潜在价值和未来可能的方向。这些方法展现了大模型驱动下的强化学习在复杂任务中的强大表现，为更具灵活性和智能性的未来系统奠定了基础。

强化学习的崛起不仅仅体现在学术研究中，更在于它对真实世界的深刻影响。无论是自动驾驶中的智能导航、医疗诊断中的个性化治疗、智能家居中的自主调节，还是工业机器人中的自动化操作，强化学习都正在改变着我们生活的每一部分。这种技术的核心价值在于，通过自适应的反馈机制，它能帮助机器快速、有效地提升性能和灵活性，从而应对更加复杂的社会需求。

本书旨在为读者提供一条从理论基础到技术前沿的清晰路径，使得读者能够全面掌握强化学习的精髓，并激发他们在实践中的创新探索。无论您是初次接触强化学习的学生，还是正在探索该领域前沿的研究者，这本书都将为您带来充实而深入的学习体验，帮助您更好地理解并参与到智能系统的发展之中。未来的世界是智能的，而强化学习则是驱动这一进程的重要力量。

白文松

2024 年 11 月 15 号

目录

第一章

强化学习基础

　　本章作为强化学习的基础，着重介绍了马尔可夫决策过程（Markov decision processes，MDP）这一核心概念及其相关理论。MDP 是强化学习中描述智能体与环境互动的数学模型，能够捕捉决策过程中的不确定性，并为求解最优决策策略提供了结构化框架。章节从折扣（无限时域）MDP 的基本概念出发，详细探讨如何通过贝尔曼一致性方程来描述策略的稳定性，并进一步推导出贝尔曼最优性方程，用以刻画策略优化的标准与路径。同时，针对实际应用中的不同情境，介绍了有限时域下 MDP 的特殊处理方法，为不同决策任务提供理论支持。

　　在建立了 MDP 的基本模型之后，本章进入求解 MDP 的计算复杂性分析。具体而言，章节详细介绍了值迭代法与策略迭代两种求解方法，分别探讨了它们在收敛性和计算效率上的差异。值迭代法通过反复计算状态值的更新逐步逼近最优解；而策略迭代则在每一步优化策略，达到更高的收敛速度。此外，针对 MDP 的求解还引入了线性规划方法，通过构建状态-动作多面体，将求解过程转换为线性规划问题。在此基础上，章节进一步引入了对偶线性规划的概念，从数学结构上分析状态-动作空间的性质和限制条件，为理解最优策略的数学构造奠定了坚实基础。

　　为了进一步强化对强化学习算法的理解，本章还探讨了样本复杂性和采样模型在 MDP 中的作用。在现实环境中，直接求解 MDP 往往不可行，而样本复杂性分析则能够帮助我们了解智能体在有限样本条件下的学习效率。采样模型作为一种解决路径，可以通过构建环境的抽样模拟，帮助智能体在资源受限的情况下获得有效学习结果。

　　最后，章节引入优势函数及性能差异引理，这是理解策略优化与性能提升的重要工具。优势函数量化了在给定状态下执行某一动作的相对优越性，而性能差异引理则通过数学推导展示了策略改进的效能。这些工具为后续复杂的策略优化算法奠定了理论基础，并为强化学习中的决策质量提升提供了科学依据。

　　本章以结构化的方式对强化学习中的马尔可夫决策过程进行了系统化的理论阐述，从基本模型构建到复杂度分析，再到优势函数和性能差异引理的引入，全面铺垫了理解强化学习算法的必要知识。通过这一章节的学习,读者将能够掌握 MDP 的基本原理与求解方法,为深入理解强化学习算法打下扎实的理论基础,并为实际问题的解决提供科学的决策模型。

1.1 马尔可夫决策过程

马尔可夫决策过程(MDP)的概念源自 20 世纪 50 年代,由理查德·贝尔曼(Richard Bellman)提出,并以其在动态规划中的核心作用逐渐被应用于各类决策过程。MDP 为描述决策主体在不确定环境中如何做出连续决策提供了数学基础,其定义的状态空间、动作空间、转移概率和奖励函数共同构建了智能体与环境交互的数学模型①。在强化学习领域,MDP 的结构化模型至关重要,因为它可以准确刻画在环境反馈中逐步优化策略的过程。

MDP 在强化学习中的地位可以说是基础且关键的。强化学习的目标是通过经验来获取最优策略,而 MDP 提供了评估策略质量的理论框架,即通过贝尔曼方程来表示状态和动作的价值(value)。这一模型通过状态转移和奖励函数,使智能体能够在给定的状态下选择最优动作以最大化长期累积奖励。强化学习的核心任务之一是求解这一最优策略,并在 MDP 框架下获得长期期望回报的最大化。

借助 MDP,我们能够定义强化学习问题的各项要素,包括状态、动作、转移概率和奖励,并在此基础上探讨如何优化策略。这种设定不仅奠定了强化学习算法的理论基础,也为深度强化学习等先进算法的应用提供了清晰的数学框架。因此,MDP 不仅是强化学习中的一个模型,更是贯穿强化学习理论和方法的基本结构,支撑了多种算法的发展与实现。

1.1.1 马尔可夫性质

马尔可夫决策过程最重要的性质就是其具备马尔可夫性质(Markov property),这是概率论中的一个概念,因为俄国数学家安德雷·马尔可夫得名。当一个随机过程在给定现在状态及所有过去状态的情况下,其未来状态的条件概率分布仅依赖于当前状态;换句话说,在给定现在状态时,它与过去状态(即该过程的历史路径)是条件独立的,那么此随机过程即具有马尔可夫性质。具有马尔可夫性质的过程通常称为马尔可夫过程。

---

① 马尔可夫链(Markov chain)是俄罗斯数学家安德雷·安德烈耶维奇·马尔可夫在概率论背景下提出的,用于描述系统状态以一定概率在不同状态间转移的随机过程。马尔可夫决策过程是美国数学家理查德·贝尔曼将马尔可夫链与动态规划研究结合发展起来的,用于描述更复杂的决策问题。

对于一个具备马尔可夫性质的随机过程,当前状态的概率分布,只与前一个状态有关,而与更之前的状态序列无关。具体来说,假设 X_t 是一个随机过程,其中 X_t 是在时刻 t 的状态,T 是时间集合,那么,对于任意时刻 t 和任意状态 i,j 以及任意时刻 $s<t$,马尔可夫性质可以表达为:

$$P(X_{t+1}=j|X_t=i,X_{t-1}=i_{t-1},\cdots,X_0=i_0)=P(X_{t+1}=j|X_t=i). \tag{1.1}$$

给定当前时刻的状态,未来时刻的状态只与当前时刻的状态相关,而与过去时刻的状态无关。

1.1.2 无限时域马尔可夫决策过程

在强化学习中,智能体与环境的交互通常通过带折扣的无限时域马尔可夫决策过程(MDP)来描述,定义为 $M=(\mathcal{S},\mathcal{A},P,r,\gamma,\mu)$,其中具体包含以下要素:

(1) 状态空间 $\mathcal{S}$,其可以是有限的或无限的。为了数学上的方便性,我们假设 $\mathcal{S}$ 是有限的或可数无限的。

(2) 动作空间 $\mathcal{A}$,同样可以是离散的或无限的。为了数学上的方便性,我们假设 $\mathcal{A}$ 是有限的。

(3) 转移函数 $P:\mathcal{S}\times\mathcal{A}\to\Delta(\mathcal{S})$,其中 $\Delta(\mathcal{S})$ 表示 $\mathcal{S}$ 上的概率分布空间(即概率单纯形)。$P(s'|s,a)$ 表示在状态 s 下采取动作 a 后转移到状态 s' 的概率。我们用 $P_{s,a}$ 来表示向量 $P(\cdot|s,a)$。

(4) 奖励函数 $r:\mathcal{S}\times\mathcal{A}\to[0,1]$,其中 $r(s,a)$ 表示在状态 s 下采取动作 a 所获得的即时奖励。更一般的情况下,$r(s,a)$ 可以是一个随机变量(其分布依赖于 s 和 a)。虽然我们主要讨论 $r(s,a)$ 确定的情形,但推广到具有随机奖励的方法通常是直接的。

(5) 折扣因子 $\gamma\in[0,1)$,其定义了问题的时间范围。

(6) 初始状态分布 $\mu\in\Delta(\mathcal{S})$,其指定了初始状态 s_0 是如何生成的。

在许多情况下,我们假设初始状态固定为 s_0,即 μ 是一个仅在 s_0 上有支持的分布。

轨迹,策略,价值函数与目标

(1) 轨迹:在给定的马尔可夫决策过程 $M=(\mathcal{S},\mathcal{A},P,r,\gamma,\mu)$ 中,智能体与环境的交互过程如下:智能体从某个初始状态 $s_0\sim\mu$ 开始;在每个时间步 $t=0,1,2,\cdots$,智能体选择一个动作 $a_t\in\mathcal{A}$,获得即时奖励 $r_t=r(s_t,a_t)$,并观察到下一个状态 s_{t+1},该状态由 $s_{t+1}\sim P(\cdot|s_t,a_t)$ 生成。时间步 t 时的交互记录

$$\tau_t=(s_0,a_0,r_0,s_1,\cdots,s_t,a_t,r_t),$$

被称为 t 时刻的轨迹,其中包含了从轨迹开始到时间 t 时的环境观测。

(2) 策略:在最一般的设定下,策略指定了一种决策策略,其中智能体根据观测历史

自适应地选择动作;确切地说,策略是从轨迹到动作的(可能是随机的)映射,即 $\pi:H\rightarrow\Delta(\mathcal{A})$,其中 H 是所有可能轨迹(所有长度)的集合,$\Delta(\mathcal{A})$ 是 $\mathcal{A}$ 上的概率分布空间。一个稳态策略 $\pi:\mathcal{S}\rightarrow\Delta(\mathcal{A})$ 指定了一种仅依赖于当前状态选择动作的决策策略,即 $a_t\sim\pi(\cdot\mid s_t)$,确定性的稳态策略形式为 $\pi:\mathcal{S}\rightarrow\mathcal{A}$。

(3)价值函数:现在我们为一般策略定义价值函数。对于一个固定的策略和初始状态 $s_0=s$,我们定义价值函数 $V_M^\pi:\mathcal{S}\rightarrow\mathbb{R}$ 为未来奖励的折扣和:

$$V_M^\pi(s) = \mathbb{E}\left[\sum_{t=0}^{\infty}\gamma^t r(s_t,a_t)\mid\pi,s_0=s\right],$$

其中期望是相对于轨迹的随机性而言的,也就是状态转移的随机性和策略 π 的随机性。因为 $r(s,a)$ 的取值范围在 0 到 1 之间,我们可以得到 $0\leqslant V_M^\pi(s)\leqslant\dfrac{1}{1-\gamma}$。

类似地,动作价值(或 Q 值)函数 $Q_M^\pi:\mathcal{S}\times\mathcal{A}\rightarrow\mathbb{R}$ 定义为:

$$Q_M^\pi(s,a) = \mathbb{E}\left[\sum_{t=0}^{\infty}\gamma^t r(s_t,a_t)\mid\pi,s_0=s,a_0=a\right],$$

同样,$Q_M^\pi(s,a)$ 的上界也是 $\dfrac{1}{1-\gamma}$。

目标:给定一个状态 s,智能体的目标是找到一个最大化价值的策略,即智能体试图求解的优化问题为:

$$\max_{\pi} V_M^\pi(s),$$

其中 max 是在所有可能的(包括非稳态的和随机的)策略上取的。正如我们将看到的,对于所有初始状态 s,存在一个同时最优的确定性和稳态策略。可以看到即便对于相同的状态-动作对,价值函数依然有两个依赖项,即策略 π 与马尔可夫决策过程 M,当上下文明确时,我们省略对 M 的依赖,简写为 V^π。

1.1.3 马尔可夫决策过程的应用

强化学习在生产生活中有诸多实践,这里为读者提供一些强化学习常见的应用。

(1)导航任务:导航问题可能是强化学习中最简单的例子。智能体的状态是其当前所在的位置。智能体的四种可能动作可以是分别向东、西、北、南移动一步。在最简单的设定中,状态转移是确定性的:假设每一步的移动距离是标准化的,那么执行北移动动作会使智能体向北移动一步。智能体可能有一个目标状态 g,它试图到达该状态。在到达目标状态之前,奖励为 0,而在到达目标状态时,奖励为 1。由于折扣因子 $\gamma<1$,这就激励了智能体在轨迹中尽早到达目标状态。因此,在这种情况下的最优行为对应于找到从初始状态到目标状态的最短路径。给定一个策略的情况下,状态的价值函数是 γ^d,其中 d 是该策略到达目标状态所需的步数。

（2）自动驾驶：自动驾驶汽车是强化学习的一个重要应用场景，涉及复杂的决策和控制问题。在这个场景中，智能体的状态可以是车辆的当前感知信息，例如来自摄像头、激光雷达和 GPS 的环境数据，包括道路、障碍物、行人等信息。智能体的动作是汽车的控制命令，例如加速、减速、转向或保持速度。状态转移是由车辆的物理动力学以及道路和交通环境所决定的。在这个应用中，奖励函数设计至关重要。智能体可以通过多种方式获得奖励，例如安全驾驶（避免碰撞）、高效驾驶（节约燃料和时间）、遵守交通规则等。在遇到潜在碰撞危险时，智能体会受到惩罚性奖励，而在成功通过复杂路况或抵达目的地时，则会获得正向奖励。强化学习算法通过与模拟或现实环境的交互，不断改进驾驶策略。自动驾驶的强化学习系统必须面对复杂的多智能体场景，包括其他车辆、行人和动态交通规则，最终目标是开发出能够自主驾驶并适应复杂现实环境的智能体。

（3）机器人控制：机器人控制是另一个强化学习的重要应用领域，尤其是在复杂任务和动态环境中完成高精度操作任务时。机器人智能体的状态通常由多个传感器测量的物理信息组成，如关节角度、速度、力反馈等，而动作则是控制机器人的关节运动或手部动作等操作指令。例如，在一个机器人抓取任务中，智能体的目标是通过一系列动作来准确抓住物体并放置到指定位置。机器人通过与环境的交互来优化其策略，以最少的步骤完成抓取任务。在这个过程中，智能体需要学习如何精确地操控机械臂，以便在不损坏物体的情况下抓取它。在这样的场景中，奖励可以设计为任务成功（如抓取和放置物体）的二元结果，同时也可以根据抓取的稳定性、完成任务的时间或操作的能量消耗来细化奖励。机器人控制问题通常面临复杂的动力学约束和连续的动作空间，强化学习算法能够通过模拟或实际的物理环境进行训练，使机器人逐渐学习并掌握高效且精确的操作技能，广泛应用于工业自动化、医疗机器人和服务机器人领域。

1.1.4 稳态策略的贝尔曼一致性方程

强化学习问题之所以常建模为马尔可夫决策过程（MDP），是因为 MDP 具备良好的数学性质和结构，这为分析和求解决策问题提供了强有力的工具。MDP 的这些性质使得我们能够通过系统化的推导和证明，构建强化学习的理论框架，揭示策略优化与状态价值评估的本质。在本节及后续内容中，本书将逐步展开对这些性质的讨论与推导，尤其是一系列贝尔曼方程的推导。这些理论和性质不仅为强化学习提供了坚实的理论支撑，更奠定了求解最优策略的基础。理解这些内容是深入学习强化学习的必要前提，它们是构建和分析各类强化学习算法的核心所在。

引理 1.1.1 假设 π 是一个稳态策略。那么 V^π 和 Q^π 满足以下贝尔曼一致性方程：对于所有 $s\in\mathcal{S}$ 和 $a\in\mathcal{A}$，

$$V^\pi(s)=Q^\pi(s,\pi(s)),$$

$$Q^\pi(s,a) = r(s,a) + \gamma \mathop{\mathbb{E}}_{a \sim \pi(\cdot|s), s' \sim P(\cdot|s,a)} [V^\pi(s')].$$

将 V^π 视为长度为 $|\mathcal{S}|$ 的向量,将 Q^π 和 r 视为长度为 $|\mathcal{S}| \cdot |\mathcal{A}|$ 的向量是有帮助的。我们对符号进行了重载,令 P 也表示一个大小为 $(|\mathcal{S}| \cdot |\mathcal{A}|) \times |\mathcal{S}|$ 的矩阵,其中 $P_{(s,a),s'}$ 等价于 $P(s'|s,a)$。

我们还定义 P^π 为由稳态策略 π 诱导的状态-动作对上的转移矩阵,具体为:

$$P^\pi_{(s,a),(s',a')} := P(s'|s,a)\pi(a'|s').$$

特别地,对于确定性策略我们有:

$$P^\pi_{(s,a),(s',a')} := \begin{cases} P(s'|s,a), & \text{当 } a' = \pi(s') \text{时,} \\ 0, & \text{当 } a' \neq \pi(s') \text{时.} \end{cases}$$

在此符号下,我们可以直接验证如下等式成立:

$$Q^\pi = r + \gamma P V^\pi,$$
$$Q^\pi = r + \gamma P^\pi Q^\pi.$$

推论 1.1.1 假设 π 是一个稳态策略。我们有:

$$Q^\pi = (I - \gamma P^\pi)^{-1} r,$$

其中 I 是单位矩阵。

证明: 为了证明 $I - \gamma P^\pi$ 是可逆的,我们观察到对于任意非零向量 $x \in \mathbb{R}^{|\mathcal{S}||\mathcal{A}|}$,

$$\|(I - \gamma P^\pi)x\|_\infty = \|x - \gamma P^\pi x\|_\infty \geq \|x\|_\infty - \gamma\|P^\pi x\|_\infty \geq \|x\|_\infty - \gamma\|x\|_\infty = (1-\gamma)\|x\|_\infty > 0.$$

这表明 $I - \gamma P^\pi$ 是满秩的,即它是可逆的。

引理 1.1.2 我们有以下结果成立:

$$\left[(1-\gamma)(I - \gamma P^\pi)^{-1}\right]_{(s,a),(s',a')} = (1-\gamma)\sum_{t=0}^{\infty} \gamma^t P^\pi(s_t = s', a_t = a' | s_0 = s, a_0 = a).$$

$$(1.2)$$

因此,我们可以将该矩阵的 (s,a) 行视为在初始状态 $s_0 = s$ 和初始动作 $a_0 = a$ 下,跟随策略 π 时引导出的状态和动作上的分布。

1.1.5 贝尔曼最优性方程

一个显著且便利的性质是,对于马尔可夫决策过程(MDP),存在一个稳态且确定性的策略,它能同时最大化所有 $s \in \mathcal{S}$ 的 $V^\pi(s)$。该性质的形式化定理如下所示:

定理 1.1.1 设 Π 为所有非稳态和随机策略的集合。定义:

$$V^*(s) := \sup_{\pi \in \Pi} V^\pi(s),$$ $$(1.3)$$
$$Q^*(s,a) := \sup_{\pi \in \Pi} Q^\pi(s,a).$$ $$(1.4)$$

由于 $V^\pi(s)$ 和 $Q^\pi(s,a)$ 的取值范围在 0 和 $\dfrac{1}{1-\gamma}$ 之间,它们是有限的。

存在一个稳态且确定性的策略 π，使得对于所有 $s \in \mathcal{S}$ 和 $a \in \mathcal{A}$，

$$V^{\pi}(s) = V^{*}(s), \tag{1.5}$$

$$Q^{\pi}(s,a) = Q^{*}(s,a), \tag{1.6}$$

我们称这样的策略 π 为最优策略。

证明： 对于任意 $\pi \in \Pi$ 和任意时间步 t，π 指定了基于观测历史的动作分布；这里我们将 $\pi(A_t = a \mid S_0 = s_0, A_0 = a_0, R_0 = r_0, \cdots, S_{t-1} = s_{t-1}, A_{t-1} = a_{t-1}, R_{t-1} = r_{t-1}, S_t = s_t)$ 作为在给定观测历史 $s_0, a_0, r_0, \cdots, s_{t-1}, a_{t-1}, r_{t-1}, s_t$ 的条件下，策略 π 在时间步 t 选择动作 a 的概率。在此证明中，为了更加形式化，我们令 S_t, A_t 和 R_t 表示随机变量，以便将它们与表示具体结果的小写变量区分开来。

首先，我们证明在给定 $(S_0, A_0, R_0, S_1) = (s, a, r, s')$ 的条件下，从时间步 1 开始的未来折扣回报的最大值不依赖于 s, a, r。更准确地说，我们希望证明：

$$\sup_{\pi \in \Pi} \mathbb{E}\left[\sum_{t=1}^{\infty} \gamma^t r(s_t, a_t) \mid \pi, (S_0, A_0, R_0, S_1) = (s, a, r, s') \right] = \gamma V^{*}(s'). \tag{1.7}$$

对于任意策略 π，定义一个"偏移"策略 $\pi_{(s,a,r)}$，该策略在轨迹 τ 上选择动作的方式与策略 π 在轨迹 (s, a, r, τ) 上选择动作的分布相同。更准确地，对于所有时间步 t，定义

$$\pi_{(s,a,r)}(A_t = a \mid S_0 = s_0, A_0 = a_0, R_0 = r_0, \cdots, S_t = s_t) :=$$

$$\pi(A_{t+1} = a \mid S_0 = s, A_0 = a, R_0 = r, S_1 = s_0, A_1 = a_0, R_1 = r_0, \cdots, S_{t+1} = s_t). \tag{1.8}$$

根据马尔可夫性质，我们有：

$$\mathbb{E}\left[\sum_{t=1}^{\infty} \gamma^t r(s_t, a_t) \mid \pi, (S_0, A_0, R_0, S_1) = (s, a, r, s') \right] =$$

$$\gamma \mathbb{E}\left[\sum_{t=0}^{\infty} \gamma^t r(s_t, a_t) \mid \pi_{(s,a,r)}, S_0 = s' \right] = \gamma V^{\pi_{(s,a,r)}}(s'), \tag{1.9}$$

其中，等式的第一步是通过变量代换和策略 $\pi_{(s,a,r)}$ 的定义得到的。此外，对于所有 (s, a, r)，集合 $\{\pi_{(s,a,r)} \mid \pi \in \Pi\}$ 等于 Π 本身，这是由 Π 和 $\pi_{(s,a,r)}$ 的定义得出的。这意味着：

$$\sup_{\pi \in \Pi} \mathbb{E}\left[\sum_{t=1}^{\infty} \gamma^t r(s_t, a_t) \mid \pi, (S_0, A_0, R_0, S_1) = (s, a, r, s') \right] = \gamma \sup_{\pi \in \Pi} V^{\pi}(s') = \gamma V^{*}(s'),$$

$$\tag{1.10}$$

从而证明了所需的等式。

现在我们证明，稳态且确定性的策略，即

$$\tilde{\pi}(s) = \sup_{a \in \mathcal{A}} \mathbb{E}\left[r(s,a) + \gamma V^{*}(s_1) \mid (S_0, A_0) = (s,a) \right], \tag{1.11}$$

是最优的，即 $V^{\tilde{\pi}}(s) = V^{*}(s)$。为此，我们有：

$$V^{*}(s_0) = \sup_{\pi \in \Pi} \mathbb{E}\left[r(s_0, a_0) + \sum_{t=1}^{\infty} \gamma^t r(s_t, a_t) \right] \overset{(a)}{=}$$

$$\sup_{\pi \in \Pi} \mathbb{E}\left[r(s_0, a_0) + \mathbb{E}\left[\sum_{t=1}^{\infty} \gamma^t r(s_t, a_t) \mid \pi, (S_0, A_0, R_0, S_1) = (s_0, a_0, r_0, s_1) \right] \right] \overset{(b)}{\leqslant}$$

$$\sup_{\pi \in \varPi} \mathbb{E}\Big[r(s_0,a_0) + \sup_{\pi' \in \varPi} \mathbb{E}\Big[\sum_{t=1}^{\infty} \gamma^t r(s_t,a_t) \,\big|\, \pi', (S_0,A_0,R_0,S_1)=(s_0,a_0,r_0,s_1)\Big]\Big] =$$

$$\sup_{a_0 \in \mathcal{A}} \mathbb{E}\big[r(s_0,a_0) + \gamma V^*(s_1)\big] \overset{(c)}{=}$$

$$\mathbb{E}\big[r(s_0,a_0) + \gamma V^*(s_1) \,|\, \bar{\pi}\big].$$

通过递归应用同样的论证,我们得到:

$$V^*(s_0) \leqslant \mathbb{E}\big[r(s_0,a_0) + \gamma r(s_1,a_1) + \gamma^2 V^*(s_2) \,|\, \bar{\pi}\big] \leqslant \cdots \leqslant V^{\bar{\pi}}(s_0).$$

由于对于所有 s,$V^{\bar{\pi}}(s) \leqslant \sup\limits_{\pi \in \varPi} V^{\pi}(s) = V^*(s)$,因此我们得到 $V^{\bar{\pi}} = V^*$,这就完成了第一个结论的证明。

对于同样的策略 $\bar{\pi}$,可以使用类似的论证来证明第二个结论。

这表明我们可以将策略限制为稳态且确定性的策略,而不会损失任何性能。下面的定理,同样是由贝尔曼提出的,给出了最优价值函数的精确定义。

定理 1.1.2　(贝尔曼最优性方程)我们称向量 $Q \in \mathbb{R}^{|\mathcal{S}||\mathcal{A}|}$ 满足贝尔曼最优性方程,如果:

$$Q(s,a) = r(s,a) + \gamma \mathbb{E}_{s' \sim P(\cdot \,|\, s,a)}\Big[\max_{a' \in \mathcal{A}} Q(s',a')\Big], \tag{1.12}$$

对于任何 $Q \in \mathbb{R}^{|\mathcal{S}||\mathcal{A}|}$,当且仅当 Q 满足贝尔曼最优性方程时,$Q = Q^*$。此外,由 $\pi(s) \in \operatorname{argmax}_{a \in \mathcal{A}} Q^*(s,a)$ 定义的确定性策略是最优策略。

在证明这一结论之前,我们先给出一些定义。令 π_Q 表示关于向量 $Q \in \mathbb{R}^{|\mathcal{S}||\mathcal{A}|}$ 的贪婪策略,即:

$$\pi_Q(s) := \operatorname{argmax}_{a \in \mathcal{A}} Q(s,a),$$

利用这一符号,上述定理表明,最优策略 π^* 由以下公式给出:

$$\pi^* = \pi_{Q^*}.$$

我们还使用以下符号将向量 $Q \in \mathbb{R}^{|\mathcal{S}||\mathcal{A}|}$ 转化为长度为 $|\mathcal{S}|$ 的向量:

$$V_Q(s) := \max_{a \in \mathcal{A}} Q(s,a).$$

贝尔曼最优性算子 $T : \mathbb{R}^{|\mathcal{S}||\mathcal{A}|} \to \mathbb{R}^{|\mathcal{S}||\mathcal{A}|}$ 定义为:

$$TQ := r + \gamma P V_Q,$$

这使我们能够将贝尔曼最优性方程重新写成简洁的形式:

$$Q = TQ,$$

因此,之前的定理指出,当且仅当 Q 是算子 T 的不动点时,$Q = Q^*$。

提示 1.1.1　贝尔曼最优性算子 T 在研究中也常被用 $\mathcal{T}$ 表示。

证明: 首先我们证明:

$$V^*(s) = \max_a Q^*(s,a).$$

根据定理 1.1.1,存在一个最优的稳态且确定性策略 π^*。考虑一种策略,该策略首

先选择动作 a，然后遵循 π^*。由于 $V^*(s)$ 是在所有非稳态策略中取得的最大值（见定理 1.1.1），因此有

$$V^*(s) \geqslant Q^{\pi^*}(s,a) = Q^*(s,a),$$

这表明对于任意的动作 a，$V^*(s) \geqslant \max_a Q^*(s,a)$。此外，根据引理 1.1.1 和定理 1.1.1，有

$$V^*(s) = V^{\pi^*}(s) = Q^{\pi^*}(s,\pi^*(s)) \leqslant \max_a Q^{\pi^*}(s,a) = \max_a Q^*(s,a),$$

因此我们证明了 $V^*(s)$ 的上下界都是 $\max_a Q^*(s,a)$，从而得出结论。

接下来我们证明充要性，即 Q^*（最优策略的状态-动作值）满足 $Q^* = TQ^*$。对于所有动作 $a \in \mathcal{A}$，有：

$$Q^*(s,a) = \max_\pi Q^\pi(s,a) = r(s,a) + \gamma \max_\pi \mathbb{E}_{s' \sim P(\cdot \mid s,a)}[V^\pi(s')] =$$
$$r(s,a) + \gamma \mathbb{E}_{s' \sim P(\cdot \mid s,a)}[V^*(s')] =$$
$$r(s,a) + \gamma \mathbb{E}_{s' \sim P(\cdot \mid s,a)}[\max_{a'} Q^*(s',a')],$$

其中第二步是由定理 1.1.1 推导而来，最后一步则由前面的等式得出。这证明了充要性。

反过来，假设 $Q = TQ$ 对于某个 Q 成立。我们现在证明 $Q = Q^*$。令 $\pi = \pi_Q$。$Q = TQ$ 意味着：

$$Q = r + \gamma P V_Q,$$

因此：

$$Q = (I - \gamma P^\pi)^{-1} r = Q^\pi,$$

在最后一步中使用了推论 1.1.1。换句话说，Q 是策略 π_Q 的动作值。此外，我们继续证明

$$(P^\pi - P^{\pi'})Q^\pi \geqslant 0,$$

为此，注意到：

$$[(P^\pi - P^{\pi'})Q^\pi]_{s,a} = \mathbb{E}_{s' \sim P(\cdot \mid s,a)}[Q^\pi(s',\pi(s')) - Q^\pi(s',\pi'(s'))] \geqslant 0,$$

其中最后一步使用了 $\pi = \pi_Q$ 的事实。现在注意，对于任意其他的确定性且稳态的策略 π'，有：

$$Q - Q^{\pi'} = Q^\pi - Q^{\pi'} = Q^\pi - (I - \gamma P^{\pi'})^{-1} r =$$
$$(I - \gamma P^{\pi'})^{-1}((I - \gamma P^{\pi'}) - (I - \gamma P^\pi))Q^\pi =$$
$$\gamma(I - \gamma P^{\pi'})^{-1}(P^\pi - P^{\pi'})Q^\pi \geqslant 0,$$

最后一步成立是因为我们已经证明了 $(P^\pi - P^{\pi'})Q^\pi \geqslant 0$，并且 $(1-\gamma)(I - \gamma P^{\pi'})^{-1}$ 是一个所有元素均为正的矩阵。因此，$Q^\pi = Q \geqslant Q^{\pi'}$ 对于所有确定性且稳态的 π' 都成立，这表明 π 是最优策略。于是，$Q = Q^\pi = Q^*$，结合定理 1.1.1，证毕。

1.1.6 有限时域马尔可夫决策过程

在某些情况下,使用有限时域(且时间相关)的马尔可夫决策过程是自然的。一个有限时域的时间相关马尔可夫决策过程(MDP)可以表示为 $M = (\mathcal{S}, \mathcal{A}, \{P_h\}, \{r_h\}, H, \mu)$,其具体定义如下:

(1) 状态空间 $\mathcal{S}$,可以是有限的或无限的。

(2) 动作空间 $\mathcal{A}$,同样可以是离散的或无限的。

(3) 时间相关的转移函数 $P_h : \mathcal{S} \times \mathcal{A} \to \Delta(\mathcal{S})$,其中 $\Delta(\mathcal{S})$ 表示 $\mathcal{S}$ 上的概率分布空间。$P_h(s' | s, a)$ 表示在时间步 h,智能体在状态 s 下采取动作 a 后转移到状态 s' 的概率。请注意,时间相关的设定是稳态设定的一种推广,其中所有时间步共享相同的转移函数。

(4) 时间相关的奖励函数 $r_h : \mathcal{S} \times \mathcal{A} \to [0,1]$,$r_h(s,a)$ 表示在时间步 h,智能体在状态 s 下采取动作 a 所获得的即时奖励。

(5) 整数 H,定义了问题的时域长度。

(6) 初始状态分布 $\mu \in \Delta(S)$,其指定了初始状态 s_0 是如何生成的。

在此设定下,对于一个策略 π、一个状态 s 和 $h \in \{0, \cdots, H-1\}$,我们定义价值函数 $V_h^\pi : \mathcal{S} \to \mathbb{R}$ 为:

$$V_h^\pi(s) = \mathbb{E}\left[\sum_{t=h}^{H-1} r_h(s_t, a_t) \mid \pi, s_h = s \right], \tag{1.13}$$

其中期望是相对于轨迹的随机性而言的,即状态转移的随机性和策略 π 的随机性。类似地,状态-动作值(或 Q 值)函数 $Q_h^\pi : \mathcal{S} \times \mathcal{A} \to \mathbb{R}$ 定义为:

$$Q_h^\pi(s, a) = \mathbb{E}\left[\sum_{t=h}^{H-1} r_h(s_t, a_t) \mid \pi, s_h = s, a_h = a \right], \tag{1.14}$$

我们也使用记号 $V^\pi(s) = V_0^\pi(s)$。

同样地,给定一个状态 s,智能体的目标是找到一个最大化价值的策略,即智能体试图求解的优化问题为:

$$\max_\pi V^\pi(s), \tag{1.15}$$

其中 $V^\pi(s) = V_0^\pi(s)$。

定理 1.1.3 定义

$$Q_h^*(s, a) = \sup_{\pi \in \Pi} Q_h^\pi(s, a), \tag{1.16}$$

其中 sup 是在所有非稳态和随机策略上取的。假设 $Q_H = 0$。当且仅当对于所有 $h \in [H]$,下式成立时,$Q_h = Q_h^*$ 对所有 $h \in [H]$ 成立:

$$Q_h(s, a) = r_h(s, a) + \mathbb{E}_{s' \sim P_h(\cdot \mid s, a)}\left[\max_{a' \in \mathcal{A}} Q_{h+1}(s', a') \right], \tag{1.17}$$

此外,$\pi(s, h) = \arg\max_{a \in \mathcal{A}} Q_h^*(s, a)$ 是最优策略。

在强化学习领域的研究中,研究这两种模型(无限时域马尔可夫决策过程、有限时域马尔可夫决策过程)是很自然的。我们通常假设在无限时域设定中使用稳态动态,而在有限时域设定中使用时间相关的动态。从理论角度来看,有限时域的时间相关设定通常更易于分析,最优的统计收敛率往往需要较简单的推导。然而,从实践角度来看,时间相关 MDP 很少被应用,因为它们导致的策略和价值函数相比稳态设定在存储上需要 $\mathcal{O}(H)$ 的额外开销。在实践中,我们通常将时间信息直接纳入状态定义中,从而得到更紧凑的价值函数和策略(当与函数逼近方法结合时,这些方法试图以更紧凑的形式表示价值和策略)。

1.2　计算复杂性

本节将讨论在已知马尔可夫决策过程(MDP)$M=(\mathcal{S},\mathcal{A},P,r,\gamma)$ 的情况下如何计算最优策略,这可以视为解决规划问题。尽管本书的主要内容集中在统计极限上,但理解计算极限也是有益的。我们将讨论能够给出精确或近似最优策略的算法,尤其是多项式时间(以及强多项式时间)算法。

假设我们的 MDP M 中的 (P,r,γ) 是由有理数表示的。令 $L(P,r,\gamma)$ 表示描述 M 所需的总位数,并假设基本的算术运算$+$、$-$、$\times$、$\div$只需单位时间完成。在此情形下,我们希望找到一种算法,该算法能够精确返回一个运行时间为 $L(P,r,\gamma)$ 和状态、动作数量的多项式时间的最优策略。

更一般地,理解哪些算法是强多项式时间的也很有帮助。在这里,我们不限制(P,r,γ)必须由有理数指定。一个算法被称为强多项式时间算法,当它在仅依赖状态和动作数量(不依赖 $L(P,r,\gamma)$)的多项式时间内返回最优策略。

接下来的小节将介绍计算 Q^* 的经典迭代算法,随后我们将讨论线性规划方法。

1.2.1　值迭代法

对于折扣 MDP,最简单的算法或许是迭代地应用不动点映射:从某个 Q 开始,迭代应用 T 映射:

$$Q\leftarrow TQ,$$

这个算法被称为 Q 值迭代法。通过 Q 值迭代法,我们可以找到唯一解,这里首先介绍一个数学概念——压缩映射。

定义 1.2.1　(压缩映射)度量空间(M,d)上的压缩映射(contraction mapping),是一个从 M 到它本身的函数 f,存在某个实数 $0<k<1$,使得对于所有 M 内的 x 和 y,都有:

$$d'(f(x),f(y))\leqslant kd(x,y),$$

满足以上条件的最小的 k 称为 f 的利普希茨常数。压缩映射有时称为利普希茨映射。如果以上的条件对所有的 $0<k\leqslant 1$ 都满足,则该映射称为非膨胀的。

更一般地,压缩映射的想法可以定义关于两个度量空间之间的映射。如果 (M,d) 和 (N,d') 是两个度量空间,则我们寻找常数 k,使得对于所有 M 内的 x 和 y 都有

$$d'(f(x),f(y))\leqslant kd(x,y)。$$

压缩映射的性质:(1) 每一个压缩映射都是利普希茨连续的,因此是一致连续的;(2) 一个压缩映射最多有一个不动点。另外,巴拿赫不动点定理说明,非空的完备度量空间上的每一个压缩映射都有唯一的不动点,且对于 M 内的任意 x,迭代函数序列 x,$f(x),f(f(x)),f(f(f(x))),\cdots$ 都收敛于不动点。这个概念在迭代函数系统中是非常有用的,其中通常要利用压缩映射。

引理 1.2.1 (T 压缩映射)对于任意两个向量 $Q,Q'\in\mathbb{R}^{|S||A|}$,有:

$$\|TQ-TQ'\|_\infty\leqslant\gamma\|Q-Q'\|_\infty.$$

证明: 首先,证明对于所有 $s\in\mathcal{S}$,$|V_Q(s)-V_{Q'}(s)|\leqslant\max_{a\in\mathcal{A}}|Q(s,a)-Q'(s,a)|$。假设 $V_Q(s)>V_{Q'}(s)$(另一方向对称),令 a 为 s 处 Q 的贪婪动作。则有:

$$|V_Q(s)-V_{Q'}(s)|=Q(s,a)-\max_{a'\in\mathcal{A}}Q'(s,a')\leqslant Q(s,a)-Q'(s,a)\leqslant$$
$$\max_{a\in\mathcal{A}}|Q(s,a)-Q'(s,a)|,$$

利用此结果,

$$\|TQ-TQ'\|_\infty=\gamma\|PV_Q-PV_{Q'}\|_\infty=\gamma\|P(V_Q-V_{Q'})\|_\infty\leqslant\gamma\|V_Q-V_{Q'}\|_\infty=$$
$$\gamma\max_s|V_Q(s)-V_{Q'}(s)|\leqslant\gamma\max_s\max_a|Q(s,a)-Q'(s,a)|=$$
$$\gamma\|Q-Q'\|_\infty,$$

其中第一个不等式利用了 $P(V_Q-V_{Q'})$ 的每个元素是 $V_Q-V_{Q'}$ 的凸平均,第二个不等式则使用了我们之前的结论。

引理 1.2.2 (Q 值误差放大)对于任意向量 $Q\in\mathbb{R}^{|S||A|}$,有:

$$V_{\pi_Q}\geqslant V^*-\frac{2\|Q-Q^*\|_\infty}{1-\gamma}\mathbf{1},$$

其中 $\mathbf{1}$ 表示全为 1 的向量。

证明: 固定状态 s 并令 $a=\pi_Q(s)$,我们有:

$$V^*(s)-V_{\pi_Q}(s)=Q^*(s,\pi^*(s))-Q_{\pi_Q}(s,a)=$$
$$Q^*(s,\pi^*(s))-Q^*(s,a)+Q^*(s,a)-Q_{\pi_Q}(s,a)=$$
$$Q^*(s,\pi^*(s))-Q^*(s,a)+\gamma\mathbb{E}_{s'\sim P(\cdot|s,a)}[V^*(s')-V_{\pi_Q}(s')]\leqslant$$
$$Q^*(s,\pi^*(s))-Q(s,\pi^*(s))+Q(s,a)-Q^*(s,a)+$$

$$\gamma \mathbb{E}_{s' \sim P(s,a)}\left[V^*(s') - V_{\pi_Q}(s')\right] \leqslant$$
$$2\|Q - Q^*\|_\infty + \gamma \|V^* - V_{\pi_Q}\|_\infty,$$

第一个不等式使用了 $Q(s, \pi^*(s)) \leqslant Q(s, \pi_Q(s)) = Q(s, a)$ 这一事实，这是由 π_Q 的定义得出的。

定理 1.2.1　（Q 值迭代收敛性）设 $Q^{(0)} = 0$。对于 $k = 0, 1, \cdots$，假设：
$$Q^{(k+1)} = TQ^{(k)},$$

令 $\pi^{(k)} = \pi_{Q^{(k)}}$。当 $k \geqslant \log \dfrac{2}{(1-\gamma)^2 \varepsilon} \dfrac{1}{1-\gamma}$ 时，有：
$$V_{\pi^{(k)}} \geqslant V^* - \varepsilon \mathbf{1}.$$

证明： 由于 $\|Q^*\|_\infty \leqslant \dfrac{1}{1-\gamma}$，且 $Q^{(k)} = T^k Q^{(0)}$ 和 $Q^* = TQ^*$，根据引理 1.2.1，得：
$$\|Q^{(k)} - Q^*\|_\infty = \|T^k Q^{(0)} - T^k Q^*\|_\infty \leqslant \gamma^k \|Q^{(0)} - Q^*\|_\infty =$$
$$(1 - (1-\gamma))^k \|Q^*\|_\infty \leqslant \exp(-(1-\gamma)k) \frac{1}{1-\gamma}.$$

结合我们对 k 的选择以及引理 1.2.2，证明完成。

1.2.2　策略迭代

对于折扣 MDP，策略迭代算法从一个任意策略 π_0 开始，并重复以下迭代步骤：对于 $k = 0, 1, 2, \cdots$

（1）策略评估：计算 Q_{π_k}。

（2）策略改进：更新策略：$\pi_{k+1} = \pi_{Q_{\pi_k}}$。

在每次迭代中，我们根据公式的解析形式计算 π_k 的 Q 值函数，并更新策略为相对于该新的 Q 值函数的贪婪策略。第一步通常称为策略评估，第二步通常称为策略改进。

引理 1.2.1　我们有以下结果成立：
$$Q_{\pi_{k+1}} \geqslant TQ_{\pi_k} \geqslant Q_{\pi_k},$$
$$\|Q_{\pi_{k+1}} - Q^*\|_\infty \leqslant \gamma \|Q_{\pi_k} - Q^*\|_\infty.$$

证明： 首先，我们证明 $TQ_{\pi_k} \geqslant Q_{\pi_k}$。注意到策略迭代中生成的策略始终是确定性的，因此对于所有迭代 k 和状态 s，有 $V_{\pi_k}(s) = Q_{\pi_k}(s, \pi_k(s))$。因此，
$$Q_{\pi_k}(s, a) = r(s, a) + \gamma \mathbb{E}_{s' \sim P(\cdot \mid s, a)}\left[\max_{a'} Q_{\pi_k}(s', a')\right] \geqslant$$
$$r(s, a) + \gamma \mathbb{E}_{s' \sim P(\cdot \mid s, a)}\left[Q_{\pi_k}(s', \pi_k(s'))\right] = Q_{\pi_k}(s, a).$$

现在我们证明 $Q_{\pi_{k+1}} \geqslant TQ_{\pi_k}$。首先，我们观察到 $Q_{\pi_{k+1}} \geqslant Q_{\pi_k}$ 因为
$$Q_{\pi_k} = r + \gamma P_{\pi_k} Q_{\pi_k} \leqslant r + \gamma P_{\pi_{k+1}} Q_{\pi_k} \leqslant \sum_{t=0}^{\infty} \gamma^t (P_{\pi_{k+1}})^t r = Q_{\pi_{k+1}},$$
其中我们在第一个不等式中使用了 π_{k+1} 是贪婪策略的事实，第二个不等式使用了递归关系。利用这一点，

$$Q_{\pi_{k+1}}(s,a) = r(s,a) + \gamma \mathbb{E}_{s' \sim P(\cdot \mid s,a)}\left[Q_{\pi_{k+1}}(s', \pi_{k+1}(s'))\right] \geq$$
$$r(s,a) + \gamma \mathbb{E}_{s' \sim P(\cdot \mid s,a)}\left[Q_{\pi_k}(s', \pi_{k+1}(s'))\right] =$$
$$r(s,a) + \gamma \mathbb{E}_{s' \sim P(\cdot \mid s,a)}\left[\max_{a'} Q_{\pi_k}(s', a')\right] =$$
$$T Q_{\pi_k}(s,a),$$

从而完成了第一个结论的证明。

对于第二个结论,有:

$$\|Q^* - Q_{\pi_{k+1}}\|_\infty \leq \|Q^* - T Q_{\pi_k}\|_\infty = \|T Q^* - T Q_{\pi_k}\|_\infty \leq \gamma \|Q^* - Q_{\pi_k}\|_\infty,$$

其中第二步使用了 $Q^* \geq Q_{\pi_{k+1}} \geq T Q_{\pi_k}$,最后一步利用了 T 的压缩映射性质(见引理 1.2.1)。根据这个引理,可以立即得出策略迭代算法的收敛速率。

策略迭代收敛性

定理 1.2.2 设 π_0 为任意初始策略。当 $k \geq \log \dfrac{1}{(1-\gamma)\varepsilon} \dfrac{1}{1-\gamma}$ 时,第 k 次策略迭代的策略满足以下性能界限:

$$Q_{\pi_k} \geq Q^* - \varepsilon \mathbf{1}. \tag{1.18}$$

求解精确解的迭代复杂性:关于求解精确的最优策略,从之前的结果可以看出,策略迭代的效率不低于值迭代。然而,当试图获得与位复杂度 $L(P,r,\gamma)$ 无关的精确解时,可以进行改进(此处假设对实数的基本算术操作的代价为常数阶)。简单来看,策略迭代的迭代次数由策略的数量界定,即 $|\mathcal{A}|^{|\mathcal{S}|}$;然而,经过改进,策略迭代的次数可以界定为 $|\mathcal{A}|^{|\mathcal{S}|}/|\mathcal{S}|$。值得注意的是,对于固定的 γ,可以证明策略迭代是一个强多项式时间算法,策略迭代在最多 $|\mathcal{S}|^2 |\mathcal{A}| \log \dfrac{|\mathcal{S}|^2}{1-\gamma} \dfrac{1}{1-\gamma}$ 次迭代中找到精确的最优策略。

1.2.3 有限时域 MDP 的值迭代

现在我们指定有限时域 MDP 的值迭代算法。对于有限时域设定,值迭代和策略迭代的类似方法实际上会得出相同的算法。值迭代算法如下所示:

(1) 设定 $Q_{H-1}(s,a) = r_{H-1}(s,a)$。

(2) 对于 $h = H-2, \cdots, 0$,更新:

$$Q_h(s,a) = r_h(s,a) + \gamma \mathbb{E}_{s' \sim P_h(\cdot \mid s,a)}\left[\max_{a' \in \mathcal{A}} Q_{h+1}(s', a')\right].$$

根据定理 1.1.3,可以得出 $Q_h(s,a) = Q_h^*(s,a)$,且 $\pi(s,h) = \arg\max\limits_{a \in \mathcal{A}} Q_h^*(s,a)$ 是最优策略。

1.2.4　线性规划方法

理解求解已知 MDP 最优策略的另一种方法是有益的。在计算方面,考虑已知 MDP $M=(\mathcal{S},\mathcal{A},P,r,\gamma,\mu)$ 的情况,并假设 P、r 和 γ 都是由有理数表示的。从计算角度来看,之前的迭代算法严格来说不是多项式时间算法,因为它们在运行时间上依赖于 $\frac{1}{1-\gamma}$ 的多项式,而 $\frac{1}{1-\gamma}$ 在 MDP 描述长度上的表示不是多项式时间。特别是,注意到 $1-\gamma$ 的任何有理值都可以用 $\mathcal{O}\left(\log\frac{1}{1-\gamma}\right)$ 位精度表示。在此背景下,当 MDP 已知时,我们可以期望一个全多项式时间算法,其计算时间依赖于 MDP M 的描述长度的多项式,且参数用有理数表示。在这种情况下,线性规划方法提供了一种多项式时间算法。

原始线性规划和多项式时间算法

考虑以下优化问题,变量为 $V\in\mathbb{R}^{|\mathcal{S}|}$:

$$\min\sum_s\mu(s)V(s),$$

其满足以下约束条件:

$$V(s)\geqslant r(s,a)+\gamma\sum_{s'}P(s'|s,a)V(s'),\quad\forall a\in\mathcal{A},s\in\mathcal{S}.$$

若 μ 对所有状态有支持,则该线性规划的最优值函数 $V^*(s)$ 是该问题的唯一解。在计算时间方面,线性规划方法的复杂性仅依赖于规划中系数的描述长度,因为这决定了基本加法和乘法的计算复杂度。因此,当 MDP 由有理数表示时,该方法仅依赖于 MDP 的位描述长度。

实际上,策略迭代算法就是块枢轴的单纯形方法。尽管单纯形方法一般来说不是强多项式时间算法,但在折扣因子固定的情况下,策略迭代算法是强多项式时间算法。

1.2.5　对偶线性规划与状态-动作多面体

对于一个固定的(可能是随机的)策略 π,我们定义在从 s_0 开始并遵循 π 后,所引发的状态和动作的访问度量。具体地,定义该分布 $d_{s_0}^\pi$ 如下:

$$d_{s_0}^\pi(s,a):=(1-\gamma)\sum_{t=0}^{\infty}\gamma^t\mathrm{Pr}_\pi\quad(s_t=s,a_t=a|s_0),\tag{1.19}$$

其中 $\mathrm{Pr}_\pi(s_t=s,a_t=a|s_0)$ 表示在从状态 s_0 开始并遵循策略 π 后,状态 $s_t=s$ 且动作 $a_t=a$ 的概率。很容易验证 $d_{s_0}^\pi$ 是 $\mathcal{S}\times\mathcal{A}$ 上的一个分布。我们也重载符号,将其表示为:

$$d_\mu^\pi(s,a)=\mathbb{E}_{s_0\sim\mu}[d_{s_0}^\pi(s,a)],$$

其中 μ 是 $\mathcal{S}$ 上的一个分布。回忆一下,引理 1.1.2 提供了通过适当的向量-矩阵乘法计算 $d_\mu^\pi(s,a)$ 的方法。

很容易验证,d_μ^π 对所有 $s\in S$ 满足:

$$\sum_a d_\mu^\pi(s,a) = (1-\gamma)\mu(s) + \gamma\sum_{s',a'}P(s|s',a')d_\mu^\pi(s',a'). \tag{1.20}$$

我们定义状态-动作多面体如下:

$$K_\mu := \left\{d\,|\,d\geqslant 0\ \text{且}\ \sum_a d(s,a) = (1-\gamma)\mu(s) + \gamma\sum_{s',a'}P(s|s',a')d(s',a')\right\},$$

我们现在看到,这个集合精确地刻画了所有状态-动作访问分布。

命题 1.2.1 我们有 K_μ 等于所有可行的状态-动作分布的集合,即当且仅当存在一个稳态(且可能是随机的)策略 π 使得 $d_\mu^\pi = d$ 时,$d\in K_\mu$。

对于变量 $d\in\mathbb{R}^{|S|\cdot|A|}$,对偶线性规划的形式如下:

$$\max \frac{1}{1-\gamma}\sum_{s,a}d_\mu(s,a)r(s,a),\ \text{s. t.}\ d\in K_\mu,$$

请注意,K_μ 本身是一个多面体,可以验证这确实是前述线性规划的对偶形式。该方法提供了一种找到最优解的替代途径。

如果 d^* 是此线性规划的解,并且假设 μ 对所有状态有支持,则有:

$$\pi^*(a|s) = \frac{d^*(s,a)}{\sum_{a'}d^*(s,a')},$$

这是一个最优策略。另一种最优策略为 $\mathrm{argmax}_a d^*(s,a)$,如果最优策略是唯一的,则这两种策略是相同的。

1.2.6 采样复杂性与采样模型

强化学习的主要任务之一是在未知的马尔可夫决策过程(MDP)下,找到接近最优的策略(或获得接近最优的奖励)。我们将研究智能体在几种不同的模型下如何获取关于未知 MDP 的信息。在这些模型中,我们关注的是找到接近最优策略所需的样本数量,即样本复杂性。最终目标是能够应用于状态空间和动作空间很大(甚至可能是可数或不可数无限)的情形。与监督学习中的泛化问题类似,尽管在强化学习中,这一问题在本质上更具挑战性,正如我们将在后续看到的。研究算法采样复杂性是一个长期且复杂的任务,相关讲解将穿插在本书各章节的具体算法介绍中,这里我们先了解强化学习常见的采样设定。

分幕设置

在分幕(episodic)设置中,每一幕中学习者从一个固定的初始状态 $s_0\sim\mu$ 开始,进行有限步数的行动。学习者观察整个轨迹,然后状态重置为 $s_0\sim\mu$。这种分幕的反馈模型适用于有限时域和无限时域的 MDP。

(1)有限时域 MDP:在此设定中,每一幕持续 H 步,然后状态重置为 $s_0\sim\mu$。

（2）无限时域 MDP：即便是无限时域 MDP，在学习中采用分幕模型也是合理的，每一幕在有限步数后终止。在这种情况下，通常假设智能体可以自行决定终止幕的时间，或每步有概率 $1-\gamma$ 终止该幕。终止后，状态重置为 $s_0 \sim \mu$。值得注意的是，如果每步的终止概率为 $1-\gamma$，那么策略在一幕中的累积奖励为该策略在无限时域、折扣环境下的无偏估计。

在这一设定中，我们通常关心找到接近最优策略所需的幕数，这是一个概率上近似正确的保证，或者我们关注遗憾界限。

分幕设定具有重要意义，因为智能体必须进行探索以获取在相关状态下的信息。正如我们将在后续章节中看到的，这种探索必须是战略性的，因为随机行为不足以快速获得足够的信息。为避免直接处理探索问题，研究学习的统计复杂性时，采用更抽象的采样模型（即生成模型）往往有帮助。此外，这种采样模型本身也是一个自然的设定。

生成模型设定

生成模型以状态-动作对 (s,a) 作为输入，返回一个样本 $s' \sim P(\cdot \mid s,a)$ 和奖励 $r(s,a)$，如果奖励是随机的，则返回奖励的一个样本。

离线强化学习设定

在离线强化学习设定中，智能体可以访问一个离线数据集，该数据集可能是由某个策略（或多个策略的集合）生成的。在最简单的情况下，我们可以假设数据集的形式为 $\{(s,a,s',r)\}$，其中 r 是对应于 $r(s,a)$ 的奖励（如果奖励是确定性的），且 $s' \sim P(\cdot \mid s,a)$。为了简化问题，可以假设数据集中的 s,a 对是从某个固定分布 ν 在 $\mathcal{S} \times \mathcal{A}$ 上独立同分布采样得到的。

1.3　优势函数与性能差异引理

在本章节的讨论中，我们重载符号，对于分布 μ 在状态空间 $\mathcal{S}$ 上的价值，表示为：

$$V^\pi(\mu) = \mathbb{E}_{s \sim \mu}[V^\pi(s)].$$

策略 π 的优势函数 $A^\pi(s,a)$ 定义为：

$$A^\pi(s,a) := Q^\pi(s,a) - V^\pi(s). \tag{1.21}$$

注意，对于所有的状态-动作对，有：

$$A^*(s,a) := A^{\pi^*}(s,a) \leqslant 0.$$

类似于状态-动作访问分布，我们可以定义仅关于状态的访问度量。当上下文明确时，我们将重载符号，同样将该分布记为 $d^\pi_{s_0}$：

$$d_{s_0}^{\pi}(s) = (1-\gamma)\sum_{t=0}^{\infty}\gamma^t \mathrm{Pr}_{\pi}(s_t = s\,|\,s_0),\tag{1.22}$$

其中 $\mathrm{Pr}_{\pi}(s_t=s\,|\,s_0)$ 是在策略 π 下从初始状态 s_0 开始的状态访问概率。同样地,我们对状态分布 μ 记为:

$$d_{\mu}^{\pi}(s) = \mathbb{E}_{s_0\sim\mu}[d_{s_0}^{\pi}(s)].$$

以下引理在分析强化学习算法时非常有用。

引理 1.3.1 (性能差异引理)对于所有的策略 π,π' 和状态分布 μ,有:

$$V^{\pi}(\mu) - V^{\pi'}(\mu) = \frac{1}{1-\gamma}\mathbb{E}_{s'\sim d_{\mu}^{\pi}}\}\mathbb{E}_{a'\sim\pi(\cdot\,|\,s')}\}[A^{\pi'}(s',a')].$$

证明: 令 $\mathrm{Pr}_{\pi}(\tau\,|\,s_0=s)$ 表示从状态 s 开始并按照策略 π 观测到轨迹 τ 的概率。根据 $a_{s_0}^{\pi}$ 的定义,对于任意函数 $f:\mathcal{S}\times\mathcal{A}\rightarrow\mathbb{R}$,我们有:

$$\mathbb{E}_{\tau\sim\mathrm{Pr}_{\pi}}\Big[\sum_{t=0}^{\infty}\gamma^t f(s_t,a_t)\Big] = \frac{1}{1-\gamma}\mathbb{E}_{s\sim d_{s_0}^{\pi}}\mathbb{E}_{a\sim\pi(\cdot|s)}[f(s,a)].\tag{1.23}$$

根据定义展开我们可以得到:

$$V^{\pi}(s) - V^{\pi'}(s) = \mathbb{E}_{\tau\sim\mathrm{Pr}_{\pi}(\tau\,|\,s_0=s)}\Big[\sum_{t=0}^{\infty}\gamma^t r(s_t,a_t)\Big] - V^{\pi'}(s) =$$

$$\mathbb{E}_{\tau\sim\mathrm{Pr}_{\pi}(\tau\,|\,s_0=s)}\Big[\sum_{t=0}^{\infty}\gamma^t(r(s_t,a_t)+V^{\pi'}(s_t)-V^{\pi'}(s_t))\Big] - V^{\pi'}(s) \overset{(a)}{=}$$

$$\mathbb{E}_{\tau\sim\mathrm{Pr}_{\pi}(\tau\,|\,s_0=s)}\Big[\sum_{t=0}^{\infty}\gamma^t(r(s_t,a_t)+\gamma V^{\pi'}(s_{t+1})-V^{\pi'}(s_t))\Big] \overset{(b)}{=}$$

$$\mathbb{E}_{\tau\sim\mathrm{Pr}_{\pi}(\tau\,|\,s_0=s)}\Big[\sum_{t=0}^{\infty}\gamma^t(Q^{\pi'}(s_t,a_t)-V^{\pi'}(s_t))\Big] =$$

$$\mathbb{E}_{\tau\sim\mathrm{Pr}_{\pi}(\tau\,|\,s_0=s)}\Big[\sum_{t=0}^{\infty}\gamma^t A^{\pi'}(s_t,a_t)\Big] =$$

$$\frac{1}{1-\gamma}\mathbb{E}_{s'\sim d_s^{\pi}}\mathbb{E}_{a'\sim\pi(\cdot|s')}[A^{\pi'}(s',a')],\tag{1.24}$$

其中步骤(a)通过望远镜求和重排了项;步骤(b)利用的是迭代期望定律;最后一个等式则由公式 1.23 推导而来。

理解优势函数

为了更好地理解优势函数的作用,我们可以从强化学习中的策略优化角度来考虑。优势函数 $A^{\pi}(s,a)$ 的引入,可以帮助我们更好地评估和改进策略。以下是引入优势函数的原因:在强化学习中,目标是找到最优策略 π^*,使得代理能够在环境中最大化其长期回报。通过引入优势函数 $A^{\pi}(s,a)$,我们能够量化某一状态-动作对相对于该状态下平均回报的优势。具体地,$A^{\pi}(s,a)$ 表示了选择动作 a 在状态 s 时,相较于平均回报 $V^{\pi}(s)$ 所能带来的额外回报。这种量化使得我们能够更好地进行策略更新,从而加速学习过程。

优势函数的引入有以下几个关键作用：

（1）高效的策略优化：在策略梯度方法（如 REINFORCE）和价值迭代方法中，直接使用 $Q^\pi(s,a)$ 或 $V^\pi(s)$ 可能会导致较大的估计方差。通过使用优势函数，我们可以在每一步优化时减少估计的方差，从而加速收敛并提高策略的稳定性。

（2）增强的探索性：优势函数的定义帮助我们理解哪种状态-动作对在某个策略下更具潜力。具体来说，如果某个动作的优势函数值 $A^\pi(s,a)$ 较高，则表示在该状态下采取该动作比平均回报更有优势，这将引导代理探索更优的动作选择。

（3）平衡探索与利用：优势函数通过减去状态的平均价值 $V^\pi(s)$ 来突出当前动作与其他动作的相对表现，避免了仅依赖 $Q^\pi(s,a)$ 可能导致的过度依赖某一动作的现象。通过引入优势函数，策略可以更好地平衡探索与利用，从而提升长期表现。

（4）简化更新过程：在使用优势函数进行策略更新时，$A^\pi(s,a)$ 可以为代理提供更清晰的反馈，使得每次更新的方向更加明确，有助于提高学习效率。与直接依赖 $Q^\pi(s,a)$ 相比，使用优势函数可以更好地规范化学习信号，避免出现大的波动。

总的来说，优势函数为强化学习中的策略评估和优化提供了一种有效的方式，它能够帮助代理在复杂的环境中更高效地探索并找到最优策略。

1.4　本章小结

本章介绍了马尔可夫决策过程（MDP）的基本数学框架，并探索了在折扣和有限时域下求解 MDP 的基础迭代方法。我们还讨论了计算复杂性、样本复杂性，以及策略迭代与单纯形方法的关系。最后，我们推导了诸如性能差异引理等关键引理，这些引理对理解强化学习算法至关重要。下一章将在此基础上进一步探讨学习最优策略的统计问题以及未知环境所带来的挑战。

第二章

经典强化学习算法

　　本章节将系统性地介绍强化学习领域中的经典算法，帮助读者理解和掌握这些算法的核心思想与应用场景。首先，详细讨论策略梯度方法，涵盖其基本计算方法、梯度上升的收敛性分析以及蒙特卡罗估计与随机梯度上升的结合。通过引入基线的概念和其在梯度估计中的作用，读者将学会如何提高算法的效率，并获得基线选择的实践建议。

　　接着，将深入探讨 Q 学习算法及其扩展形式，包括时间差分法与深度 Q 网络（deep Q-network，DQN）。这些方法通过结合函数逼近和强化学习，有效应对高维状态空间下的决策问题。随后，章节介绍深度确定性策略梯度（deep deterministic policy gradient，DDPG）算法及其变种 TD3，这两种算法专为连续动作空间下的策略优化设计，讨论它们的优缺点和实际应用。

　　最后，将引导读者理解熵正则化在强化学习中的应用，特别是基于最大熵策略的强化学习以及代表软演员评论家（soft actor-critic，SAC）算法。这些方法通过引入熵正则化提升策略的探索能力，从而在复杂环境中表现出色。章节也将介绍无需熵正则化的极端 Q 学习方法，为读者提供多样化的强化学习工具与技术。

2.1　策略梯度方法

　　策略梯度方法是强化学习中的一种重要技术，广泛应用于解决连续动作空间和高维状态空间下的最优控制问题。与基于值函数的方法不同，策略梯度方法直接对策略进行优化，避免了对状态-动作值函数的显式估计。其核心思想是通过计算策略的梯度来逐步调整策略参数，从而优化目标函数。为此，首先定义在状态分布 ρ 下的期望回报：

$$V^\pi(\rho) := \mathbb{E}_{s_0 \sim \rho}[V^\pi(s_0)],$$

其中，$V^\pi(s_0)$ 表示从初始状态 s_0 出发、服从策略 π 的累积回报期望值。接下来，我们考虑一类参数化策略 $\{\pi_\theta | \theta \in \Theta \subset \mathbb{R}^d\}$，该策略类由参数 θ 控制。目标是通过优化 θ，最大化期

望回报,即解决如下优化问题:

$$\max_{\theta \in \Theta} V^{\pi_\theta}(\rho).$$

为简化表达,当上下文不会带来歧义的时候,我们有时省略 MDP 的下标。

在实际应用中,一个直接的问题是,如果策略类 $\{\pi_\theta\}$ 包含确定性策略,那么 π_θ 通常不可微,这给梯度计算带来了困难。为了解决这个问题,我们通常考虑允许可微性的随机策略类。随机策略能够自然地引入探索,从而避免陷入局部最优。

软最大策略(softmax policies)

软最大策略是一类常见的随机策略,尤其在离散动作空间中,它提供了一种优雅的参数化方式,使得策略对参数 θ 具有良好的可微性。显式地考虑一个"表格化"的策略表示,定义如下:

$$\pi_\theta(a|s) = \frac{\exp(\theta_{s,a})}{\sum_{a'} \exp(\theta_{s,a'})},$$

其中,$\theta_{s,a}$ 是状态 s 下动作 a 的参数,参数空间为 $\Theta = \mathbb{R}^{|S||A|}$。这种软最大策略的形式确保了所有可能动作的概率都为正,并且策略函数是连续可微的。值得注意的是,软最大策略的集合(或其闭包)包含了所有的平稳确定性策略。这意味着,通过调整参数 θ,软最大策略可以逼近任意的确定性策略,从而具有强大的表达能力。

对数线性策略(log-linear policies)

在强化学习的许多应用场景中,状态和动作可能具有复杂的结构化信息。例如,某些状态–动作对可以通过特征映射 $\phi_{s,a}$ 来描述,其中 $\phi_{s,a} \in \mathbb{R}^d$ 是状态 s 和动作 a 的特征向量。为此,我们可以考虑使用对数线性策略,对其进行如下参数化:

$$\pi_\theta(a|s) = \frac{\exp(\theta \cdot \phi_{s,a})}{\sum_{a' \in A} \exp(\theta \cdot \phi_{s,a'})},$$

其中,$\theta \in \mathbb{R}^d$ 为待优化的参数向量。对数线性策略提供了一种自然的方式来结合状态和动作的特征,它适用于状态和动作的特征维数远小于状态–动作对总数的情况。此类策略在自然语言处理、推荐系统等领域有着广泛的应用。

神经网络软最大策略(neural softmax policies)

随着深度学习技术的快速发展,将神经网络应用于策略的参数化变得日益普遍。神经网络可以处理高维、复杂的状态和动作空间,适用于许多现实世界的强化学习任务。我们可以使用神经网络来参数化软最大策略,定义如下:

$$\pi_\theta(a|s) = \frac{\exp(f_\theta(s,a))}{\sum_{a' \in A} \exp(f_\theta(s,a'))},$$

其中,标量函数 $f_\theta(s,a)$ 是由神经网络参数化的,该神经网络以状态 s 和动作 a 为输入,输出一个与动作相关的标量值。网络的参数 $\theta \in \mathbb{R}^d$ 通过优化学习得到。神经网络软最大策略能够学习到更加复杂的策略结构,适用于非线性决策问题,并在诸如游戏 AI、机器人控制等领域展现了强大的性能。

2.1.1 策略梯度

为了对策略进行优化,必须计算策略梯度。我们首先引入轨迹的概念。令 τ 表示从起始状态开始的完整轨迹,其无条件分布 $\Pr_{\pi,\mu}(\tau)$ 由策略 π 和初始分布 μ 共同决定,定义为:

$$\Pr_{\pi,\mu}(\tau) = \mu(s_0)\pi(a_0 \mid s_0)P(s_1 \mid s_0, a_0)\pi(a_1 \mid s_1)\cdots,$$

其中,$\mu(s_0)$ 为初始状态的分布,$P(s_{t+1} \mid s_t, a_t)$ 为环境的状态转移概率。为了简化表达,当上下文明确时,我们省略 μ 的下标。

轨迹的折扣总回报 $R(\tau)$ 定义为:

$$R(\tau) := \sum_{t=0}^{\infty} \gamma^t r(s_t, a_t),$$

其中,$\gamma \in [0, 1)$ 是折扣因子,$r(s_t, a_t)$ 是时间步 t 时的即时奖励。折扣总回报是强化学习中优化的目标量,它衡量了在整个轨迹上累积的回报。

进一步,我们可以定义期望回报为:

$$V^{\pi_\theta}(\mu) = \mathbb{E}_{\tau \sim \Pr_{\pi_\theta, \mu}}[R(\tau)].$$

该期望回报即为策略的目标函数,我们希望通过优化 θ 使得该值最大化。

定理 2.1.1 (策略梯度)策略的梯度 $\nabla_\theta V^{\pi_\theta}(\mu)$ 可以通过以下几种形式表示:

(1) REINFORCE 形式

$$\nabla V^{\pi_\theta}(\mu) = \mathbb{E}_{\tau \sim \Pr_{\pi_\theta}, \mu}\left[R(\tau)\sum_{t=0}^{\infty}\nabla\log\pi_\theta(a_t \mid s_t)\right].$$

这是经典的 REINFORCE 策略梯度算法(Williams,1992),它通过对轨迹回报进行采样估计策略的梯度,并逐步更新参数 θ。

(2) 动作值表达式

$$\nabla V^{\pi_\theta}(\mu) = \mathbb{E}_{\tau \sim \Pr_{\pi_\theta}, \mu}\left[\sum_{t=0}^{\infty}\gamma^t Q^{\pi_\theta}(s_t, a_t)\nabla\log\pi_\theta(a_t \mid s_t)\right],$$

或

$$\nabla V^{\pi_\theta}(\mu) = \frac{1}{1-\gamma}\mathbb{E}_{s \sim d^{\pi_\theta}, a \sim \pi_\theta(\cdot \mid s)}[Q^{\pi_\theta}(s, a)\nabla\log\pi_\theta(a \mid s)],$$

其中,$Q^{\pi_\theta}(s, a)$ 表示在策略 π_θ 下,状态 s 和动作 a 的动作值函数。

(3) 优势值表达式

$$\nabla V^{\pi_\theta}(\mu) = \frac{1}{1-\gamma}\mathbb{E}_{s \sim d^{\pi_\theta}, a \sim \pi_\theta(\cdot \mid s)}[A^{\pi_\theta}(s, a)\nabla\log\pi_\theta(a \mid s)],$$

其中，$A^{\pi_\theta}(s,a)=Q^{\pi_\theta}(s,a)-V^{\pi_\theta}(s)$ 是优势函数（advantage function），它衡量在特定状态 s 下执行动作 a 相对于策略 π_θ 的平均表现的提升。优势函数在许多强化学习算法中被广泛使用，它能够有效减少策略梯度估计的方差，提高学习效率。

以上三种策略梯度的表达形式为不同的算法提供了理论基础。经典的 REINFORCE 算法直接通过回报 $R(\tau)$ 对策略的梯度进行估计，虽然简单易实现，但其在估计过程中具有较大的方差。为了解决这一问题，基于动作值函数 $Q^{\pi_\theta}(s,a)$ 的策略梯度方法通过考虑不同状态-动作对的长期回报，降低了估计方差。此外，优势函数 $A^{\pi_\theta}(s,a)$ 的引入进一步改善了估计的准确性，因为它将注意力集中在相对表现上，而不是绝对回报。

策略梯度的计算

根据上述定理，策略梯度的计算基于对策略 π_θ 的梯度 $\nabla \log\pi_\theta(a|s)$ 的估计，以及回报的估计。具体的计算过程可以通过采样轨迹来完成，这通常涉及蒙特卡罗方法或者基于时间差分（temporal difference，TD）的方法。

在实际应用中，计算策略梯度的核心步骤包括：

（1）轨迹采样：从策略 π_θ 中生成一批轨迹 $\tau=\{(s_0,a_0,r_1),(s_1,a_1,r_2),\cdots\}$，记录状态、动作和奖励的序列。

（2）回报估计：基于轨迹 τ 计算折扣回报 $R(\tau)$，或者通过估计动作值函数 $Q^{\pi_\theta}(s,a)$ 来评估策略的表现。

（3）梯度更新：利用策略梯度的表达式，结合轨迹采样结果，更新策略参数 θ，使得策略在每次迭代中朝着提升期望回报的方向调整。

策略梯度方法的收敛性通常可以通过保证学习率的合理选取以及梯度估计的稳定性来实现。由于策略梯度方法是一种无模型的方法，智能体不需要知道环境的转移概率模型，而是直接通过与环境的交互来学习最优策略，这使得它在许多现实应用中具有很强的适应性。

2.1.2　梯度上升与收敛到驻点

梯度上升法（gradient ascent）是一种常见的优化算法，广泛应用于强化学习中的策略优化问题。其核心思想是通过沿着梯度的方向更新参数，使得目标函数的值逐步增大。在策略梯度方法中，梯度上升用于优化策略的参数，以最大化策略的累积期望回报。为确保梯度上升的收敛性，我们需要对目标函数的光滑性作出一定的假设。

假设一个函数 $f:\mathbb{R}^d\rightarrow\mathbb{R}$ 是 β-光滑的（β-smooth），如果对于任意两个点 w 和 w'，有以下不等式成立：

$$\|\nabla f(w)-\nabla f(w')\|\leqslant\beta\|w-w'\|,$$

其中范数$\|\cdot\|$是欧几里得范数。换句话说,β光滑性保证了函数的导数不会发生剧烈变化,也就是说,函数在某个方向上的变化是受限的。这一假设确保了在梯度上升过程中,更新的步长η可以通过合理选取使得每次迭代都能够使目标函数值单调增加。

在梯度上升法中,参数的更新规则为:
$$\theta_{t+1}=\theta_t+\eta\nabla_{\theta_t}V^{\pi_{\theta_t}}(\mu),$$
其中θ_t表示第t次迭代的参数值,$\nabla V^{\pi_{\theta_t}}(\mu)$为此时的梯度,$\eta$是固定步长。为了简化记号,我们使用简写符号:
$$\pi(t):=\pi_{\theta_t},\quad V(t):=V^{\pi_{\theta_t}},$$
表示t时刻的策略和期望回报。

在非凸优化问题中,梯度上升法无法保证找到全局最优解,但可以收敛到局部最优点或驻点。驻点是指梯度为零的点,即$\nabla_{\theta_t}V^{\pi_{\theta_t}}(\mu)=0$。接下来,我们给出非凸优化中的一个标准收敛性结果。

引理 2.1.1 （收敛到驻点）假设对于所有$\theta\in\Theta$,V^{π_θ}是β光滑的且有下界V^*。进一步,假设我们使用常数步长$\eta=1/\beta$。对于所有T,我们有:
$$\min_{t\leq T}\|\nabla V^{(t)}(\mu)\|^2\leq\frac{2\beta(V^*(\mu)-V^{(0)}(\mu))}{T}.$$

该引理表明,经过T次迭代后,梯度的范数平方的最小值会随着T的增大而逐渐减小,最终收敛到一个驻点。这一结果为梯度上升法的收敛性提供了理论保证。

2.1.3 蒙特卡罗估计与随机梯度上升

在强化学习中,即使我们知道所处的马尔可夫决策过程(MDP),直接计算策略梯度也可能是计算密集型的,因为它涉及对所有可能状态和动作的遍历。事实上,在实际问题中,环境的转移概率模型往往是未知的。为了解决这一问题,我们可以通过轨迹采样(trajectory sampling)来估计策略梯度,这就是所谓的蒙特卡罗估计(Monte Carlo estimation)。

假设我们能够从分布$\Pr_{\pi_\theta,\mu}$中采样轨迹τ,其中μ是初始状态分布,π_θ是当前的策略。对于轨迹$\tau=\{(s_0,a_0,r_1),(s_1,a_1,r_2),\cdots\}$,定义从时间$t$开始的折扣回报$\hat{Q}^{\pi_\theta}(s_t,a_t)$为:
$$\hat{Q}^{\pi_\theta}(s_t,a_t):=\sum_{t'=t}^{\infty}\gamma^{t'-t}r(s_{t'},a_{t'}),$$
其中γ是折扣因子,$r(s_{t'},a_{t'})$是时间t'时的即时奖励。

利用$\hat{Q}^{\pi_\theta}(s_t,a_t)$,我们可以定义策略梯度的蒙特卡罗估计为:
$$\hat{\nabla}V^{\pi_\theta}(\mu):=\sum_{t=0}^{\infty}\gamma^t\hat{Q}^{\pi_\theta}(s_t,a_t)\nabla\log\pi_\theta(a_t|s_t).$$
我们将证明该估计是无偏的,这意味着其期望等于真实的策略梯度。

引理 2.1.2 （策略梯度的无偏估计）我们有：

$$\mathbb{E}_{\tau \sim \mathrm{Pr}_{\pi_\theta,\mu}}[\hat{\nabla} V^{\pi_\theta}(\mu)] = \nabla V^{\pi_\theta}(\mu).$$

证明：为了证明该引理，我们首先注意到：

$$\mathbb{E}[\hat{\nabla} V^{\pi_\theta}(\mu)] = \mathbb{E}\left[\sum_{t=0}^{\infty} \gamma^t \mathbb{E}[\hat{Q}^{\pi_\theta}(s_t,a_t) \mid s_t,a_t] \nabla \log \pi_\theta(a_t \mid s_t)\right],$$

根据条件期望的塔式性质（tower property of conditional expectations），我们可以将期望展开为：

$$\mathbb{E}[\nabla \hat{V}^{\pi_\theta}(\mu)] = \mathbb{E}\left[\sum_{t=0}^{\infty} \gamma^t \hat{Q}^{\pi_\theta}(s_t,a_t) \nabla \log \pi_\theta(a_t \mid s_t)\right] \overset{(a)}{=}$$

$$\mathbb{E}\left[\sum_{t=0}^{\infty} \gamma^t \mathbb{E}[\hat{Q}^{\pi_\theta}(s_t,a_t) \mid s_t,a_t] \nabla \log \pi_\theta(a_t \mid s_t)\right] \overset{(b)}{=}$$

$$\mathbb{E}\left[\sum_{t=0}^{\infty} \gamma^t Q^{\pi_\theta}(s_t,a_t) \nabla \log \pi_\theta(a_t \mid s_t)\right],$$

其中，最后一步使用了马尔可夫性质，即 $\mathbb{E}[\hat{Q}^{\pi_\theta}(s_t,a_t) \mid s_t,a_t] = Q^{\pi_\theta}(s_t,a_t)$，这表明蒙特卡罗估计是无偏的。

因此，基于上述结果，我们可以通过轨迹采样来进行策略梯度的估计，从而构建一个随机梯度上升算法。算法的步骤如下：

（1）初始化策略参数 θ_0。

（2）对于每个时间步 $t=0,1,\cdots$，执行以下步骤：

① 从策略 π_θ 和初始状态分布 μ 中采样一条轨迹 τ；

② 基于轨迹 τ，计算蒙特卡罗梯度估计 $\hat{\nabla} V^{\pi_\theta}(\mu)$，并更新策略参数：

$$\theta_{t+1} = \theta_t + \eta_t \hat{\nabla} V^{\pi_\theta}(\mu),$$

其中 η_t 是步长。

值得注意的是，在实际应用中，轨迹 τ 是一个无限长度的序列。为了控制计算复杂度和估计的偏差，我们通常在合适的时间步对其进行截断，从而在有限时间内完成计算。这种截断虽然引入了一定的偏差，但可以通过合理设置截断步数来使偏差控制在可接受的范围内。

引理 2.1.3 （随机收敛到驻点）假设对于所有 $\theta \in \Theta$，V^{π_θ} 是 β-光滑的且有下界 V^*。假设方差满足以下条件：

$$\mathbb{E}[\|\hat{\nabla} V^{\pi_\theta}(\mu) - \nabla V^{\pi_\theta}(\mu)\|^2] \leqslant \sigma^2,$$

对于 $t \leqslant \dfrac{\beta(V^*(\mu) - V^{(0)}(\mu))}{\sigma^2}$，假设我们使用常数步长 $\eta_t = \dfrac{1}{\beta}$，之后我们使用 $\eta_t = \sqrt{\dfrac{2}{\beta T}}$。对于所有 T，我们有：

$$\min_{t \leqslant T} \mathbb{E}[\|\nabla V^{(t)}(\mu)\|^2] \leqslant \frac{2\beta(V^*(\mu) - V^{(0)}(\mu))}{T} + \frac{\sqrt{2}\sigma^2}{T}.$$

2.1.4　带基线的策略梯度

在实际的强化学习问题中，策略梯度估计往往面临着较大的方差，尤其是在复杂环境或长时间决策任务中。这种高方差的策略梯度估计会导致策略更新的不稳定性，从而影响学习效率。因此，在实践中，降低梯度估计的方差是至关重要的。为此，研究者们引入了基线（baseline）的概念，通过引入基线函数来减少方差，而不影响策略梯度的无偏性。

基线是指一个与当前状态相关的标量函数 $f:\mathcal{S}\rightarrow\mathbb{R}$，它在策略梯度的计算中用于修正回报的估计值。选择合适的基线可以有效降低估计过程中不必要的波动，从而加速策略的收敛。注意：选择的基线不得依赖于动作 A，否则会导致策略梯度发生变化。

带基线修正的梯度估计

基线的构建方法有多种，其中一个常见的选择是使用状态值函数 $V^{\pi_\theta}(s)$ 作为基线的估计。具体来说，可以根据之前收集的数据对状态值函数进行估计，或通过某种学习方法对其进行逼近。接下来，我们给出基线方差减少策略的具体步骤：

（1）构建一个基线函数 $f:\mathcal{S}\rightarrow\mathbb{R}$，作为 $V^{\pi_\theta}(\mu)$ 的估计。该函数可以使用之前收集的轨迹数据或通过估计方法如时间差分学习等来构建。

（2）在当前策略 π_θ 下，采样一条新的轨迹 $\tau=\{(s_0,a_0,r_1),(s_1,a_1,r_2),\cdots\}$，并定义轨迹上每个时间步 t 的回报估计为：

$$\hat{Q}^{\pi_\theta}(s_t,a_t):=\sum_{t'=t}^{\infty}\gamma^{t'-t}r(s_{t'},a_{t'}),$$

其中 $\gamma\in[0,1)$ 为折扣因子。

（3）在传统的策略梯度方法中，梯度的估计为：

$$\hat{\nabla}V^{\pi_\theta}(\mu):=\sum_{t=0}^{\infty}\gamma^t\hat{Q}^{\pi_\theta}(s_t,a_t)\nabla\log\pi_\theta(a_t|s_t).$$

然而，这种估计往往存在较大的方差。为了降低方差，我们可以引入基线函数 $f(s)$，并对策略梯度进行修正，新的梯度估计公式为：

$$\hat{\nabla}V^{\pi_\theta}(\mu):=\sum_{t=0}^{\infty}\gamma^t(\hat{Q}^{\pi_\theta}(s_t,a_t)-f(s_t))\nabla\log\pi_\theta(a_t|s_t),$$

其中 $f(s_t)$ 是状态 s_t 的基线值。这个修正项不会改变策略梯度的无偏性，因为基线 $f(s_t)$ 与当前动作选择无关，它仅依赖于状态 s_t，因此能够起到减少方差的作用。

通常情况下，$f(s)$ 的一个理想选择是 $V^{\pi_\theta}(s)$，即策略 π_θ 下的状态值函数。当基线 $f(s_t)$ 等于 $Q^{\pi_\theta}(s_t,a_t)$ 时，修正后的梯度将为零，这种极端情况下策略不再更新。因此，基线选择的关键在于它必须与回报相关，但不能过度接近真实的动作—值函数 $Q^{\pi_\theta}(s_t,a_t)$。

基线的无偏性与方差减少

我们现在证明引入基线后的梯度估计仍然是无偏的，这意味着虽然引入了基线 $f(s)$，但对最终的策略优化结果没有偏差。正式表述如下：

引理 2.1.4　（带基线的无偏策略梯度估计）对于任意构造基线函数 $f: \mathcal{S} \to \mathbb{R}$ 的方法，如果用于构造基线 f 的样本与用于构造轨迹 τ 的样本相互独立，则有：

$$\mathbb{E}\left[\sum_{t=0}^{\infty}\gamma^t(\hat{Q}^{\pi_\theta}(s_t,a_t)-f(s_t))\nabla\log\pi_\theta(a_t|s_t)\right]=\nabla V^{\pi_\theta}(\mu),$$

其中期望是关于随机轨迹 τ 和基线函数 $f(\cdot)$ 进行的。

证明：为了证明该结果，我们可以从以下关键点入手。考虑任意与状态 s 相关的函数 $g(s)$，有：

$$\mathbb{E}\left[\nabla\log\pi(a|s)g(s)\right]=\sum_a\nabla\pi(a|s)g(s),$$

而根据策略的归一化性质，即 $\sum_a\pi(a|s)=1$，可以得出：

$$g(s)\sum_a\nabla\pi(a|s)=g(s)\nabla\sum_a\pi(a|s)=g(s)\nabla 1=0,$$

因此，基线函数 $f(s)$ 的加入不会影响梯度的期望，即不会改变梯度估计的无偏性。

此外，由于基线函数 $f(\cdot)$ 与轨迹 τ 相互独立，因此我们有：

$$\mathbb{E}\left[\sum_{t=0}^{\infty}\gamma^t f(s_t)\nabla\log\pi_\theta(a_t|s_t)\right]=0,$$

根据上述结果和引理 2.1.2，可以得出引理 2.1.4 的结论。

基线的选择

在实际应用中，如何选择基线 $f(s)$ 是一个非常重要的问题。常见的选择包括：

1. 状态值函数 $V^{\pi_\theta}(s)$：这是最常见的基线选择，它能够显著减少梯度估计中的方差。通常，状态值函数可以通过一个独立的价值网络来近似估计。

2. 平均回报 $\bar{R}$：在某些情况下，使用轨迹上的平均回报作为基线也能有效减少方差。尽管这种选择较为简单，但在非平稳环境中可能表现不佳。

基线选择的目的是在不改变期望的情况下，尽量减少策略梯度估计的方差。通过合适的基线，策略优化过程能够更加稳定且高效，进而加快策略的收敛。

2.2　Q 学习算法

Q 学习（Q-learning）是一种无模型（model-free）的强化学习算法，由 Watkins 在 1989 年提出（Watkins，Dayan，1992）。它使用动作-价值函数（action-value function），即 Q 函数 $Q(s,a)$，来评估在给定状态 s 下采取动作 a 所能获得的长期回报期望值。Q 学习算法的一个核心特性在于它通过试探与利用(exploration and exploitation)的平衡机制,使得智能体能够在不依赖环境模型的情况下,逐步逼近最优策略。

Q 学习的目标是找到一个最优策略 π^*,使得智能体在任意状态 s 下能够采取最优动作 a^*,从而最大化其累积回报。该过程通过不断更新 Q 值来实现,即利用时间差分法对 Q 值进行迭代修正,直到 Q 值收敛于最优动作-价值函数 $Q^*(s,a)$。与动态规划中的贝尔曼方程(Bellman equation)类似,Q 学习利用了一个递归更新公式来实现最优解的逐步逼近。

尽管 Q 学习具有理论上的收敛性保障,但在实际应用中,其效率往往取决于学习率、探索策略以及问题的状态空间维度等因素。为了解决大规模或高维状态空间的问题,研究者们提出了众多变体算法,如 SARSA、Double Q-learning 等,它们在不同场景下展现出更强的收敛性与鲁棒性。

2.2.1 时间差分

时间差分(temporal difference,TD)方法是强化学习中的核心技术之一,它融合了动态规划和蒙特卡罗方法的优点。时间差分法通过部分更新(而非一次性地利用完整的回报)来逐步改进价值函数或动作-价值函数。Q 学习正是通过时间差分法来更新 Q 值,从而实现策略的优化。

在 TD 方法中,更新是基于当前状态 s_t 和动作 a_t 的 Q 值,以及下一步到达状态 s_{t+1} 后的回报 R_{t+1}。TD 学习的关键在于不需要等待整个回合(episode)的结束,而是在每一步后就根据新得到的信息来更新当前的估计。这使得 TD 方法特别适用于在线学习以及实际应用中实时决策的场景。

Q 学习的时间差分更新公式为:

$$Q(s_t,a_t) \leftarrow Q(s_t,a_t) + \alpha(r_{t+1} + \gamma \max_a Q(s_{t+1},a) - Q(s_t,a_t)), \tag{2.1}$$

其中,$Q(s_t,a_t)$ 表示在状态 s_t 下采取动作 a_t 的估计值,α 是学习率,γ 是折扣因子。r_{t+1} 是时间步 $t+1$ 获得的即时奖励,$\max_a Q(s_{t+1},a)$ 则是下一个状态 s_{t+1} 的最大 Q 值。这个更新公式的逻辑是利用实际获得的回报 r_{t+1} 与下一个状态的最优预测回报之和,来更新当前状态的 Q 值。

时间差分更新的优势在于它通过"差分"的方式,即比较当前的预测值和新的更新值,逐步改进 Q 值。这种局部更新的方式使得算法可以适应动态环境中的变化。此外,TD 方法还引入了一个重要的概念——TD 误差,即:

$$\delta_t = r_{t+1} + \gamma \max_a Q(s_{t+1},a) - Q(s_t,a_t). \tag{2.2}$$

TD 误差表示当前估计和实际观察之间的差异。TD 误差为 0 时,意味着当前 Q 值已经与实际的环境反馈完全吻合,反之则需要继续更新。这个误差项在许多强化学习算法(如 Actor-Critic 算法)中也起到了关键作用。

2.2.2　DQN 算法

深度 Q 网络(DQN)是深度强化学习领域中的一个里程碑算法,由 Mnih 等人在 2015 年提出(Mnih, et al. ,2015)。DQN 成功地将深度学习引入到 Q 学习框架中,利用神经网络来逼近 Q 值函数,解决了传统 Q 学习在处理高维状态空间时面临的"维数灾难"(curse of dimensionality)问题。

在经典的 Q 学习中,需要为每个状态-动作对 $Q(s,a)$ 存储一个值。然而,当状态空间非常大或连续时,直接存储所有可能的状态-动作对是不现实的。为了解决这个问题,DQN 使用神经网络作为函数逼近器,来估计任意状态-动作对的 Q 值。这使得 Q 学习可以应用于高维、连续的状态空间,如图像、视频等复杂环境中的决策问题。

DQN 引入了两个关键的技术来确保算法的稳定性和收敛性:

(1)经验回放(experience replay):为了避免训练过程中样本之间的高度相关性,DQN 在每一步训练时并不直接使用当前的经验数据,而是将其存储在一个回放缓冲区中。然后,算法会从缓冲区中随机抽取一批样本进行训练,这种策略打破了时间相关性,并提高了训练的效率。

(2)目标网络(target network):在传统 Q 学习中,Q 值更新时依赖于同一个 Q 值网络,容易导致不稳定的更新。DQN 通过引入一个"目标网络",即每隔固定步数将当前的 Q 网络参数复制到目标网络中,从而在一定时间内固定目标 Q 值的估计,避免了自我更新导致的发散问题。

DQN 的损失函数基于贝尔曼方程定义,其更新公式为:

$$\mathcal{L}(\theta_i) = \mathbb{E}\left[(r_{t+1} + \gamma \max_{a'} Q(s_{t+1}, a'; \theta_i^-) - Q(s_t, a_t; \theta_i))^2\right], \tag{2.3}$$

其中,θ_i 表示当前 Q 网络的参数,θ_i^- 表示目标网络的参数。该损失函数通过最小化 TD 误差,使得 Q 网络的参数逐渐逼近最优值。

DQN 在雅达利(Atari)游戏上的成功展示了其在高维复杂状态空间中有效学习的能力,为深度强化学习的发展奠定了基础。之后的众多算法(如 Double DQN、Dueling DQN、Rainbow DQN 等)在 DQN 的基础上进行了改进,进一步提升了算法的性能和稳定性。

2.3　深度确定性策略梯度

深度确定性策略梯度(DDPG)算法是基于策略梯度的深度强化学习方法,由 Lillicrap 等人在 2015 年提出(Lillicrap,2015)。DDPG 结合了深度 Q 学习(DQN)和确定性策略梯度(deterministic policy gradient)的思想,能够有效地处理连续动作空间的问题。

2.3.1 DDPG 的核心原理

DDPG 算法是策略梯度算法的变体,适用于连续动作空间。其主要思想是利用一个参数化的策略网络 $\pi(s;\theta_\pi)$ 来直接输出动作,而不需要像离散动作空间中的 Q 学习那样通过 Q 值表来选择动作。DDPG 的训练过程包括两个主要网络:

(1) 策略网络(policy network):策略网络接受当前状态 s 作为输入,并输出确定性动作 a,即 $\pi(s;\theta_\pi)$。该网络通过策略梯度方法进行更新,以最大化 Q 值的期望。

(2) Q 网络(Critic network):Q 网络用于评估状态-动作对 (s,a) 的价值,即 $Q(s,a;\theta_Q)$。这个网络通过最小化 TD 误差来更新,类似于 DQN 中的更新方式。

DDPG 的损失函数与基于 Q 学习的算法类似,其目标是最小化时间差分误差(TD error):

$$\mathcal{L}(\theta_Q)=\mathbb{E}\left[(r_{t+1}+\gamma Q(s_{t+1},\pi(s_{t+1};\theta_\pi);\theta_Q)-Q(s_t,a_t;\theta_Q))^2\right].$$

策略网络则通过确定性策略梯度更新,其目标是最大化 Q 网络输出的期望回报:

$$\nabla_{\theta_\pi}J=\mathbb{E}\left[\nabla_a Q(s,a;\theta_Q)\nabla_{\theta_\pi}\pi(s;\theta_\pi)\right].$$

为了稳定训练过程,DDPG 借鉴了 DQN 中的两个重要技巧:

(1) 目标网络(target network):DDPG 使用两个目标网络来稳定 Q 值的更新过程,类似于 DQN。目标网络的参数通过软更新方式进行调整,以确保其变化更加平滑。目标策略和目标 Q 值的更新规则如下:

$$\theta'_Q\leftarrow\tau\theta_Q+(1-\tau)\theta'_Q,\quad \theta'_\pi\leftarrow\tau\theta_\pi+(1-\tau)\theta'_\pi,$$

其中 τ 是更新速率的系数,通常 $\tau\ll1$。

(2) 经验回放(experience replay):与 DQN 类似,DDPG 使用经验回放缓冲区存储过去的状态转移对 $(s_t,a_t,r_{t+1},s_{t+1})$。每次训练时从缓冲区中随机抽取样本,打破样本之间的时间相关性,提高训练的稳定性。

2.3.2 DDPG 的优势与局限

DDPG 的最大优势在于它能够处理连续动作空间中的问题,使得强化学习算法能够在高维、复杂的控制任务中发挥作用。DDPG 在机器人控制、无人机飞行等连续控制任务中具有广泛的应用前景。

然而,DDPG 的局限性也较为显著。由于策略网络直接输出确定性动作,DDPG 在探索时可能会陷入局部最优。此外,DDPG 对超参数的敏感性较高,训练过程中的不稳定性可能导致性能波动。因此,后续研究者提出了 TD3 等改进算法,以解决这些问题。

2.4 TD3 算法

TD3(twin delayed DDPG)是一种强化学习算法,它在深度确定性策略梯度(DDPG)的基础上进行改进,以解决 DDPG 在处理连续动作空间时出现的过估计偏差(overestimation bias)问题。TD3 由 Fujimoto 等人在 2018 年提出(Fujimoto, et al., 2018),通过引入多个改进机制,提升了算法的稳定性和性能。

2.4.1 TD3 的核心思想

TD3 的目标是通过一系列创新机制减小 DDPG 中策略更新的不稳定性,主要包括以下三点改进:

(1)双 Q 网络(double Q-learning):TD3 引入了两个独立的 Q 值网络来减少 Q 值估计中的过估计问题。具体来说,TD3 在计算目标值时选择两个 Q 网络中较小的那个,以此来减小偏差。其目标函数为:

$$y_t = r_{t+1} + \gamma \min_{i=1,2} Q_i(s_{t+1}, \pi(s_{t+1}) + \epsilon),$$

其中,Q_1 和 Q_2 是两个独立的 Q 网络,ϵ 是用于平滑目标值的噪声项。

(2)延迟策略更新(delayed policy update):TD3 通过延迟策略的更新频率,确保 Q 网络的更新相对更频繁。这意味着策略只在 Q 值网络更新了多次之后才进行更新,从而防止策略在不稳定 Q 值的基础上过早更新。通常的策略是每两次 Q 网络更新后才更新一次策略。

(3)目标策略平滑(target policy smoothing):TD3 在更新目标 Q 值时加入了高斯噪声,以减少目标策略的快速变化导致的不稳定。这个噪声通过裁剪操作限制其大小,从而确保目标动作的平滑变化:

$$a' = \pi(s') + \epsilon, \quad \epsilon \sim \mathcal{N}(0, \sigma),$$

其中,ϵ 是用于目标策略平滑的噪声,通常通过裁剪限制其范围。

2.4.2 TD3 的应用与优势

TD3 算法在连续控制任务中表现出色,尤其是在 MuJoCo 和 Roboschool 等平台上的模拟机器人控制任务中,TD3 展示了比 DDPG 更强的性能和稳定性。其双 Q 网络的引入有效减小了 Q 值估计中的偏差,同时延迟策略更新的机制避免了策略的频繁调整。总体而言,TD3 的核心思想在于通过多个小改进提升了算法的鲁棒性,尤其在高维连续动作空间的任务中表现尤为突出。

2.5 基于熵正则化的强化学习

在传统强化学习框架中,智能体的目标是最大化累积奖励。然而,这种目标往往导致确定性的策略选择,忽略了策略空间中的探索多样性。在实际应用中,智能体面对的不确定性和探索需求促使我们引入最大熵原则(maximum entropy principle),该原则能够在强化学习中通过加入熵项,鼓励智能体在获得高奖励的同时,保持策略的随机性。最大熵强化学习旨在通过最大化策略的熵,使得智能体在学习过程中能够探索多样化的行为,增强对环境的适应性和稳健性。

具体而言,最大熵强化学习的目标不再是简单的累积奖励最大化,而是最大化熵正则化的奖励,即在每一个状态 s 下的策略 π 不仅要考虑即时奖励,还要最大化其行为分布的熵。对于一个给定策略 π,最大熵目标可以定义为:

$$J(\pi) = \sum_{t=0}^{T} \mathbb{E}_{(s_t, a_t) \sim \rho_\pi} \left[r(s_t, a_t) + \alpha \mathcal{H}(\pi(\cdot | s_t)) \right], \tag{2.4}$$

其中 $\mathcal{H}(\pi(\cdot | s_t)) = -\mathbb{E}_{a \sim \pi(\cdot | s_t)} [\log \pi(a | s_t)]$ 表示在状态 s_t 下策略 π 的熵,α 是一个熵系数,用于权衡奖励和熵之间的关系。该目标函数在奖励项之外加入了熵正则化项,使得策略优化在追求高奖励的同时,最大限度地保持行为的多样性。

能量与熵的关系

在最大熵强化学习中,熵项的引入与物理学中的能量概念有着深刻的联系。在统计物理中,系统的状态分布可以用 Boltzmann 分布描述,该分布通过最小化“自由能”来达到平衡。类似地,在强化学习中,熵项可以理解为一种“能量”或“势能”,它驱使策略在可能性空间中趋向更高熵的状态,从而达到一种“平衡状态”。这种平衡状态对应于策略在不确定性较大的环境下获得稳定表现。通过这种视角,策略的熵 $\mathcal{H}(\pi)$ 类似于物理系统中的热力学熵,而奖励则类似于系统的势能。最大熵目标可以看作是最小化一个等效的“自由能”函数,使得智能体在探索过程中能够兼顾多样性和回报,从而避免陷入局部最优。在能量函数或势函数的上下文中,“能量”是一个数学构造,用于表示可以通过优化技术最小化或最大化的量。在强化学习领域,能量与概率(潜在状态)紧密相关,这种联系可以进一步扩展到熵的概念[①]。

最大熵原则构成了强化学习中的重要理论基础,尤其在软演员评论家算法(SAC)等现代算法中,熵的引入是实现高效学习和稳健性能的关键。在正式介绍 SAC 算法之前,理解最大熵原则和熵-能量之间的关系对于深刻把握 SAC 算法的核心思想至关重要。

---

① 注意:这里的能量与 $E = mc^2$ 无关,不要将它们混为一谈。

2.5.1 软演员评论家算法(SAC)

SAC 作为强化学习领域里程碑式的算法,其经过多轮迭代与更新,才造就了如今的稳定版本,在诸多的基准任务上都能取得较好的效果,首先我们明确此章节介绍的 SAC 算法(spinning up 实现)有如下特点:

(1) SAC 是一种异策略(off-policy)算法。

(2) 此处实现的 SAC 版本(spinning up)仅适用于连续动作空间的环境。对于离散动作空间,SAC 的更新规则稍作调整后也能适用。

(3) 该 SAC 实现不支持并行化。

软价值函数

设 x 为具有概率质量函数或密度函数 P 的随机变量。x 的熵 $\mathcal{H}$ 根据其分布 P 计算得出:

$$\mathcal{H}(P) = \mathbb{E}_{x \sim P}[-\log P(x)].$$

在熵正则化的强化学习中,智能体在每个时间步都会获得与该时间步策略熵成正比的奖励加成。这将强化学习问题转变为:

$$\pi_{\text{soft}}^* = \arg\max_{\pi} \mathbb{E}_{\tau \sim \pi}\left[\sum_{t=0}^{\infty} \gamma^t (R(s_t, a_t, s_{t+1}) + \alpha \mathcal{H}(\pi(\cdot|s_t)))\right],$$

其中 $\alpha > 0$ 是权衡系数(注意:此处假设为无限视野折扣设置,后续内容也沿用此假设)。在这种设定下,我们可以定义稍有不同的价值函数。V_{soft}^{π} 被修改为包括每个时间步的熵奖励:

$$V_{\text{soft}}^{\pi}(s) = \mathbb{E}_{\tau \sim \pi}\left[\sum_{t=0}^{\infty} \gamma^t (R(s_t, a_t, s_{t+1}) + \alpha \mathcal{H}(\pi(\cdot|s_t)))|s_0 = s\right].$$

Q_{soft}^{π} 的定义被修改为包括除第一个时间步外的每个时间步的熵奖励:

$$Q_{\text{soft}}^{\pi}(s, a) = \mathbb{E}_{\tau \sim \pi}\left[\sum_{t=0}^{\infty} \gamma^t R(s_t, a_t, s_{t+1}) + \alpha \sum_{t=1}^{\infty} \gamma^t \mathcal{H}(\pi(\cdot|s_t))|s_0 = s, a_0 = a\right].$$

根据这些定义,V_{soft}^{π} 和 Q_{soft}^{π} 通过以下公式关联起来:

$$V_{\text{soft}}^{\pi}(s) = \mathbb{E}_{a \sim \pi}[Q_{\text{soft}}^{\pi}(s, a)] + \alpha \mathcal{H}(\pi(\cdot|s)).$$

Q_{soft}^{π} 的贝尔曼方程为:

$$Q_{\text{soft}}^{\pi}(s, a) = \mathbb{E}_{\substack{s' \sim P \\ a' \sim \pi}}[R(s, a, s') + \gamma(Q_{\text{soft}}^{\pi}(s', a') + \alpha \mathcal{H}(\pi(\cdot|s')))] = \mathbb{E}_{s' \sim P}[R(s, a, s') + \gamma V_{\text{soft}}^{\pi}(s')], \tag{2.5}$$

其中,

$$\mathcal{H}(\pi(\cdot|s)) = -\int_{a \in \mathcal{A}} \log \pi(a|s)\mathrm{d}a = \mathbb{E}_{a \sim \pi(\cdot|s)}[-\log \pi(a|s)],$$

可以看到方程 2.5 与原始的贝尔曼方程不同,由于其描述了软价值函数之间的关系,故我们称之为软贝尔曼方程。说明:为简介起见,除非上下文另有说明,本章节余下部分提到的价值函数 V 和 Q 都指代 V_{soft} 和 Q_{soft}。

价值学习

Q 函数的学习方式与 TD3 类似,但也存在一些关键差异。

(1)相似之处

① 与 TD3 一样,两个 Q 函数都通过最小二乘贝尔曼误差最小化来学习,并回归到一个共享的目标。

② 与 TD3 一样,共享的目标是通过目标 Q 网络计算得出的,而目标 Q 网络是通过在训练过程中对 Q 网络参数进行 Polyak 平均化获得的。

③ 与 TD3 一样,使用了"裁剪双 Q"(clipped double-Q)的技巧来计算共享目标。

(2)不同之处

① 与 TD3 不同,目标中还包含了 SAC 使用熵正则化所带来的额外项。

② 与 TD3 不同,目标中使用的下一状态动作来自当前策略,而不是目标策略。

③ 与 TD3 不同,没有显式的目标策略平滑。在 TD3 中,由于训练的是确定性策略,平滑是通过在下一状态动作上添加随机噪声实现的。而在 SAC 中,由于训练的是随机策略,因此随机性的噪声足以达到类似的效果。

在给出 Q 损失的最终形式之前,我们首先讨论一下熵正则化的贡献如何引入。我们从之前熵正则化的 Q^{π} 递归贝尔曼方程开始,通过熵的定义稍作改写:

$$Q^{\pi}(s,a) = \mathop{\mathbb{E}}_{s' \sim P, a' \sim \pi}[R(s,a,s') + \gamma(Q^{\pi}(s',a') + \alpha \mathcal{H}(\pi(\cdot \mid s')))] =$$
$$\mathop{\mathbb{E}}_{s' \sim P, a' \sim \pi}[R(s,a,s') + \gamma(Q^{\pi}(s',a') - \alpha \log \pi(a' \mid s'))],$$

右侧是对下一状态的期望(这些状态来自回放缓冲区)和下一动作的期望(这些动作来自当前策略,而不是回放缓冲区)。由于这是一个期望,我们可以通过采样来近似:

$$Q^{\pi}(s,a) \approx r + \gamma(Q^{\pi}(s',\tilde{a}') - \alpha \log \pi(\tilde{a}' \mid s')), \quad \tilde{a}' \sim \pi(\cdot \mid s').$$

备注 2.5.1 我们将下一动作的符号改为 $\tilde{a}'$,而不是 a',以突出说明下一动作必须从策略中重新采样(而与此相对,r 和 s' 应该来自回放缓冲区)。

SAC 通过这种样本近似方式为每个 Q 函数设置 MSBE 损失。唯一尚未确定的是使用哪个 Q 函数来计算样本回传:与 TD3 类似,SAC 也使用了裁剪双 Q 技巧,并取两个 Q 近似函数中的最小值。

将以上内容汇总,SAC 中 Q 网络的损失函数为:

$$L(\phi_i, D) = \mathop{\mathbb{E}}_{(s,a,r,s',d) \sim D}[(Q_{\phi_i}(s,a) - y(r,s',d))^2],$$

其中目标为:

$$y(r,s',d)=r+\gamma(1-d)(\min_{j=1,2}Q_{\phi_{\text{targ},j}}(s',\tilde{a}')-\alpha\log\pi_\theta(\tilde{a}'\,|\,s')),\quad \tilde{a}'\sim\pi_\theta(\,\cdot\,|\,s').$$

策略学习

策略应该在每个状态下采取行动,以最大化预期未来回报和预期未来熵,即应最大化 $V^\pi(s)$,其展开形式为:

$$V^\pi(s)=\mathop{\mathbb{E}}_{a\sim\pi}[Q^\pi(s,a)]+\alpha\mathcal{H}(\pi(\,\cdot\,|\,s))=\mathop{\mathbb{E}}_{a\sim\pi}[Q^\pi(s,a)-\alpha\log\pi(a\,|\,s)].$$

我们优化策略的方法利用了重参数化技巧,即通过计算状态、策略参数和独立噪声的确定性函数来从 $\pi_\theta(\,\cdot\,|\,s)$ 中采样。为了说明这一点,按照 SAC 论文中的做法,我们使用了压缩高斯策略,这意味着样本通过以下方式获得:

$$\tilde{a}_\theta(s,\xi)=\tanh(\mu_\theta(s)+\sigma_\theta(s)\odot\xi),\quad \xi\sim\mathcal{N}(0,I),$$

这里 $\tilde{a}_\theta(s,\xi)$ 可以理解为一个由状态 s 和噪声采样 ξ 决定的确定性动作。

该策略与我们在其他策略优化算法中使用的策略有两个关键区别:

(1)压缩函数:SAC 策略中的 tanh 函数确保动作被限制在有限的范围内。这在 VPG、TRPO 和 PPO 的策略中是没有的。tanh 还改变了分布:在应用 tanh 之前,SAC 策略是一个与其他算法策略类似的分解高斯分布,但在应用 tanh 之后,它就不再是分解高斯分布了。不过,动作的对数概率仍然可以闭式计算,具体细节可以参考论文的附录。

(2)标准差的参数化方式:在 VPG、TRPO 和 PPO 中,我们使用与状态无关的参数向量来表示对数标准差。而在 SAC 中,对数标准差是神经网络的输出,这意味着它们复杂地依赖于状态。根据我们的经验,使用与状态无关的对数标准差的 SAC 无法正常工作。

重参数化技巧[①]使我们能够将期望从动作(这包含了一个难点:分布依赖于策略参数)转化为噪声上的期望(从而消除了这个难点:分布不再依赖于参数):

$$\mathop{\mathbb{E}}_{a\sim\pi_\theta}[Q^{\pi_\theta}(s,a)-\alpha\log\pi_\theta(a\,|\,s)]=\mathop{\mathbb{E}}_{\xi\sim\mathcal{N}}[Q^{\pi_\theta}(s,\tilde{a}_\theta(s,\xi))-\alpha\log\pi_\theta(\tilde{a}_\theta(s,\xi)\,|\,s)].$$

为了得到策略损失的最终形式,我们需要将 Q^{π_θ} 替换为我们的函数逼近器之一。与 TD3 不同,TD3 只使用 Q_{ϕ_1}(即第一个 Q 逼近器),而 SAC 使用的是 $\min_{j=1,2}Q_{\phi_j}$(两个 Q 逼近器中的最小值)。因此,SAC 中的策略优化依据如下公式进行:

$$\max_\theta\mathop{\mathbb{E}}_{s\sim D,\xi\sim\mathcal{N}}\left[\min_{j=1,2}Q_{\phi_j}(s,\tilde{a}_\theta(s,\xi))-\alpha\log\pi_\theta(\tilde{a}_\theta(s,\xi)\,|\,s)\right],$$

该优化过程与 DDPG 和 TD3 的策略优化非常相似,不同之处在于使用了最小双 Q 技巧、随机性以及熵项。

2.5.2　SAC 详细理论推导

在上一节中,我们简单介绍了 SAC 算法,以及软价值函数和软贝尔曼更新。读者可

---

① 本书将在 3.1.2 节详细介绍重参数化技巧。

能已经意识到一个严重的问题,即在加入了熵正则项后,贝尔曼等式与贝尔曼最优等式是否还成立? 在本节中,我们将更详细的介绍 SAC 算法及其背后的思想。

我们将探讨通过近似推断来学习最大熵策略,用于连续动作空间中的强化学习。我们的强化学习问题可以定义为无限时域的马尔可夫决策过程(MDP)中的策略搜索问题,其由以下元组组成 $(\mathcal{S},\mathcal{A},p_s,r)$。其中,状态空间 $\mathcal{S}$ 和动作空间 $\mathcal{A}$ 被假设为连续的,状态转移概率 $p_s:\mathcal{S}\times\mathcal{S}\times\mathcal{A}\to[0,\infty)$ 表示给定当前状态 $s_t\in\mathcal{S}$ 和动作 $a_t\in\mathcal{A}$ 时,下一个状态 $s_{t+1}\in\mathcal{S}$ 的概率密度。环境在每次状态转移时会给出一个奖励 $r:\mathcal{S}\times\mathcal{A}\to[r_{\min},r_{\max}]$,我们将其简化记作 $r_t\doteq r(s_t,a_t)$。同时,我们将使用 $\rho_\pi(s_t)$ 和 $\rho_\pi(s_t,a_t)$ 来表示由策略 $\pi(a_t|s_t)$ 所诱导的轨迹分布中的状态和状态-动作边缘分布。

我们的目标是学习一个策略 $\pi(a_t|s_t)$。标准的强化学习目标可以用上述的量来定义:

$$\pi_{\text{std}}^* = \arg\max_\pi \sum_t \mathbb{E}_{(s_t,a_t)\sim\rho_\pi}[r(s_t,a_t)]. \tag{2.6}$$

最大熵强化学习通过在奖励中加入熵项,使得最优策略在每个访问到的状态下都最大化其熵:

$$\pi_{\text{MaxEnt}}^* = \arg\max_\pi \sum_t \mathbb{E}_{(s_t,a_t)\sim\rho_\pi}[r(s_t,a_t)+\alpha\mathcal{H}(\pi(\cdot|s_t))], \tag{2.7}$$

其中,α 是一个可选但方便的参数,用于确定熵与奖励的相对重要性。

软价值函数

优化式 2.7 的最大熵目标为我们提供了训练随机策略的框架,但我们仍然需要选择这些策略的表示形式。之前的工作包括离散多项式分布和高斯分布。然而,如果我们希望使用能够表示复杂、多模态行为的更通用的分布类型,则可以选择使用以下形式的通用能量模型策略:

$$\pi(a_t|s_t)\propto\exp(-\varepsilon(s_t,a_t)), \tag{2.8}$$

其中,ε 是能量函数,例如可以由深度神经网络表示。如果我们使用通用的函数逼近器来表示 ε,我们可以表示任何分布 $\pi(a_t|s_t)$。这种能量模型与软版本的价值函数和 Q 函数之间存在密切联系,其中我们设定 $\varepsilon(s_t,a_t)=-\frac{1}{\alpha}Q_{\text{soft}}(s_t,a_t)$,并使用以下定理:

定理 2.5.1 (软价值函数)设软 Q 函数定义为:

$$Q_{\text{soft}}^*(s_t,a_t) = r_t + \mathbb{E}_{(s_{t+1},\cdots)\sim\rho_\pi}\left[\sum_{l=1}^\infty \gamma^l(r_{t+l}+\alpha\mathcal{H}(\pi_{\text{MaxEnt}}^*(\cdot|s_{t+l})))\right], \tag{2.9}$$

软价值函数定义为:

$$V_{\text{soft}}^*(s_t) = \alpha\log\int_\mathcal{A}\exp\left(\frac{1}{\alpha}Q_{\text{soft}}^*(s_t,a')\right)\mathrm{d}a', \tag{2.10}$$

则最优策略 π_{MaxEnt}^* 为:

$$\pi^*_{\text{MaxEnt}}(a_t \mid s_t) = \exp\Big(\frac{1}{\alpha}\big(Q^*_{\text{soft}}(s_t, a_t) - V^*_{\text{soft}}(s_t)\big)\Big). \tag{2.11}$$

证明：如果目标函数是期望折扣奖励和，则下属策略改进定理描述了如何单调地改进策略。对于最大熵目标，我们可以推导出一个类似的定理：

定理 2.5.2　（策略改进定理）给定一个策略 π，定义一个新的策略 $\tilde{\pi}$ 如下：

$$\tilde{\pi}(\cdot \mid s) \propto \exp(Q^{\pi}_{\text{soft}}(s, \cdot)), \quad \forall s.$$

假设在计算过程中，Q 是有界的，并且对于任意 s，$\int \exp(Q(s,a))\mathrm{d}a$ 也是有界的（对 π 和 $\tilde{\pi}$ 均适用）。则 $Q^{\tilde{\pi}}_{\text{soft}}(s,a) \geqslant Q^{\pi}_{\text{soft}}(s,a) \; \forall s,a$。

证明：依赖于以下观察：如果通过一步前瞻贪婪地最大化熵和价值的和，那么可以从 π 获得 $\tilde{\pi}$：

$$\mathcal{H}(\pi(\cdot \mid s)) + \mathbb{E}_{a \sim \pi}[Q^{\pi}_{\text{soft}}(s,a)] \leqslant \mathcal{H}(\tilde{\pi}(\cdot \mid s)) + \mathbb{E}_{a \sim \tilde{\pi}}[Q^{\pi}_{\text{soft}}(s,a)].$$

证明过程直接观察到：

$$\mathcal{H}(\pi(\cdot \mid s)) + \mathbb{E}_{a \sim \pi}[Q^{\pi}_{\text{soft}}(s,a)] = -\mathrm{D}_{\text{KL}}(\pi(\cdot \mid s) \| \tilde{\pi}(\cdot \mid s)) + \log \int \exp(Q^{\pi}_{\text{soft}}(s,a))\mathrm{d}a.$$

接着我们可以证明：

$$Q^{\pi}_{\text{soft}}(s,a) = \mathbb{E}_{s_1}\big[r_0 + \gamma(\mathcal{H}(\pi(\cdot \mid s_1)) + \mathbb{E}_{a_1 \sim \pi}[Q^{\pi}_{\text{soft}}(s_1, a_1)])\big] \leqslant$$
$$\mathbb{E}_{s_1}\big[r_0 + \gamma(\mathcal{H}(\tilde{\pi}(\cdot \mid s_1)) + \mathbb{E}_{a_1 \sim \tilde{\pi}}[Q^{\pi}_{\text{soft}}(s_1, a_1)])\big] =$$
$$\mathbb{E}_{s_1}\big[r_0 + \gamma(\mathcal{H}(\tilde{\pi}(\cdot \mid s_1)) + r_1)\big] + \gamma^2\, \mathbb{E}_{s_2}\big[\mathcal{H}(\pi(\cdot \mid s_2)) + \mathbb{E}_{a_2 \sim \pi}[Q^{\pi}_{\text{soft}}(s_2, a_2)]\big] \leqslant$$
$$\mathbb{E}_{s_1}\big[r_0 + \gamma(\mathcal{H}(\tilde{\pi}(\cdot \mid s_1)) + r_1)\big] + \gamma^2\, \mathbb{E}_{s_2}\big[\mathcal{H}(\tilde{\pi}(\cdot \mid s_2)) + \mathbb{E}_{a_2 \sim \tilde{\pi}}[Q^{\pi}_{\text{soft}}(s_2, a_2)]\big] =$$
$$\mathbb{E}_{s_1 a_2 \sim \tilde{\pi}, s_2}\big[r_0 + \gamma(\mathcal{H}(\tilde{\pi}(\cdot \mid s_1)) + r_1) + \gamma^2(\mathcal{H}(\tilde{\pi}(\cdot \mid s_2)) + r_2)\big] +$$
$$\gamma^3\, \mathbb{E}_{s_3}\big[\mathcal{H}(\tilde{\pi}(\cdot \mid s_3))\big] + \mathbb{E}_{a_3 \sim \tilde{\pi}}[Q^{\pi}_{\text{soft}}(s_3, a_3)]$$
$$\vdots \leqslant$$
$$\mathbb{E}_{\tau \sim \tilde{\pi}}\Big[r_0 + \sum_{t=1}^{\infty} \gamma^t(\mathcal{H}(\tilde{\pi}(\cdot \mid s_t)) + r_t)\Big] = Q^{\tilde{\pi}}_{\text{soft}}(s,a).$$

基于定理 2.5.2，我们从任意策略 π_0 开始定义策略迭代为

$$\pi_{i+1}(\cdot \mid s) \propto \exp(Q^{\pi_i}_{\text{soft}}(s, \cdot)),$$

则 $Q^{\pi_i}_{\text{soft}}(s,a)$ 单调改进。在某些正则条件下，π_i 收敛到 π_{∞}。显然，我们有 $\pi_{\infty}(a \mid s) \propto \exp(Q^{\pi_{\infty}}(s,a))$。由于任何非最优策略都可以通过这种方式改进，因此最优策略必须满足这种基于能量的形式。由此我们证明了定理 2.5.1（详细证明见文献（Haarnoja, et al.，2017）的附录 A.1）。

备注 2.5.2　软价值函数 V_{soft} 的定义并不像传统强化学习中的 V 那样可以直接从 $\sum r$ 生成。它并非直接由累加奖励生成，而是通过对软 Q 函数的某种转换而得出的。具体细节请参见文献（Haarnoja, et al.，2017）的附录 A.1。

定理 2.5.1 将最大熵目标(见公式 2.7)与基于能量的模型联系起来,其中 $\frac{1}{\alpha}Q_{\text{soft}}(s_t, a_t)$

作为负能量项,$\frac{1}{\alpha}V_{\text{soft}}(s_t)$ 则作为对数分配函数(log-partition function)。与标准的 Q 函

数和价值函数类似,我们可以通过软贝尔曼方程将 Q 函数与未来状态的价值函数联系

起来:

定理 2.5.3 (软贝尔曼方程)软 Q 函数满足以下软贝尔曼方程:

$$Q_{\text{soft}}^*(s_t, a_t) = r_t + \gamma \, \mathbb{E}_{s_{t+1} \sim p_s}[V_{\text{soft}}^*(s_{t+1})]. \tag{2.12}$$

其中软价值函数 V_{soft}^* 由公式 2.10 给出。

证明:回顾软价值函数的定义:

$$V_{\text{soft}}^\pi(s) \triangleq \log \int \exp(Q_{\text{soft}}^\pi(s, a)) \mathrm{d}a.$$

假设 $\pi(a|s) = \exp(Q_{\text{soft}}^\pi(s, a) - V_{\text{soft}}^\pi(s))$。接下来我们可以证明:

$$Q_{\text{soft}}^\pi(s, a) = r(s, a) + \gamma \mathbb{E}_{s' \sim p_s}[\mathcal{H}(\pi(\cdot|s')) + \mathbb{E}_{a' \sim \pi(\cdot|s')}[Q_{\text{soft}}^\pi(s', a')]] =$$
$$r(s, a) + \gamma \mathbb{E}_{s' \sim p_s}[V_{\text{soft}}^\pi(s')],$$

这完成了定理 2.5.3 的证明(更详细证明见文献(Haarnoja, et al., 2017)的附录 A.2)。

软贝尔曼方程是传统(硬)贝尔曼方程的广义形式,当 $\alpha \to 0$ 时,我们可以恢复标准的

贝尔曼方程,因为此时公式 2.10 趋近于对动作的硬最大值。在接下来的章节中,我们将

讨论如何利用这些公式推导出一种类似于 Q-learning 的算法,用于学习最大熵策略,并

且通过近似推断程序,使该算法适用于任意 Q 函数表示的情况。

软 Q 迭代

定理 2.5.4 (软 Q 迭代)设 $Q_{\text{soft}}(\cdot, \cdot)$ 和 $V_{\text{soft}}(\cdot)$ 有界,且满足

$$\int_{\mathcal{A}} \exp\left(\frac{1}{\alpha}Q_{\text{soft}}(s_t, a')\right) \mathrm{d}a' \leqslant \infty,$$

并且 $Q_{\text{soft}}^* < \infty$ 存在。则通过以下固定点迭代

$$Q_{\text{soft}}(s_t, a_t) \leftarrow r_t + \gamma \, \mathbb{E}_{s_{t+1} \sim p_s}[V_{\text{soft}}(s_{t+1})], \quad \forall s_t, a_t; \tag{2.13}$$

$$V_{\text{soft}}(s_t) \leftarrow \alpha \log \int_{\mathcal{A}} \exp\left(\frac{1}{\alpha}Q_{\text{soft}}(s_t, a')\right) \mathrm{d}a', \quad \forall s_t, \tag{2.14}$$

可以分别收敛到 Q_{soft}^* 和 V_{soft}^*。

证明:我们证明软贝尔曼迭代算子 $\mathcal{T}$ 是一个压缩映射,其中 $\mathcal{T}$ 定义为:

$$\mathcal{T}Q(s, a) \triangleq r(s, a) + \gamma \, \mathbb{E}_{s' \sim p_s}\left[\log \int \exp Q(s', a') \mathrm{d}a'\right],$$

我们定义 Q 值的范数为 $\|Q_1 - Q_2\| \triangleq \max_{s,a} |Q_1(s, a) - Q_2(s, a)|$。假设 $\varepsilon = \|Q_1 - Q_2\|$,

则有:

$$\log\int\exp(Q_1(s',a'))\mathrm{d}a'\leqslant\log\int\exp(Q_2(s',a')+\varepsilon)\mathrm{d}a'=$$

$$\log(\exp(\varepsilon)\int\exp Q_2(s',a')\mathrm{d}a')=$$

$$\varepsilon+\log\int\exp Q_2(s',a')\mathrm{d}a',$$

同理,有

$$\log\int\exp Q_1(s',a')\mathrm{d}a'\geqslant-\varepsilon+\log\int\exp Q_2(s',a')\mathrm{d}a',$$

因此,

$$\|\mathcal{T}Q_1-\mathcal{T}Q_2\|\leqslant\gamma\varepsilon=\gamma\|Q_1-Q_2\|.$$

从而得到 $\mathcal{T}$ 是一个压缩映射。由此可知,只有一个 Q 值函数满足软贝尔曼方程,因此定理 2.5.1 中提出的最优策略是唯一的。

我们将公式 2.13 和 2.14 中的更新称为作用于软价值函数的软贝尔曼备份算子,并用 $\mathcal{T}$ 表示。最大熵策略(见公式 2.11)可以通过反复应用该算子直到收敛来恢复。然而,为了使算法具有实际应用性,我们需要考虑一些实用问题。首先,软贝尔曼备份在连续或大规模状态和动作空间中无法精确执行;其次,从公式 2.11 中的基于能量的模型采样在一般情况下是不可行的。我们将在接下来的章节中解决这些挑战。

软价值学习

由于软贝尔曼备份是一个收缩映射,因此最优价值函数是贝尔曼备份的固定点。我们可以通过优化一个使软贝尔曼误差 $|\mathcal{T}Q-Q|$ 在所有状态和动作上最小化的 Q 函数来找到它。虽然由于公式 2.14 中的积分及状态和动作的无限集合,该过程在实际中仍然难以实现,但我们可以将其表述为一个随机优化问题,进而引出一种随机梯度下降的更新方法。我们使用带有参数 θ 的函数逼近器来建模软 Q 函数,并将其记为 $Q_{\mathrm{soft}}^{\theta}(s_t,a_t)$。

为了将定理 2.5.1 转化为一个随机优化问题,我们首先通过重要性采样将软价值函数表示为期望的形式:

$$V_{\mathrm{soft}}^{\theta}(s_t)=\alpha\log\mathbb{E}_{q_{a'}}\left[\frac{\exp\left(\frac{1}{\alpha}Q_{\mathrm{soft}}^{\theta}(s_t,a')\right)}{q_{a'}(a')}\right],\tag{2.15}$$

其中 $q_{a'}$ 可以是定义在动作空间上的任意分布。其次,基于恒等式 $g_1(x)=g_2(x)\,\forall\,x\in\mathbb{X}\Longleftrightarrow$ $\mathbb{E}_{x\sim q}[(g_1(x)-g_2(x))^2]=0$(其中 q 是定义在 $\mathbb{X}$ 上的任意严格正的概率密度函数),我们可以将软 Q 迭代等价地表示为最小化以下目标函数:

$$J_Q(\theta)=\mathbb{E}_{s_t\sim q_{s_t},a_t\sim q_{a_t}}\left[\frac{1}{2}(\hat{Q}_{\mathrm{soft}}^{\bar{\theta}}(s_t,a_t)-Q_{\mathrm{soft}}^{\theta}(s_t,a_t))^2\right],\tag{2.16}$$

其中 q_{s_t}, q_{a_t} 分别是定义在 $\mathcal{S}$ 和 $\mathcal{A}$ 上的正概率密度函数，$\hat{Q}^{\bar{\theta}}_{\text{soft}}(s_t, a_t) = r_t + \gamma \mathbb{E}_{s_{t+1} \sim p_s}\left[V^{\bar{\theta}}_{\text{soft}}(s_{t+1})\right]$ 是目标 Q 值，其中 $V^{\bar{\theta}}_{\text{soft}}(s_{t+1})$ 由公式 2.15 给出，并且将参数 θ 替换为目标参数 $\bar{\theta}$。

2.5.3 极端 Q 学习

本节介绍"极端 Q 学习：无需熵的最大熵原则强化学习"（Garg, et al., 2023），该文献提出的方法（即新的 $loss(\theta_q)$），可以直接计算软 Q 值和软 V 值（Haarnoja, et al., 2017; Haarnoja, et al., 2018），而无需计算策略的熵。具体而言，该研究说明软贝尔曼更新的 TD 误差服从 Gumbel 分布，因此可以利用 Gumbel 回归将当前的价值函数逼近 TD 目标，这类似于分位数回归的思想。我们介绍该研究的原因有三点：(1) 它提供了一种无需熵的软价值目标计算方法；(2) 它为我们设计新的策略评估损失函数提供了框架思路；(3) 它启发了我们一些应对引导误差（分布外动作问题）的解决方案。

极端 Q 学习考虑一种广义的最大熵强化学习版本，它在标准奖励目标上增加了策略与参考分布 μ 之间的 KL 散度项：

$$\mathbb{E}_\pi\left[\sum_{t=0}^\infty \gamma^t \left(r(s_t, a_t) - \beta \log \frac{\pi(a_t | s_t)}{\mu(a_t | s_t)}\right)\right],$$

其中 β 是正则化强度。当 μ 为均匀分布 $\mathcal{U}$ 时，该目标函数即为标准的在线 RL 最大熵目标，差别仅在于一个常数项。在离线 RL 设置中，我们选择 μ 为生成固定数据集 D 的行为策略 π_D。因此，这一目标函数在学习策略上强加了保守的 KL 约束，确保其与行为策略保持接近。也就是说，如果策略与 μ（通常为均匀分布的策略）差距较大，则惩罚项会增大，总回报将减少。因此，最优策略在某种程度上应类似于参考策略。

在最大熵 RL 中，软贝尔曼算子 $\mathcal{B}^*: \mathbb{R}^{\mathcal{S} \times \mathcal{A}} \to \mathbb{R}^{\mathcal{S} \times \mathcal{A}}$ 定义为：

$$(\mathcal{B}^* Q)(s, a) = r(s, a) + \gamma \mathbb{E}_{s' \sim P(\cdot | s, a)} V^*(s'),$$

其中 Q 为软 Q 函数，V^* 为满足下式的最优软值：

$$V^*(s) = \beta \log \sum_a \mu(a | s) \exp(Q(s, a)/\beta) := \mathbb{L}^\beta_{a \sim \mu(\cdot | s)}[Q(s, a)], \quad (2.17)$$

为简化，我们使用运算符 $\mathbb{L}^\beta$ 表示"指数和的对数"（logarithm of the sum of exponentials, LSE）操作。注意：计算 $\mathcal{B}^*$ 公式 2.17，即包含了 LSE 的计算。因此，鉴于作者提到其算法可以绕过 LogSumExp 问题，其算法中不应出现 $\mathcal{B}^*$.

软贝尔曼算子具有唯一的收缩映射 Q^*，该映射由软贝尔曼方程 $Q^* = \mathcal{B}^* Q^*$ 给出，且最优策略满足（Haarnoja, et al., 2017）：

$$\pi^*(a | s) = \mu(a | s) \exp((Q^*(s, a) - V^*(s))/\beta). \quad (2.18)$$

这里的方法不是为某个策略估计软值

$$V^\pi(s) = \mathbb{E}_{a \sim \pi(\cdot | s)}\left[Q(s, a) - \beta \log \frac{\pi(a | s)}{\mu(a | s)}\right],$$

而是直接拟合最优的软值 V^*，即 Q 值的 LSE。

备注 2.5.3 具体来说，本文使用了一个独立的网络 V_θ 来近似 V^*，并且优化 V_θ 的损失函数与公式 2.17 无关。这也是为什么作者声称其方法能够绕过 LSE 项的原因。

问题 2.5.1 为什么我们需要找到 V^*？

答：在最大熵原则强化学习的设置下，策略可以直接通过公式 2.18 进行计算。因此，如果我们拥有 Q^* 和 V^*，我们就能直接计算出最优策略。你可能会想：为什么不使用 actor-critic 形式？答案是：我们正在研究的是离线强化学习环境，并且使用的是基于 DQN 的算法。

算法讲解

根据 Fisher-Tippett 或极值定理，指数尾分布的独立同分布样本的最大值将渐近收敛于 Gumbel 分布 $\mathcal{G}(\mu,\beta)$，其概率密度函数为 $p(x)=\exp(-(z+e^{-z}))$，其中 $z=(x-\mu)/\beta$，μ 为位置参数，β 为尺度参数。

定理 2.5.5 （极值定理（EVT））对于具有指数尾分布的独立同分布随机变量 $X_1,\cdots,X_n\sim f_X$，当 $n\to\infty$ 时，$\max_i(X_i)$ 的极限分布为 Gumbel($GEV-1$) 分布。此外，$\mathcal{G}$ 是最大稳定的，即如果 $X_i\sim\mathcal{G}$，那么 $\max_i(X_i)\sim\mathcal{G}$ 也成立。

该定理告诉我们，当取随机变量的最大值时，将服从 Gumbel 分布。我们可以立即意识到 $\max_{a\in A}Q^*(s,a)$ 可能具备这一性质。

考虑通过学习无偏的函数逼近器 $\hat{Q}$ 来求解贝尔曼方程拟合 Q 函数。假设我们能够访问 M 个这样的函数逼近器，并假设它们相互独立。我们可以将近似的 Q 迭代表示为：

$$\hat{Q}_t(s,a)=\overline{Q}_t(s,a)+\epsilon_t(s,a),\qquad(2.19)$$

其中 $\mathbb{E}[\hat{Q}]=\overline{Q}_t$ 是我们对目标 $\overline{Q}_t$ 的预测 $\hat{Q}_t$ 的期望值，而 ϵ_t 为我们的估计误差（均值为零）。假设误差 ϵ_t 是均值为零的独立同分布随机变量。

现在，考虑使用我们 M 个估计器中的一个随机选择的估计器进行引导估计：

$$\hat{\mathcal{B}}^*\hat{Q}_t(s,a)=r(s,a)+\gamma\max_{a'}\hat{Q}_t(s',a')=$$
$$r(s,a)+\gamma\max_{a'}(\overline{Q}_t(s',a')+\epsilon_t(s',a')).$$

接下来我们考察在随后的更新中会发生什么。在 $t+1$ 时刻，假设我们为目标 $\hat{\mathcal{B}}^*\hat{Q}_t$ 拟合一组新的独立函数逼近器 $\hat{Q}_{t+1}$，引入新的无偏误差 ϵ_{t+1}。那么，对于 $\overline{Q}_{t+1}=\mathbb{E}[\hat{Q}_{t+1}]$，有：

$$\overline{Q}_{t+1}(s,a)=r(s,a)+\gamma\mathbb{E}_{s'\sim P(\cdot|s,a)}[\mathbb{E}_{\epsilon_t}[\max_{a'}(\overline{Q}_t(s',a')+\epsilon_t(s',a'))]].$$

由于定理 2.5.5，ϵ_t 将随着 t 趋于极限时服从 Gumbel 分布，并且由于 Gumbel 分布的最大稳定性，该性质将保持不变。

提示 2.5.1 这突出了一类基于近似的强化学习算法的根本问题,这些算法通过最小化贝尔曼方程中的均方误差来优化:它们通过极大似然估计隐含地假设误差是高斯分布的。

备注 2.5.4 这里表明 ϵ_t 服从 Gumbel 分布。本文并未提及最初假设 ϵ_t 具有指数尾分布,尽管根据常识这似乎是合理的。

问题 2.5.2 如何从"ϵ_t 服从 Gumbel 分布"得出"TD 误差是 Gumbel 分布"的结论?

答:我们来看公式 2.19,$\hat{Q}_t(s,a)$ 是近似值,$\bar{Q}_t(s,a)$ 是真值,可以替换为 TD 目标(这里采用常见的假设,即 TD 目标是真值)。因此,TD 误差的分布与 ϵ_t 的分布一致。

现在我们可以通过假设误差服从 Gumbel 分布,推导出一个指数和的对数(LSE)的目标函数。

定理 2.5.6 (Gumbel 回归)考虑用数据集 D 中的样本 x_i 估计随机变量 X 的参数 h,其中噪声服从 Gumbel 分布,即 $x_i=h+\epsilon_i$,且 $\epsilon_i \sim -\mathcal{G}(0,\beta)$。那么,数据集 D 的平均对数似然关于 h 的表达式为:

$$\mathbb{E}_{x_i \sim D}[\log p(x_i)] = \mathbb{E}_{x_i \sim D}[-e^{((x_i-h)/\beta)} + (x_i-h)/\beta].$$

最大化对数似然可得到 h 的凸最小化目标函数:

$$\mathcal{L}(h) = \mathbb{E}_{x_i \sim D}[e^{(x_i-h)/\beta} - (x_i-h)/\beta - 1]. \qquad (2.20)$$

因此,优化损失函数 $\mathcal{L}(h)$ 将得到满足 $x_i=h+\epsilon_i$ 的最优 h。

关键是,当 β 固定时,该目标函数的极小值有一个封闭解:

$$h = \beta \log \mathbb{E}_{x_i \sim D}[e^{x_i/\beta}],$$

这一形式类似于 LSE,其中求和被(经验)期望代替。实际上,该解与前面部分为 MaxEnt 定义的算子 $L_\mu^\beta(X)$ 相同。

在此框架下,我们使用软贝尔曼算子 $\mathcal{B}^*$,这给出了我们的极值 Q 损失,即上一节中的 Gumbel 损失:

$$\mathcal{L}(Q) = \mathbb{E}_{s,a \sim \mu}[e^{(\hat{\mathcal{B}}^* \hat{Q}^k(s,a) - Q(s,a))/\beta}] - \mathbb{E}_{s,a \sim \mu}[(\hat{\mathcal{B}}^* \hat{Q}^k(s,a) - Q(s,a))/\beta] - 1.$$

这引出了更新规则:$\hat{Q}^{k+1}(s,a) = \mathcal{B}^* \hat{Q}^k(s,a)$(注意:此方程不能直接作为 Q 网络的损失函数使用,因为它包含 $\mathcal{B}^*$ 算子,后者涉及 LogSumExp 计算)。$\mathcal{L}(\cdot)$ 需要估计 $\mathcal{B}^*$,而在连续动作空间中这非常困难。我们提出如何解决此问题。考虑软贝尔曼方程:

$$\mathcal{B}^* Q = r(s,a) + \gamma \mathbb{E}_{s' \sim P(\cdot|s,a)}[V^*(s')],$$

其中 $V^*(s) = L_{a \sim \mu(\cdot|s')}^\beta[Q(s,a)]$。然后,$V^*$ 可以通过设定 MaxEnt 框架下正则化强度 β,利用 Gumbel 回归直接估计。这给出了如下的极值 V 损失目标:

$$\mathcal{J}(V) = \mathbb{E}_{s,a \sim \mu}[e^{(\hat{Q}^k(s,a) - V(s))/\beta}] - \mathbb{E}_{s,a \sim \mu}[(\hat{Q}^k(s,a) - V(s))/\beta] - 1. \qquad (2.21)$$

引理 2.5.1 最小化 $\mathcal{J}$ 关于值的函数给出了更新规则:$\hat{V}^k(s) = L_{a \sim \mu(\cdot|s)}^\beta[\hat{Q}^k(s,a)]$。

注意:此引理非常重要,因为它表明最小化 $\mathcal{J}(V)$ 的结果是 V^*(见公式 2.17),这与常见的目标值网络的结果 V 不同。通过这个损失函数,我们不再需要在完整算法中使用其他策略改进过程。该引理告诉我们,我们可以通过 Gumbel 回归从 $Q(s,a)$ 中获得 V^*,即公式 2.21 所示。

现在剩下的任务是近似 $Q(s,a)$,这可以通过最小化 TD 误差的均方误差(MSE)来完成:

$$\mathcal{L}(\varphi) = \mathbb{E}_{(s,a,a') \sim D}[Q_\varphi(s,a) - r(s,a) - \gamma V_\theta(s')]^2.$$

总的来说,本文提供了一种新的策略评估方法,在最大熵框架下避免熵的计算,使得深度强化学习中的各类技巧,例如下面章节将要介绍的生成式策略,可以较为轻松地应用。

2.6 本章小结

本章系统地介绍了经典强化学习算法的核心理论、实现方法以及其在实际应用中的表现和局限性,为深入理解强化学习的基本框架奠定了扎实基础。通过对策略梯度方法、基于值函数的算法以及结合策略和值函数的算法进行详细分析,展现了强化学习领域中从简单到复杂的算法演进过程。

首先,策略梯度方法从优化策略直接输出动作分布的角度出发,阐述了其计算过程、收敛特性以及提升算法性能的关键技巧,例如基线的引入及其选取对算法效率的影响。这些内容为理解深度强化学习中的策略优化提供了理论支持。

接着,本章介绍了经典的 Q 学习算法及其深度扩展版本 DQN,系统地分析了时间差分方法和经验回放机制在处理大规模问题中的优势,并指出了算法的局限性,例如过估计偏差和目标网络更新问题。

在此基础上,扩展到 DDPG 和 TD3 等深度强化学习算法,深入剖析了连续动作空间下的优化策略。通过对比两者的优缺点,例如 DDPG 在探索上的局限性以及 TD3 通过延迟更新和双 Q 网络机制的改进,本章明确了算法在不同场景中的适用性。

最后,针对强化学习中的探索—利用权衡问题,本章探讨了基于熵正则化的强化学习算法,尤其是软演员评论家(SAC)及其理论推导,强调了熵项对策略随机性的调控作用,并简要介绍了极端 Q 学习的基本思想。

通过这一章节,读者不仅能够掌握经典强化学习算法的基本原理,还能理解不同算法在处理复杂环境时的优势与挑战,为后续学习现代强化学习技术及其实际应用提供了重要的理论依据和实践指导。

第三章

基于采样的强化学习方法

本章将深入探讨强化学习中的基于采样的方法,系统介绍生成模型、f-散度与积分概率度量(integral probability metric, IPM)等概念,旨在为理解强化学习中分布度量与分布匹配问题奠定理论基础。首先,本章介绍生成模型在强化学习中的重要性,包括推前算子与重参数化技巧,通过这些方法实现复杂环境中的策略优化,帮助读者理解如何在强化学习中构建与利用生成模型。随后,本章详细分析了f-散度及其在概率分布间衡量差异的作用,从f-散度的基本概念到常用f-散度的性质与不同f-散度的适用性,为策略分布的优化提供了丰富的数学工具。同时,本章讲解了积分概率度量(IPM),并将其与f-散度进行对比,探讨不同度量在估计概率分布距离中的应用场景,特别是在强化学习中进行策略评估与改进的意义。最后,针对IPM,本章进一步讨论了其非参数估计方法,揭示如何在实际应用中有效地估计与优化积分概率度量。本章内容为理解基于采样的强化学习方法提供了全面的理论支持,并为解决复杂空间中的分布匹配问题提供了切实可行的解决方案。

3.1 生成模型

对推前算子(push-forward operator)和概率度量(probability metric)的持续研究揭示了生成模型(例如 GAN 和推前算子)、模仿学习、分布式强化学习以及最优传输之间日益深刻的关联。与这些主题相关的知识不应被视为"超出范围",而是需要深入掌握。

3.1.1 推前算子

在测度理论中,推前测度(也称为推前算子)是通过可测函数将一个测度从一个可测空间(在我们的案例中是概率空间)传递到另一个可测空间获得的。简言之,它是通过可测函数将一个空间上的概率分布转移到另一个空间上的方式。推前算子有如下定义和性质:

定义 3.1.1　（推前算子）给定可测空间 (X_1, Σ_1) 和 (X_2, Σ_2)，一个可测映射 $f: X_1 \to X_2$ 以及一个测度 $\mu: \Sigma_1 \to [0, +\infty]$，则 μ 的推前定义为测度 $f_*(\mu): \Sigma_2 \to [0, +\infty]$，其表示为

$$f_*(\mu)(B) = \mu(f^{-1}(B)), \quad B \in \Sigma_2.$$

该定义可以同样适用于符号或复测度。推前测度也可以表示为 $\mu \circ f^{-1}$、$f_\natural \mu$、$f_\sharp \mu$ 或 $f \# \mu$。

定理 3.1.1　（变量替换公式）当且仅当 X_2 上的可测函数 g 对推前测度 $f_*(\mu)$ 是可积的，$g \circ f$ 对测度 μ 是可积的。在这种情况下，积分是相等的，即

$$\int_{X_2} g \mathrm{d}(f_* \mu) = \int_{X_1} g \circ f \mathrm{d}\mu,$$

注意，在上述公式中，$X_1 = f^{-1}(X_2)$。

定义 3.1.2　（概率空间中的推前算子）对于一个连续映射 $T: \mathcal{X} \to \mathcal{Y}$，我们定义其对应的推前算子 $T_\sharp: \mathcal{M}(\mathcal{X}) \to \mathcal{M}(\mathcal{Y})$，其中 $\mathcal{M}(\mathcal{X})$ 表示 $\mathcal{X}$ 上的概率测度集（Peyré, et al., 2019）。

备注 3.1.1　（在概率空间中的主要性质）对于概率测度 $\mathscr{P}(x) \in \mathcal{M}(\mathcal{X})$，推前算子 $T_\sharp$ 将 $\mathscr{P}(x)$ 转换为 $\mathscr{P}(y) = T_\sharp \mathscr{P}(x) \in \mathcal{M}(\mathcal{Y})$，满足：

$$\int_\mathcal{Y} h(y) \mathrm{d}\mathscr{P}(y) = \int_\mathcal{X} h(T(x)) \mathrm{d}\mathscr{P}(x), \quad \forall h \in C(\mathcal{Y}), \tag{3.1}$$

其中 h 是 $\mathcal{Y}$ 上的任何连续函数。

备注 3.1.2　（离散概率测度的推前算子）对于一个离散测度 $\alpha = \sum_{i=1}^{n} a_i \delta_{x_i}$，其权重为 a，支持集为 $x_1, \cdots, x_n \in \mathcal{X}$，推前操作只需将测度支持点的位置移动即可（Peyré, et al., 2019）：

$$T_\sharp \alpha := \sum_{i=1}^{n} a_i \delta_{T(x_i)}, \tag{3.2}$$

其中 δ_x 表示位置为 x 的 Dirac 测度，它是在位置 x 无限集中的单位质量。

如上所示，推前算子构建了分布之间的关联，即 $\mathscr{P}(x) \in \mathcal{M}(\mathcal{X})$ 和 $\mathscr{P}(y) \in \mathcal{M}(\mathcal{Y})$ 之间的关系。换句话说，算子 $T_\sharp$ 通过映射 T 将 $\mathcal{X}$ 上测度的每个基本质量"推前"到 $\mathcal{Y}$ 上的新测度。

备注 3.1.3　（测度与随机变量）Radon 测度也可以被视为随机变量的分布。定义在 $\mathcal{X}$ 上的随机变量 X 实际上是一个从某个抽象（通常未明示的）概率空间 $(\Omega, \mathbb{P})$ 映射到 $\mathcal{X}$ 的映射 $X: \Omega \to \mathcal{X}$，其分布 α 是 Radon 测度 $\alpha \in \mathcal{M}_+^1(\mathcal{X})$，满足 $\mathbb{P}(X \in A) = \alpha(A) = \int_A \mathrm{d}\alpha(x)$。等价地，$\alpha$ 是 $\mathbb{P}$ 被 X 推前得到的推前测度，即 $\alpha = X_\sharp \mathbb{P}$。如果我们再应用一个推前算子 $\beta = T_\sharp \alpha$，其中 $T: \mathcal{X} \to \mathcal{Y}$，根据式 3.1，这等价于定义了另一个随机变量 $Y = T(X): \omega \in \Omega \to$

$T(X(\omega)) \in \mathcal{Y}$，从而 β 是 Y 的分布。从 Y 中抽样 y 可以通过先从 X 抽取 x 然后计算 $y = T(x)$ 来实现(Peyré, et al., 2019)。

3.1.2 重参数化

重参数化(re-parameterization)是一种有效的随机变量建模方法,特别是在目标是从目标分布中采样,而不是直接使用函数逼近模型随机变量的情况下。简单来说,为了对具有分布 μ_X 的随机变量 X 进行建模,重参数化技巧寻求通过神经网络将一个简单的随机变量 ϵ (例如高斯分布)映射为目标随机变量 X,即

$$X = g(\epsilon; \theta), \tag{3.3}$$

其中 g 是可微的映射函数,θ 是模型参数,例如神经网络的参数。我们希望经过训练后,随机变量 $g(\epsilon; \theta)$ 具有目标分布 μ_X。这一方法对采样非常有用,因为只需要从简单分布 ϵ 中进行采样,就可以生成 X 的样本(Singh, et al., 2022)。通过这种方式,重参数化技巧利用推前算子将简单随机变量的分布映射到复杂的目标分布上,从而有效地进行优化与学习。

推前测度的概念不仅在概率论和测度理论中占有重要地位,也为强化学习中的重参数化技巧提供了理论基础。重参数化技巧的核心在于通过推前算子将复杂的随机变量表示为更简单的形式,这对于提高优化过程的稳定性和效率至关重要。

备注 3.1.4 (重参数化技巧)重参数化技巧通常涉及将一个复杂的随机变量 $z \sim p(z)$ 表示为一个更简单的随机变量 ϵ,通过一个可微的变换 $z = g(\epsilon; \theta)$,其中 θ 是参数。此时,g 的形式使得 $p(z)$ 可以更方便地计算或采样。

在强化学习中,重参数化技巧可以用于优化策略或价值函数的学习。例如,假设我们希望优化某个策略 $\pi_\theta(a|s)$,可以通过引入一个潜在变量 ϵ,使得可以通过简单的变换获得动作 a:

$$a = g(\epsilon; \theta), \tag{3.4}$$

其中 ϵ 服从某个已知的分布(例如高斯分布),而 g 是一个可微的函数。通过这种方式,我们将策略的优化转化为对潜在变量的优化,进而利用随机梯度下降等方法进行高效学习。与此同时,我们也可以允许动作 a 服从更为复杂的高维分布(相对于高斯分布而言),乃至任意分布,而不用担心如何从中采样的问题。

推前测度在重参数化过程中扮演着重要角色。具体来说,当我们通过可测函数 g 生成新随机变量时,推前算子 $g_{\sharp}\mu$ 允许我们将原有的测度从一个空间映射到另一个空间。例如,在最优控制问题中,状态转移可能由非线性函数描述,重参数化可以有效地将复杂的转移动态简化为可处理的形式,从而加速学习过程。

备注 3.1.5 (重参数化与推前测度)对于给定的策略 $\pi_\theta(a|s)$,如果我们通过推前算子构造新的测度 $p_\theta(a) = g_{\sharp} p_\epsilon(\epsilon)$,那么可以得到

$$\int_A h(a)\,\mathrm{d}p_\theta(a) = \int_\varepsilon h(g(\epsilon;\theta))\,\mathrm{d}p_\varepsilon(\epsilon),$$

对于任意可积函数 h。

该定理表明,通过推前算子重构的分布在期望计算上与原始分布等价,这为利用随机梯度方法进行优化提供了理论基础。

总之,推前测度的引入不仅深化了我们对重参数化技巧的理解,还为强化学习中的策略学习和价值估计提供了强有力的工具。在处理高维复杂问题时,推前算子与重参数化技巧的结合无疑将推动强化学习的发展,使其更为高效和稳定。

疑问解答

问题 3.1.1 不同的基础分布会如何影响近似结果?

答:直观上,只要对目标分布没有先验知识,基础分布的选择应尽可能简单(奥卡姆剃刀原则),例如选择均匀分布或正态分布。不过从实际情况来看,近似性能主要取决于用于转换样本的神经网络的性能。

问题 3.1.2 不同的基础分布是否会影响最终的目标分布? 目标分布是否可以是"任意"分布?

答:是的,不同的基础分布会影响结果,但是目前没有关于"哪个基础分布最好"的具体结论,因为传递能力与网络的能力密切相关。对于第二个问题,答案是否定的,但也没有关于"哪些分布不能生成"的明确结论,这取决于网络结构及其使用的生成方法。

问题 3.1.3 是否存在类似推前算子的其他方法,可以将数据从一个采样分布转换为目标分布?

答:是的,存在很多方法。例如:GAN、变分自编码器(VAE)等。

3.1.3 概率测度之间的距离

研究从概率测度 P 和 Q 中独立同分布(i.i.d.)抽取有限样本以近似它们之间的度量,广泛被称为度量估计。不同度量的估计方法各异,常见的有蒙特卡罗法、线性规划等。本节将简单介绍强化学习中常见的度量,详细的定义及数学性质见下一章节。

Kullback-Leibler 散度

Kullback-Leibler(KL)散度(也称为相对熵和 I-散度)是一种统计距离:它衡量一个概率分布 P 与另一个参考概率分布 Q 的不同程度。KL 散度的一个简单解释是,使用 Q 作为模型时,实际分布为 P 时的预期过度惊讶程度。虽然 KL 散度是一种距离,但它并不是严格意义上的度量:它不是对称的(与信息变异性相比),也不满足三角不等式。

对于定义在相同样本空间 $\mathcal{X}$ 上的离散概率分布 P 和 Q,Q 到 P 的相对熵定义为

$$D_{\mathrm{KL}}(P\|Q) = \sum_{x\in\mathcal{X}} P(x)\log\left(\frac{P(x)}{Q(x)}\right),$$

等价于

$$D_{\mathrm{KL}}(P\|Q) = -\sum_{x\in\mathcal{X}} P(x)\log\left(\frac{Q(x)}{P(x)}\right),$$

换句话说,它是 P 和 Q 之间对数差异的期望,其中期望是根据 P 的概率取的。

它也可以表示为:

$$D_{\mathrm{KL}}(P\|Q) = \sum_{x\in\mathcal{X}} P(x)\log\frac{1}{Q(x)} - \sum_{x\in\mathcal{X}} P(x)\log\frac{1}{P(x)} = \\ \mathcal{H}(P,Q) - \mathcal{H}(P),$$

其中 $\mathcal{H}(P,Q)$ 是 P 和 Q 的交叉熵,$\mathcal{H}(P)$ 是 P 的熵(即 P 本身的交叉熵)。

对于连续随机变量的分布 P 和 Q,相对熵定义为积分:

$$D_{\mathrm{KL}}(P\|Q) = \int_{-\infty}^{\infty} p(x)\log\left(\frac{p(x)}{q(x)}\right)\mathrm{d}x,$$

其中 p 和 q 分别表示 P 和 Q 的概率密度。

KL 散度总是非负的,即 $D_{\mathrm{KL}}(P\|Q) \geqslant 0$,并且当且仅当 $P=Q$ 时,$D_{\mathrm{KL}}(P\|Q)=0$。

Jensen-Shannon 散度

Jensen-Shannon(JS)散度基于 Kullback-Leibler 散度,但具有一些显著的(且有用的)差异,包括其对称性以及它总是有一个有限的值。Jensen-Shannon 散度的平方根被称为 Jensen-Shannon 距离,它是一个度量。

Jensen-Shannon 散度(JSD)是 Kullback-Leibler 散度 $D(P\|Q)$ 的对称和平滑版本。它的定义为:

$$\mathrm{JSD}(P\|Q) = \frac{1}{2}D(P\|M) + \frac{1}{2}D(Q\|M) = \mathcal{H}(M) - \frac{1}{2}(\mathcal{H}(P)+\mathcal{H}(Q)),$$

其中 $M=\frac{1}{2}(P+Q)$。

更广泛的定义允许比较多个概率分布,其形式为:

$$\mathrm{JSD}_{\pi_1,\cdots,\pi_n}(P_1,P_2,\cdots,P_n) = \sum_i \pi_i D(P_i\|M) = \mathcal{H}(M) - \sum_{i=1}^{n}\pi_i\mathcal{H}(P_i)$$

其中

$$M := \sum_{i=1}^{n}\pi_i P_i,$$

且 $\pi_1,\cdots,\pi_n$ 是选择用于概率分布 $P_1,P_2,\cdots,P_n$ 的权重,$\mathcal{H}(P)$ 是分布 P 的香农熵。

JS 散度介于 0 和 1 之间,即 $0\leqslant\mathrm{JSD}(P\|Q)\leqslant 1$。

Wasserstein 距离（经验分布）

Wasserstein 距离是一种用于比较概率分布的度量，广泛应用于生成模型、最优传输和机器学习中。它衡量的是将一种分布"转移"到另一种分布所需的"成本"，在某种意义上，可以看作是将一个概率分布转变为另一个概率分布所需的最小工作量。Wasserstein 距离具有良好的几何解释，尤其是在高维空间中，能够有效捕捉分布之间的形状差异。

按照被衡量测度的维度，这里简要对 Wasserstein 距离做如下分类和定义：

（1）一维情况：如果 P 是一个由样本 $X_1,\cdots,X_n$ 生成的经验测度，Q 是一个由样本 $Y_1,\cdots,Y_n$ 生成的经验测度，则 Wasserstein 距离是与顺序统计量相关的简单函数：

$$W_p(P,Q) = \left(\frac{1}{n}\sum_{i=1}^{n}\|X_{(i)}-Y_{(i)}\|^p\right)^{1/p}.$$

（2）高维情况：如果 P 和 Q 是基于 n 个观测的经验分布，则 Wasserstein 距离为：

$$W_p(P,Q) = \inf_{\pi}\left(\frac{1}{n}\sum_{i=1}^{n}\|X_i-Y_{\pi(i)}\|^p\right)^{1/p},$$

其中，极小化的对象是 n 个元素的所有排列 π。这是一个线性分配问题，可以通过匈牙利算法在三次时间复杂度内求解。

（3）正态分布：设 $\mu_1=\mathcal{N}(m_1,C_1)$ 和 $\mu_2=\mathcal{N}(m_2,C_2)$ 是两个在 $\mathbb{R}^n$ 上的非退化高斯测度（即正态分布），其期望值分别为 m_1 和 $m_2\in\mathbb{R}^n$，协方差矩阵分别为 C_1 和 $C_2\in\mathbb{R}^{n\times n}$。在 $\mathbb{R}^n$ 上的常规欧几里得范数下，μ_1 和 μ_2 之间的 2-Wasserstein 距离为：

$$W_2(\mu_1,\mu_2)^2=\|m_1-m_2\|_2^2+\text{trace}(C_1+C_2-2(C_2^{1/2}C_1C_2^{1/2})^{1/2}),$$

其中 $C^{1/2}$ 表示 C 的主平方根。注意，涉及迹的第二项实际上是 C_1 和 C_2 之间的（未归一化的）Bures 度量。这一结果推广了先前两个点质量之间 Wasserstein 距离的例子（至少在 $p=2$ 的情况下），因为点质量可以视为协方差矩阵为零的正态分布，此时迹项消失，仅保留均值之间的欧几里得距离。

3.2　f-散度与积分概率度量

本章节介绍 f-散度与积分概率度量（IPM）的数学性质，涉及测度论等较为抽象的内容，对理论研究没有需求的读者可以选择性跳过。

3.2.1　f-散度基础知识

在讨论 f-散度之前，我们首先需要了解绝对连续性和 Radon-Nikodym 定理。为了说明这些概念，设 $\mathcal{M}_+(\mathcal{X})$ 为 $\mathcal{X}$ 上所有非负 σ 有限测度的集合（在此讨论中，σ 代数是隐含的）。当存在可测集 $A_1,A_2,\cdots\subseteq\mathcal{X}$，满足 $\mu(A_n)<\infty$ 且 $\bigcup_{n=1}^{\infty}A_n=\mathcal{X}$，则称非负测度 μ

为 σ-有限的。

定义 3.2.1 (绝对连续测度)对于两个测度 $\mu,\nu\in\mathcal{M}_+(\mathcal{X})$，如果 $\nu(A)=0$ 则 $\mu(A)=0$，对所有可测集 A 成立，则称 μ 关于 ν 是绝对连续的，记作 $\mu\ll\nu$。当 $\mu\ll\nu$ 时，我们也说 ν 支配 μ。

备注 3.2.1 (绝对连续性与支集)如果 $\mu\ll\nu$，则 $\operatorname{supp}(\mu)\subseteq\operatorname{supp}(\nu)$(见图 3.1)。

定理 3.2.1 (Radon-Nikodym 定理)设 $\mu,\nu\in\mathcal{M}_+(\mathcal{X})$，且 $\mu\ll\nu$。则存在一个函数 $f\in L^1(\nu)$，使得对于任何可测集 A，有

$$\mu(A)=\int_A f(x)\mathrm{d}\nu(x),$$

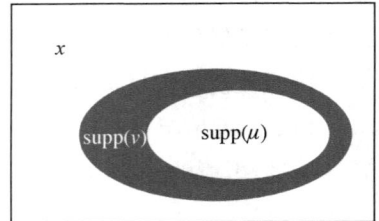

图 3.1 绝对连续性

该函数 f 称为 μ 关于 ν 的 Radon-Nikodym 导数，通常记作 $f=\dfrac{\mathrm{d}\mu}{\mathrm{d}\nu}$。

例 3.2.1 (计数测度)设 $\nu=\#$ 为计数测度，其中

$$\#(A)=\begin{cases}|A|, & |A|<\infty,\\ +\infty, & \text{其他情况},\end{cases}$$

对于任何可测集 A，如果 $\mu\ll\#$，则 $\operatorname{supp}(\mu)$ 是可数的，且 Radon-Nikodym 导数 $p:=\dfrac{\mathrm{d}\mu}{\mathrm{d}\#}$ 是 μ 的概率质量函数(PMF)，即 $p(x)=\mu(\{x\})$，对所有 $x\in\operatorname{supp}(\mu)$。

例 3.2.2 (勒贝格测度)设 $\mathcal{X}=\mathbb{R}^d$，且 $\nu=\lambda$ 为 $\mathbb{R}^d$ 上的勒贝格测度(Lebesgue)测度。如果 $\mu\ll\lambda$，则 Radon-Nikodym 导数 $p=\dfrac{\mathrm{d}\mu}{\mathrm{d}\lambda}$ 是 μ 的概率密度函数(PDF)，即 $\mu(A)=\int_A p(x)\mathrm{d}x$，对任何可测集 A 成立。

3.2.2 f-散度

定义 3.2.2 (f 散度)设 $f:\mathbb{R}_{\geqslant0}\to\mathbb{R}$ 为凸函数，满足以下条件:(1) $f(1)=0$;(2) f 在 1 附近是严格凸的，即

$$f(\alpha x+(1-\alpha)y)<\alpha f(x)+(1-\alpha)f(y),$$

对所有 $x,y\in\mathbb{R}_{\geqslant0}$ 以及 $\alpha\in[0,1]$，且 $\alpha x+(1-\alpha)y=1$。设 $P,Q\in\mathcal{P}(\mathcal{X})$ 为 $\mathcal{X}$ 上的两个概率测度，且 $\lambda\in\mathcal{M}_+(\mathcal{X})$ 为同时支配 P 和 Q 的测度，即 $P,Q\ll\lambda$(注意这样的 λ 总是存在，例如 $\lambda=P+Q$)。

Q 与 P 之间的 f-散度定义为:

$$D_f(P\|Q):=\mathbb{E}_Q\left[f\left(\frac{\mathrm{d}P/\mathrm{d}\lambda}{\mathrm{d}Q/\mathrm{d}\lambda}\right)\right]=\int_\mathcal{X} f\left(\frac{\mathrm{d}P/\mathrm{d}\lambda}{\mathrm{d}Q/\mathrm{d}\lambda}\right)\mathrm{d}Q(x),$$

其中 $\mathrm{d}P/\mathrm{d}\lambda$ 和 $\mathrm{d}Q/\mathrm{d}\lambda$ 分别是 P 和 Q 关于 λ 的 Radon-Nikodym 导数。

备注 3.2.2　（约定与简化）关于上述定义，我们有以下几点说明：

（1）使用了以下约定 $f(0)=f(0^+)$ 且 $0f\left(\dfrac{0}{0}\right)=0$；

（2）如果 $P\ll Q$，则 $D_f(P\|Q)=\mathbb{E}_Q\left[f\left(\dfrac{\mathrm{d}P}{\mathrm{d}Q}\right)\right]$，其中 $\dfrac{\mathrm{d}P}{\mathrm{d}Q}$ 是 P 关于 Q 的 Radon-Nikodym 导数。

定义 3.2.3　（离散或连续分布）我们将定义应用于离散分布或关于勒贝格测度的绝对连续分布：

（1）**离散分布**：如果 $P\ll Q\ll\#$，其中 $\#$ 是计数测度，则

$$D_f(P\|Q)=\sum_{x\in\mathcal{X}}f\left(\frac{p(x)}{q(x)}\right)q(x),$$

其中 p 和 q 分别是 P 和 Q 的概率质量函数（PMF）。

（2）**连续分布**：如果 $P\ll Q\ll\lambda$，其中 λ 是勒贝格测度，则

$$D_f(P\|Q)=\int_{\mathcal{X}}f\left(\frac{p(x)}{q(x)}\right)q(x)\mathrm{d}x,$$

其中 p 和 q 分别是 P 和 Q 的概率密度函数。

3.2.3　常用 f-散度

现在我们将重点介绍文献中常见的一些重要的 f-散度。接下来讨论中的所有概率测度均定义在相同的空间 $\mathcal{X}$ 上。

Kullback-Leibler 散度

Kullback-Leibler(KL) 散度（有时也称为相对熵或信息散度）是由 $f(x)=x\log x$ 引入的 f-散度。在前面章节中，我们已经初步讲解过 KL 散度，由于 KL 散度在强化学习中的地位，这里我们进行一些补充与拓展。前面已经提到，Q 相对于 P 的 KL 散度为：

$$D_{\mathrm{KL}}(P\|Q)=D_{x\log x}(P\|Q)=\mathbb{E}_Q\left[f\left(\frac{\mathrm{d}P/\mathrm{d}\lambda}{\mathrm{d}Q/\mathrm{d}\lambda}\right)\right]=\mathbb{E}_Q\left[\frac{\mathrm{d}P/\mathrm{d}\lambda}{\mathrm{d}Q/\mathrm{d}\lambda}\log\left(\frac{\mathrm{d}P/\mathrm{d}\lambda}{\mathrm{d}Q/\mathrm{d}\lambda}\right)\right]=$$
$$\mathbb{E}_P\left[\log\left(\frac{\mathrm{d}P/\mathrm{d}\lambda}{\mathrm{d}Q/\mathrm{d}\lambda}\right)\right].$$

我们注意到以下几点：

（1）如果 $P\ll Q\ll\#$，其中 $\#$ 是计数测度，则

$$D_{KL}(P\|Q)=\sum_{x\in\mathcal{X}}\log\left(\frac{p(x)}{q(x)}\right)p(x),$$

其中 p 和 q 分别是 P 和 Q 的概率质量函数。

（2）如果 $P\ll Q\ll\lambda$，其中 λ 是勒贝格测度，则

$$D_{\mathrm{KL}}(P\|Q)=\int_{\mathcal{X}}\log\Big(\frac{p(x)}{q(x)}\Big)p(x)\mathrm{d}x,$$

其中 p 和 q 分别是 P 和 Q 的概率密度函数。

（3）如果 P,Q 是两个概率测度，且 $P\ll Q$，则

$$D_{\mathrm{KL}}(P\|Q)=\infty.$$

（4）考虑凸函数 $f(x)=-\log x$，我们可以得到

$$D_{-\log x}(P\|Q)=\mathbb{E}_Q\Big[f\Big(\frac{\mathrm{d}P/\mathrm{d}\lambda}{\mathrm{d}Q/\mathrm{d}\lambda}\Big)\Big]=\mathbb{E}_Q\Big[-\log\frac{\mathrm{d}P/\mathrm{d}\lambda}{\mathrm{d}Q/\mathrm{d}\lambda}\Big]=\mathbb{E}_Q\Big[\log\frac{\mathrm{d}Q/\mathrm{d}\lambda}{\mathrm{d}P/\mathrm{d}\lambda}\Big]=D_{\mathrm{KL}}(Q\|P).$$

全变差距离

全变差(total variation,TV)距离是由 $f(x)=\frac{1}{2}|x-1|$ 引入的 f-散度。具体而言，Q 和 P 之间的全变差距离为：

$$\delta_{\mathrm{TV}}(P,Q)=D_{\frac{1}{2}|x-1|}(P\|Q)=\frac{1}{2}\mathbb{E}_Q\Big[\Big|\frac{\mathrm{d}P/\mathrm{d}\lambda}{\mathrm{d}Q/\mathrm{d}\lambda}-1\Big|\Big]=$$
$$\frac{1}{2}\int_{\mathcal{X}}\Big|\frac{\mathrm{d}P/\mathrm{d}\lambda}{\mathrm{d}Q/\mathrm{d}\lambda}-1\Big|\mathrm{d}Q=\frac{1}{2}\int_{\mathcal{X}}\Big|\frac{\mathrm{d}P}{\mathrm{d}\lambda}-\frac{\mathrm{d}Q}{\mathrm{d}\lambda}\Big|.$$

我们可以注意到以下几点：

（1）如果 $P\ll Q\ll\#$，其中 $\#$ 是计数测度，则

$$\delta_{\mathrm{TV}}(P,Q)=\frac{1}{2}\sum_{x\in\mathcal{X}}|p(x)-q(x)|=\frac{1}{2}\|p(x)-q(x)\|_1,$$

其中 p 和 q 分别是 P 和 Q 的概率质量函数。

（2）如果 $P\ll Q\ll\lambda$，其中 λ 是勒贝格测度，则

$$\delta_{\mathrm{TV}}(P,Q)=\frac{1}{2}\|p(x)-q(x)\|_{L^1(\mathbb{R}^d)},$$

其中

$$\|f\|_{L^1(\mathbb{R}^d)}=\int|f|\mathrm{d}\lambda(x),$$

且 p 和 q 分别是 P 和 Q 的概率密度函数。

（3）$\delta_{\mathrm{TV}}(P,Q)$ 是 $\mathcal{P}(\mathcal{X})$ 上的一个度量(这直接来自当概率测度有 PMF 或 PDF 时的范数表示)。

（4）如果 $\mathrm{supp}(P)\bigcap\mathrm{supp}(Q)=\varnothing$，则 $\delta_{\mathrm{TV}}(P,Q)=1$。

χ^2-散度

χ^2-散度是由 $f(x)=(x-1)^2$ 引入的 f-散度。具体而言，Q 相对于 P 的 χ^2-散度为：

$$\chi^2(P\|Q)=D_{(x-1)^2}(P\|Q)=\mathbb{E}_Q\Big[\Big(\frac{\mathrm{d}P/\mathrm{d}\lambda}{\mathrm{d}Q/\mathrm{d}\lambda}-1\Big)^2\Big].$$

展开上式可以看出，函数 f 与其诱导的 f-散度之间并非一一对应的关系。实际上：

$$\mathbb{E}_Q\left[\left(\frac{\mathrm{d}P/\mathrm{d}\lambda}{\mathrm{d}Q/\mathrm{d}\lambda}-1\right)^2\right]=\int\left(\frac{\mathrm{d}P}{\mathrm{d}Q}\right)^2\mathrm{d}Q-2\int\frac{\mathrm{d}P}{\mathrm{d}Q}\mathrm{d}Q+\int\mathrm{d}Q=\mathbb{E}_Q\left[\left(\frac{\mathrm{d}P}{\mathrm{d}Q}\right)^2-1\right].$$

以下几点值得注意：

（1）如上所述，映射 $f\to D_f$ 并不是单射的。

（2）如果 $P\ll Q$，则 $\chi^2(P\|Q)=\infty$。

3.2.4　f-散度的性质

在了解了一些常见的 f-散度之后，我们总结一些重要的性质。

命题 3.2.1　（f-散度的性质）对于任何由共同测度 λ 支配的 $P,Q\in\mathcal{P}(\mathcal{X})$，即 $P,Q\ll\lambda$，以及任意的 f-散度 D_f，我们有：

（1）非负性：$D_f(P\|Q)\geqslant0$，当且仅当 $P=Q$ 时取等号。

（2）凸性：映射 $(P,Q)\to D_f(P\|Q)$ 是联合凸的。因此，对于固定的 Q，映射 $P\to D_f(P\|Q)$ 是凸的；对于固定的 P，映射 $Q\to D_f(P\|Q)$ 也是凸的。

（3）条件散度的增长：设 $P_{Y|X}$ 和 $Q_{Y|X}$ 为两个转移核，$P_X\in\mathcal{P}(\mathcal{X})$。定义条件 f-散度为：

$$D_f(P_{Y|X}\|Q_{Y|X}|P_X):=\int_{\mathcal{X}}D_f(P_{Y|X}(\cdot|x)\|Q_{Y|X}(\cdot|x))\mathrm{d}P_X(x)=$$
$$\mathbb{E}_{P_X}[D_f(P_{Y|X}(\cdot|X)\|Q_{Y|X}(\cdot|X))].$$

根据定义：

$$P_Y(\cdot)=\mathbb{E}_{P_X}[P_{Y|X}(\cdot|X)],$$
$$Q_Y(\cdot)=\mathbb{E}_{P_X}[Q_{Y|X}(\cdot|X)],$$

因此我们有：

$$D_f(P_Y\|Q_Y)\leqslant D_f(P_{Y|X}\|Q_{Y|X}|P_X).$$

（4）联合与边缘散度：若 $P_{XY}=P_XP_{Y|X}$ 且 $Q_{XY}=Q_XP_{Y|X}$，则：

$$D_f(P_{XY}\|Q_{XY})=D_f(P_X\|Q_X).$$

证明：下面分别证明上述四个命题：

（1）根据 f-散度的定义，我们有

$$D_f(P\|Q)=\mathbb{E}_Q\left[f\left(\frac{\mathrm{d}P/\mathrm{d}\lambda}{\mathrm{d}Q/\mathrm{d}\lambda}\right)\right]\geqslant f\left(\mathbb{E}_Q\left[\frac{\mathrm{d}P/\mathrm{d}\lambda}{\mathrm{d}Q/\mathrm{d}\lambda}\right]\right)\geqslant f(1)=0,$$

其中第一个不等式来自 Jensen 不等式，第二个不等式来自 f 的凸性。为了证明等号条件，首先假设 $P=Q$。则

$$D_f(P\|Q)=\mathbb{E}_Q[f(1)]=0.$$

现在假设 $D_f(P\|Q)=0$，那么

$$f\left(\frac{\mathrm{d}P/\mathrm{d}\lambda}{\mathrm{d}Q/\mathrm{d}\lambda}\right)=0 \Rightarrow \frac{\mathrm{d}P/\mathrm{d}\lambda}{\mathrm{d}Q/\mathrm{d}\lambda}=1,$$

因为 f 在 1 处严格凸,因此可以得出 $P=Q$。

(2) 为了证明 D_f 的凸性,我们考虑 f 的透视函数。具体而言,$f:\mathbb{R}_{\geqslant 0}\to\mathbb{R}$ 的透视函数 $g_f:\mathbb{R}_{\geqslant 0}\times\mathbb{R}_{>0}\to\mathbb{R}$ 定义为

$$g_f(x,y)=yf\left(\frac{x}{y}\right),\quad \mathrm{dom}(g_f)=\left\{(x,y)\in\mathbb{R}_{\geqslant 0}\times\mathbb{R}_{>0}:\frac{x}{y}\in\mathrm{dom}(f)\right\}.$$

对于一个凸函数 f,它的透视函数也是凸的。即

$$g_f(\alpha(x_1,y_1)+(1-\alpha)(x_2,y_2))\leqslant\alpha g_f(x_1,y_1)+(1-\alpha)g_f(x_2,y_2)=$$
$$\alpha y_1 f\left(\frac{x_1}{y_1}\right)+(1-\alpha)y_2 f\left(\frac{x_2}{y_2}\right),$$

对于所有 $\alpha\in[0,1]$,以及每个 $(x_i,y_i),i=1,2$,满足 $\mathrm{dom}(g_f)$。我们将 $\widetilde{D}_f(P,Q)$ 记作 $D_f(P\|Q)$。对于 $(P_1,Q_1),(P_2,Q_2)\in\mathcal{P}(\mathcal{X})\times\mathcal{P}(\mathcal{X})$,使得 $P_1,P_2,Q_1,Q_2\ll\lambda$,我们有

$$\widetilde{D}_f(\alpha(P_1,Q_1)+(1-\alpha)(P_2,Q_2))=\int_\mathcal{X}f\left(\frac{\alpha\frac{\mathrm{d}P_1}{\mathrm{d}\lambda}(x)+(1-\alpha)\frac{\mathrm{d}P_2}{\mathrm{d}\lambda}(x)}{\alpha\frac{\mathrm{d}Q_1}{\mathrm{d}\lambda}(x)+(1-\alpha)\frac{\mathrm{d}Q_2}{\mathrm{d}\lambda}(x)}\right)\mathrm{d}\lambda\leqslant$$

$$\int\alpha f\left(\frac{\frac{\mathrm{d}P_1}{\mathrm{d}\lambda}(x)}{\frac{\mathrm{d}Q_1}{\mathrm{d}\lambda}(x)}\right)\mathrm{d}\lambda+(1-\alpha)f\left(\frac{\frac{\mathrm{d}P_2}{\mathrm{d}\lambda}(x)}{\frac{\mathrm{d}Q_2}{\mathrm{d}\lambda}(x)}\right)\mathrm{d}\lambda=$$

$$\alpha\widetilde{D}_f(P_1,Q_1)+(1-\alpha)\widetilde{D}_f(P_2,Q_2),$$

因此,映射 $(P,Q)\to D_f(P\|Q)$ 是凸的。

(3) 对于 $P_{XY}:=P_XP_{Y|X}$ 和 $Q_{XY}:=P_XQ_{Y|X}$,我们有

$$D_f(P_Y\|Q_Y)=D_f(\mathbb{E}_{P_X}[P_{Y|X}(\cdot|X)]\|\mathbb{E}_{P_X}[Q_{Y|X}(\cdot|X)])\leqslant$$
$$\mathbb{E}_{P_X}[D_f(P_{Y|X}(\cdot|X)\|Q_{Y|X}(\cdot|X))]=$$
$$D_f(P_{Y|X}\|Q_{Y|X}|P_X),$$

其中不等式利用了 D_f 的凸性和 Jensen 不等式。

(4) 对于 $P_{XY}:=P_XP_{Y|X}$ 和 $Q_{XY}:=Q_XP_{Y|X}$,我们有

$$D_f(P_{XY}\|Q_{XY})=\mathbb{E}_{Q_{XY}}\left[f\left(\frac{\mathrm{d}P_{XY}}{\mathrm{d}Q_{XY}}\right)\right]=\mathbb{E}_{Q_{XY}}\left[f\left(\frac{\mathrm{d}P_XP_{Y|X}}{\mathrm{d}Q_XP_{Y|X}}\right)\right]=$$

$$\int_\mathcal{X}\int_\mathcal{Y}f\left(\frac{\mathrm{d}P_XP_{Y|X}}{\mathrm{d}Q_XP_{Y|X}}\right)\mathrm{d}Q_{X,Y}(x,y)=$$

$$\int_\mathcal{X}f\left(\frac{\mathrm{d}P_X}{\mathrm{d}Q_X}\right)\mathrm{d}Q_X(x)=\mathbb{E}_{Q_X}\left[f\left(\frac{\mathrm{d}P_X}{\mathrm{d}Q_X}\right)\right]=$$

$$D_f(P_X\|Q_X).$$

3.2.5　ϕ-散度

ϕ-散度（也称为 Ali-Silvey 距离或 Csiszár 的 ϕ-散度）是广泛研究和理解的一类距离/散度，用于度量概率分布之间的差异。其定义如下：

$$D_\phi(P,Q) := \begin{cases} \displaystyle\int_M \phi\left(\dfrac{\mathrm{d}P}{\mathrm{d}Q}\right)\mathrm{d}Q, & P \ll Q, \\ +\infty, & \text{其他情况}, \end{cases}$$

其中，M 是一个可测空间，$\phi:[0,\infty)\to(-\infty,\infty]$ 是一个凸函数，$P\ll Q$ 表示 P 在 Q 的意义下是绝对连续的。通过适当选择 ϕ，可以得到一些著名的距离/散度度量，例如 Kullback-Leibler(KL)散度（$\phi(t)=t\log t$）、Hellinger 距离（$\phi(t)=(\sqrt{t}-1)^2$）、全变差距离（$\phi(t)=|t-1|$）、χ^2 散度（$\phi(t)=(t-1)^2$）等。根据该定义，f-散度和 ϕ-散度没有本质的区别，因此我们暂且可以认为它们是相同的。

3.2.6　积分概率度量

积分概率度量（IPM）是用于衡量两个概率分布（$p(x)$）和（$q(x)$）之间的相似性的一种有效方法。IPM 的基本思想是通过利用函数空间中可测函数的差异来量化两个分布之间的距离。尽管一阶矩（均值）和二阶矩（方差）等低阶矩可以为分布之间的相似性提供一些信息，但相同的低阶矩可能对应于不同的概率分布。例如，高斯分布和拉普拉斯分布可以具有相同的均值和方差。因此，仅仅依赖于低阶矩不足以全面描述分布间的差异。

为了解决这个问题，IPM 寻求通过特定的限制条件找到一个函数集合 $\mathscr{F}$ 中的连续函数（$f(\cdot)$），使其能够提供更丰富的关于矩的信息。具体地，IPM 定义为：

$$d_{\mathscr{F}}(p(x),q(x)) = \sup_{f(x)\in\mathscr{F}} \mathbb{E}_{x\sim p(x)}[f(x)] - \mathbb{E}_{x\sim q(x)}[f(x)].$$

提示 3.2.1　尽管 IPM 定义的距离度量满足非负性、对称性和三角不等式，但当距离为零时，并不能严格证明两个分布相等。

采用不同的函数空间（$\mathscr{F}$），将导致 IPM 具有不同的形式。以下是一些常见的 IPM 度量。

Dudley 度量

Dudley 度量用于通过限制在特定函数空间中的函数来衡量两个概率分布之间的距离。其定义为：

$$D_{BL}(P,Q) = \sup_{\|f\|_{BL}\leqslant 1} \mathbb{E}_P[f] - \mathbb{E}_Q[f],$$

这里，函数空间 $\mathscr{F}$ 被定义为：

$$\mathscr{F}=\{f:\|f\|_{BL}\leqslant 1\},$$

其中$\|f\|_{BL}:=\|f\|_{\infty}+\|f\|_{L}$，$\|f\|_{\infty}:=\sup\{|f(x)|:x\in M\}$，$\|f\|_{L}:=\sup\{|f(x)-f(y)|/\rho(x,y):x\neq y\in M\}$.

Kantorovich 度量

Kantorovich 度量是最优运输理论中的一个重要度量，其定义为：

$$D_{KM}(P,Q)=\sup\int_{M}f\mathrm{d}(P-Q),$$

在这个度量中，函数空间 $\mathscr{F}$ 被定义为：

$$\mathscr{F}=\{f:\|f\|_{L}\leqslant 1\}.$$

Kantorovich 度量通过考虑所有可行的运输计划，提供了一种衡量两个分布之间的有效距离。

Wasserstein 距离

Wasserstein 距离是最优运输理论中的核心概念，特别是用于比较概率分布的有效方法。其定义为：

$$W_{1}(P,Q)=\inf_{\mu\in\mathcal{L}(P,Q)}\int\rho(x,y)\mathrm{d}\mu(x,y),$$

在这里，函数空间 $\mathscr{F}$ 为：

$$\mathscr{F}=\{f:\|f\|_{L}\leqslant 1\}\text{且 }M\text{ 可分}.$$

Wasserstein 距离量化了将一个分布转化为另一个分布所需的最小成本，是深度学习和概率模型中广泛使用的度量，尤其在生成模型和变分推断中。

Fortet-Mourier 度量

Fortet-Mourier 度量是通过限制在特定的连续函数空间中的函数来衡量分布之间的距离，其定义为：

$$D_{FM}(P,Q)=\sup\int_{M}f\mathrm{d}(P-Q),$$

此时，函数空间 $\mathscr{F}$ 被定义为：

$$\mathscr{F}=\{f:\|f\|_{c}\leqslant 1\},$$

其中

$$\|f\|_{c}:=\sup\left\{\frac{|f(x)-f(y)|}{c(x,y)},x\neq y\in M\right\},$$

且$c(x,y)=\rho(x,y)\max(1,\rho(x,a)^{\rho-1},\rho(y,a)^{\rho-1}))$对某个$(a\in M)$成立。

全变差距离

全变差距离既是一种概率散度，又是一种积分概率度量，全变差距离用于量化两个分布在事件集上的最大差异，其定义为：

$$D_{TV}(P,Q) = \sup_{A \in \mathcal{A}} |P(A) - Q(A)|,$$

函数空间为：

$$\mathcal{F} = \{f : \|f\|_\infty \leq 1\}.$$

Kolmogorov 距离

Kolmogorov 距离用于比较两个概率分布的累积分布函数，其定义为：

$$D_{KD}(P,Q) = \sup |\hat{P}(x) - \hat{Q}(x)|,$$

函数空间为：

$$\mathcal{F} = \{1_{(-\infty,t]} : t \in \mathbb{R}^d\}.$$

Kolmogorov 距离在统计推断中常用于检验两个分布是否相等。

最大均值差异（MMD）

最大均值差异（maximum mean discrepancy，MMD）是一种用于比较两个概率分布的有效度量，其定义为：

$$\gamma_k(P,Q) = \|\mu_P - \mu_Q\|_{\mathcal{H}}^2,$$

这里 $\mathcal{H}$ 表示再生核希尔伯特空间（RKHS）。函数空间为：

$$\mathcal{F} = \{f := \|f\|_{\mathcal{H}} \leq 1\}.$$

MMD 在机器学习，尤其是生成对抗网络和无监督学习中，提供了一种有效的方式来评估模型生成样本与真实样本的相似性。

3.3 积分概率度量的估计

许多统计推断的应用，如分布检验，涉及基于从每个分布独立同分布（i.i.d.）抽取的有限样本来估计概率测度 P 和 Q 之间的距离。文献表明，Wasserstein 度量和 Dudley 度量可以通过求解线性规划来估计，而 MMD 的估计可以通过闭式形式获得（Sriperumbudur, et al., 2009）。

积分概率度量的非参数估计

设 $\{X_1^{(1)}, X_2^{(1)}, \cdots, X_m^{(1)}\}$ 和 $\{X_1^{(2)}, X_2^{(2)}, \cdots, X_n^{(2)}\}$ 是从 P 和 Q 中分别随机抽取的 i.i.d. 样本。$d_{\mathcal{F}}(P,Q)$ 的经验估计由下式给出：

$$d_{\mathcal{F}}(P_m, Q_n) = \sup_{f \in \mathcal{F}} \left| \sum_{i=1}^N \widetilde{Y}_i f(X_i) \right|, \tag{3.5}$$

其中，P_m 和 Q_n 分别代表 P 和 Q 的经验分布，$N = m+n$，且

$$\widetilde{Y}_i = \begin{cases} \dfrac{1}{m}, & X_i = X^{(1)}, \\ -\dfrac{1}{n}, & X_i = X^{(2)}. \end{cases}$$

对于任意 $\mathscr{F}$,计算式 3.5 的 $d_{\mathscr{F}}(P_m,Q_n)$ 并非易事,这里仅分别提供 Wasserstein 距离、Dudley 度量和 MMD 的一个估计作为参考(注意,估计这些度量的方法并非统一的)。

接下来,我们将范围限制在 $\mathscr{F}_W := \{f:\|f\|_L \leq 1\}$,$\mathscr{F}_\beta := \{f:\|f\|_{BL} \leq 1\}$ 和 $\mathscr{F}_k := \{f:\|f\|_{\mathscr{H}} \leq 1\}$,并计算式 3.5。我们分别用 $W := d_{\mathscr{F}_W}$,$\beta := d_{\mathscr{F}_\beta}$ 和 $\gamma_k := d_{\mathscr{F}_k}$ 来表示这些估计。

定理 3.3.1 (Wasserstein 距离估计)对于所有 $\alpha \in [0,1]$,下列函数为 $\mathscr{F}=\mathscr{F}_W$ 的式 3.5 的解:

$$f_\alpha(x) := \alpha \min_{i=1,\cdots,N}(a_i^* + \rho(x,X_i)) + (1-\alpha)\max_{i=1,\cdots,N}(a_i^* - \rho(x,X_i)),$$

其中

$$W(P_m,Q_n) = \sum_{i=1}^N \widetilde{Y}_i a_i^*,$$

并且 $\{a_i^*\}_{i=1}^N$ 满足以下线性规划:

$$\max_{a_1,\cdots,a_N} \sum_{i=1}^N \widetilde{Y}_i a_i \text{ s.t. } -\rho(X_i,X_j) \leq a_i - a_j \leq \rho(X_i,X_j), \forall i,j.$$

定理 3.3.2 (Dudley 度量估计)对于所有 $\alpha \in [0,1]$,下列函数为 $\mathscr{F}=\mathscr{F}_\beta$ 式 3.5 的解:

$$g_\alpha(x) := \max(-\max_{i=1,\cdots,N}|a_i^*|, \min(h_\alpha(x), \max_{i=1,\cdots,N}|a_i^*|)),$$

其中

$$h_\alpha(x) := \alpha \min_{i=1,\cdots,N}(a_i^* + L^*\rho(x,X_i)) + (1-\alpha)\max_{i=1,\cdots,N}(a_i^* - L^*\rho(x,X_i)),$$

$$\beta(P_m,Q_n) = \sum_{i=1}^N \widetilde{Y}_i a_i^*,$$

$$L^* = \max_{X_i \neq X_j} \frac{|a_i^* - a_j^*|}{\rho(X_i,X_j)},$$

且 $\{a_i^*\}_{i=1}^N$ 满足以下线性规划:

$$\max_{a_1,\cdots,a_N,b,c} \sum_{i=1}^N \widetilde{Y}_i a_i$$

$$\text{s.t. } -b\rho(X_i,X_j) \leq a_i - a_j \leq b\rho(X_i,X_j), \forall i,j$$

$$-c \leq a_i \leq c, \forall i$$

$$b+c \leq 1.$$

定理 3.3.3　（MMD 估计）对于 $\mathscr{F}=\mathscr{F}_k$，下列函数是式 3.5 的唯一解：

$$f = \frac{1}{\left\| \sum\limits_{i=1}^{N} \widetilde{Y}_i k(\,\cdot\,, X_i) \right\|_{\mathcal{H}}} \sum_{i=1}^{N} \widetilde{Y}_i k(\,\cdot\,, X_i),$$

并且

$$\gamma_k(P_m, Q_n) = \left\| \sum_{i=1}^{N} \widetilde{Y}_i k(\,\cdot\,, X_i) \right\|_{\mathcal{H}} = \sqrt{\sum_{i,j=1}^{N} \widetilde{Y}_i \widetilde{Y}_j k(X_i, X_j)}.$$

证明： 参见文献（Sriperumbudur, et al., 2009）以及文献（Gretton, et al., 2008）。

3.4　本章小结

本章围绕基于采样的强化学习方法展开，详细介绍了生成模型、f-散度与积分概率度量（IPM）等核心概念，为理解强化学习中如何通过采样优化模型提供了理论依据和方法支持。首先，本章对生成模型进行了介绍，重点阐述了推前算子、重参数化技巧以及概率测度之间的距离，指出了这些方法如何在生成模型中提高样本的质量与有效性，为后续的采样方法奠定了理论基础。

接着，本章深入讨论了 f-散度及其在强化学习中的应用，系统地介绍了 f-散度的基础知识、常用形式以及性质，分析了其在度量概率分布差异中的作用，特别是如何利用 f-散度对策略进行优化与评估。此外，章节还详细讲解了 ϕ-散度的概念，并探讨了其与传统 f-散度的区别及在特定情境中的优势。本章进一步探讨了积分概率度量（IPM）这一重要工具，并给出了其非参数估计方法的详细推导，强调了 IPM 在强化学习中进行模型估计和采样过程中的关键作用，尤其是在没有明确的模型假设下，如何通过样本有效估计分布间的距离，从而优化学习过程。

综上所述，本章通过对生成模型、f-散度与 IPM 的深入分析，提供了强化学习中基于采样的方法的理论框架和实际工具，帮助读者理解如何通过采样提高学习算法的效率和效果，为后续章节中更复杂的强化学习方法提供了必要的数学基础。

第四章

模仿学习

　　本章深入探讨模仿学习领域中的多种方法与技术，系统介绍如何通过模仿示例或专家演示来学习复杂的策略。首先，本章从行为克隆方法入手，分析如何直接模仿专家的行为序列，并讨论该方法在实际应用中的挑战及应对策略。接着，探讨逆向强化学习（inverse reinforcement learning，IRL），一种通过推导专家策略背后的隐含奖励函数来实现模仿的技术，深入介绍了最大熵逆向强化学习、引导成本学习和贝叶斯逆向强化学习等方法。此外，本章还涵盖了对抗模仿学习，将生成对抗网络（generative adversarial network，GAN）引入模仿学习框架中，介绍生成对抗模仿学习（generative adversarial imitation learning，GAIL）和对抗逆强化学习（adversarial inverse reinforcement learning，AIRL）等前沿技术。

　　在模仿学习的不同分支中，基于观察的模仿学习（imitation learning from observation，LfO）为无需动作序列的学习提供了新途径，本章通过介绍模型和无模型方法，详细探讨了如何在缺乏行动数据的情况下通过观察学习策略。此外，跨域模仿学习（cross domain imitation learning，CDIL）旨在实现不同环境间的策略迁移，通过构建不变特征空间和生成对抗 MDP 对齐等技术实现跨域技能迁移。

　　本章还讨论了通过最优传输方法实现的模仿学习，特别是多源域适应和 Gromov-Wasserstein 模仿学习的算法，这些方法为解决分布差异较大的模仿学习任务提供了理论支持和技术方案。最后，通过总结当前的研究进展并展望未来的研究方向，本章为模仿学习的深入探索奠定了坚实的理论和方法基础，为读者提供了系统的知识框架和实践指南。

4.1　行为克隆

　　行为克隆（behavioral cloning，BC）从监督学习的角度处理模仿学习问题。专家的演示可以视为为专家数据集中每个状态分配一个动作作为标签。智能体接收专家所遇到的状态和动作的训练数据，然后使用分类器或回归模型来复制专家的策略（Bain，Sammut，1995；Ross，Bagnell，2010）。如果环境满足马尔可夫决策过程（MDP）的性质，那么最优策略必然是一个静态策略，这意味着状态-动作对的顺序可以被打乱。假设我们有一个参数化策略 $\pi_\theta(s)$，其中 θ 为其参数，并且有一个专家演示的数据集 $D_e=\{(s_i,a_i)\}_{i=1}^M$。行为克隆可以表示为以下优化问题：

$$\min_\theta \sum_{(s_i,a_i)\sim D_e} \|a_i-\pi_\theta(s_i)\|_2^2, \tag{4.1}$$

不难发现，该目标函数本质是一个均方误差（MSE），因此行为克隆也可以理解为有监督学习过程。

4.1.1 行为克隆的理论保证

传统的模仿学习方法训练一个分类器，该分类器学习在专家引导的状态分布下复制专家的策略。形式上，传统方法通过在分布 d^e 下最小化 0-1 损失：$\hat\pi=\arg\min_{\pi\in\Pi}\mathbb{E}_{s\sim d^e}(e_\pi(s))$。现在假设结果分类器（策略）$\hat\pi$ 在 d^{π^e} 下以概率 ϵ 犯错，即 $\mathbb{E}_{s\sim d^e}(e_{\hat\pi}(s))=\epsilon$。于是我们有以下保证：

定理 4.1.1 设 $\hat\pi$ 满足 $\mathbb{E}_{s\sim d^{\pi^e}}[e_{\hat\pi}(s)]\leqslant\epsilon$。则 $J(\hat\pi)\leqslant J(\pi^e)+H^2\epsilon$，其中 $J(\pi):=H\,\mathbb{E}_{s\sim d_\pi}C_\pi(s)$（表示期望的 H 步代价）；$e_\pi(s)=\mathbb{E}_{a\sim\pi_s}(e(s,a))$，$e(s,a)=I(a\neq\pi^e(s))$。

直观上，这个值的平方增长源于累积误差。一旦 $\hat\pi$ 犯错，它可能会进入 π^e 未访问的新状态，并在接下来的每一步总是承受最大代价 1。最重要的是，在纯离线模仿学习设置下，该界限是紧的。因此，自然会问是否有方法能保证更接近经典监督学习场景的界限，即遗憾与分类样本数量线性相关（Ross，Bagnell，2010）。

证明： 参见文献（Ross，Bagnell，2010）。

对于随机策略，十分自然地，我们可以将该问题转化为最大似然估计（maximum likelihood estimation，MLE）问题：

$$\hat\pi=\arg\max_{\pi\in\Pi}\frac{1}{N}\sum_{i=1}^N\ln\pi(a_i^e|s_i^e). \tag{4.2}$$

即我们尝试在策略集合 Π 中找到一个策略，使其在训练数据上的似然最大。由于这是对 MLE 的一种转化，我们可以利用 MLE 的经典分析方法来评估所学习到的策略的性能。

定理 4.1.2 （行为克隆的 MLE 保证）考虑公式 4.2 中的 MLE 过程，在概率至少为 $1-\delta$ 的情况下，有：

$$\mathbb{E}_{s\sim d^{\pi^e}}\|\hat\pi(\cdot\,|\,s)-\pi^e(\cdot\,|\,s)\|_{tv}^2\leqslant\frac{2\ln(|\Pi|/\delta)}{M}.$$

证明： 参见文献（Agarwal，et al.，2020）。

现在，我们可以将策略 $\hat\pi$ 和 π^e 之间的平均差异转化为它们在性能上的差异，即 $V^{\hat\pi}$ 和 V^{π^e} 之间的差异。需要注意的是，行为克隆只确保学习到的策略 $\hat\pi$ 在 d^{π^e} 的支持下接近 π^e。

一旦超出 d^{π^e} 的支持范围,无法保证 $\hat{\pi}$ 和 π^e 会接近。以下定理 4.1.3 给出了无限时间范围内 MDP 下行为克隆的样本复杂度,从中我们可以看到由累积误差引起的效果视界 $1/(1-\lambda)$ 的二次多项式依赖性在最坏情况下是不可避免的。

定理 4.1.3（BC 的样本复杂度）以至少 $1-\delta$ 的概率,行为克隆返回一个策略 $\hat{\pi}$,使得:

$$V^e - V^{\hat{\pi}} \leqslant \frac{3}{(1-\gamma)^2}\sqrt{\frac{\ln(|\varPi|/\delta)}{M}},$$

其中 M 为 D_e 中的演示数量。

证明: 我们从性能差异引理以及 $\mathbb{E}_{a\sim\pi(\cdot|s)}A^\pi(s,a)=0$ 开始:

$$(1-\gamma)(V^e-V^{\hat{\pi}}) = \mathbb{E}_{s\sim d^{\pi^e}}\mathbb{E}_{a\sim\pi^e(\cdot|s)}A^{\hat{\pi}}(s,a) =$$
$$\mathbb{E}_{s\sim d^{\pi^e}}\mathbb{E}_{a\sim\pi^e(\cdot|s)}A^{\hat{\pi}}(s,a) - \mathbb{E}_{s\sim d^{\pi^e}}\mathbb{E}_{a\sim\hat{\pi}(\cdot|s)}A^{\hat{\pi}}(s,a) \leqslant$$
$$\mathbb{E}_{s\sim d^{\pi^e}}\frac{1}{1-\gamma}\|\pi^e(\cdot|s)-\hat{\pi}(\cdot|s)\|_1 \leqslant$$
$$\frac{1}{1-\gamma}\sqrt{\mathbb{E}_{s\sim d^{\pi^e}}\|\pi^e(\cdot|s)-\hat{\pi}(\cdot|s)\|_1^2} =$$
$$\frac{1}{1-\gamma}\sqrt{4\mathbb{E}_{s\sim d^{\pi^e}}\|\pi^e(\cdot|s)-\hat{\pi}(\cdot|s)\|_{tv}^2},$$

其中我们使用了 $\sup_{s,a,\pi}|A^\pi(s,a)|\leqslant\frac{1}{1-\gamma}$,以及 $(\mathbb{E}[x])^2\leqslant\mathbb{E}[x^2]$ 的事实。最后利用定理 4.1.2 即得证。

4.1.2 行为克隆的挑战

行为克隆作为模仿学习中最为基础的方法,其同时面临着多项问题与挑战。

(1) 协变量偏移:这是监督学习中常见的问题,当测试数据在训练数据中未遇到的情况下表现不佳。对于模仿学习,虽然智能体在与演示数据集相似的样本上表现良好(用于训练策略),但对于训练期间未见过的样本,泛化性能可能较差,因为专家数据集只包含有限数量的样本。

(2) 累积误差:强化学习是一个序列决策问题,通过行为克隆学习到的策略在与环境交互时不可能完全最优。一旦出现轻微的偏差,可能导致进入一个在专家数据集中未出现的状态。在这个时候,由于没有在这种或类似的状态下进行训练,策略可能会选择随机动作,导致下一个状态进一步偏离专家策略遇到的数据分布。序列开始时的微小错误,随着马尔可夫决策过程的进行不断积累和放大,最终导致策略在真实环境中无法取得较好的结果。

(3) 因果混淆:端到端的行为克隆可能会出现因果混淆问题(De Haan, et al., 2019)。在没有显式因果模型或政策演示的情况下,无法区分观测到的演示模式中的虚假相关性与真正的因果关系。例如,在驾驶任务中,专家演示显示出在红灯时停车的趋势。一个自动驾驶智能体可能会过度估计任何与停车动作有关的条件特征之间的相关性。智能体可能错误地学会在任何红色信号处停车,最终在道路上频繁停车,因为它注意到某处的红色信号。

(4)数据集偏差:模仿学习和其他学习方法一样容易受到数据集偏差的影响。对于现实世界中的任务(如驾驶),这种情况更加严重。因为大多数现实任务要么由少数简单行为组成,要么由稀有事件的复杂反应构成长尾分布。因此,随着数据的收集量增加,表现可能会下降,因为数据集的多样性增长速度不足以匹配演示数据的主要模式(Codevilla,et al.,2019)。

(5)高方差:在一个固定的离线训练数据集下,人们通常期望行为克隆在不同的训练阶段运行中总能学习到相同的策略。然而,代价函数通过随机梯度下降(stochastic gradient descent,SGD)优化,而 SGD 假设数据是独立同分布的(Bottou,Bousquet,2007)。当训练反应式策略时,训练数据中包含的是较长人类演示的快照,此时独立同分布假设不成立。因此,在训练过程中对初始化和样本顺序的高敏感性可能会被观察到(Codevilla,et al.,2019)。

4.1.3 基于行为克隆的算法

由于行为克隆的界限(定理 4.1.1)在纯离线模仿学习设置下是紧的,我们常问的一个问题是:如果我们能够访问环境的状态转移函数 P,是否可以提升行为克隆的性能?甚至,如果我们在训练期间可以随时访问交互式专家,是否可以进一步改善?在本节中,我们将基于行为克隆的框架介绍以下几种算法来回答这个问题:基于 Scheffé 竞赛的分布匹配(distribution matching with Scheffé tournament,DM-ST)、数据集聚合(DAgger)、值聚合模仿(AggreVaTe)。

在这里,我们作出可实现性的假设,并且除非另有说明,我们将在节余下部分假设该假设成立。

假设 4.1.1 (策略可实现性)考虑策略类 $\pi = \{\pi: S \to \Delta(A)\}$。我们假设 π 足够丰富,使得 $\pi^* \in \Pi$。

基于 Scheffé 竞赛的分布匹配(DM-ST)

基于 Scheffé 竞赛的分布匹配(DM-ST)适用于混合设置,其中智能体可以与环境交互 DM-ST 首次在文献(Alekh Agarwal,2022)中提出。随着信息量的增加,我们期望其对有效视界 $1/(1-\lambda)$ 呈线性依赖。已知状态转移的关键优势在于,我们可以使用已知的状态转移函数来测试策略,查看与专家演示之间的差距,然后使用已知的转移函数来规划,以更接近专家演示。

由于我们知道转移函数 P,从信息论的角度看,对于任意策略 π,我们可以得到 d^π(尽管在大规模 MDP 上计算 d^π 在计算上是不可行的)。我们有 $(s_i^*, a_i^*)_{i=1}^M \sim d^{\pi^*}$(与 d^* 相同)。

DM-ST 具有以下见证函数:

定义 4.1.1 对于任意两个策略 π 和 π',我们将 $f_{\pi,\pi'}$ 定义为见证函数:

$$f_{\pi,\pi'} := \operatorname{argmax}_{f: \|f\|_\infty \leqslant 1}\left[\mathbb{E}_{s,a\sim d^\pi} f(s,a) - \mathbb{E}_{s,a\sim d^{\pi'}} f(s,a)\right]. \tag{4.4}$$

我们将见证函数的集合定义为:

$$\mathcal{F} = \{f_{\pi,\pi'} : \pi, \pi' \in \Pi, \pi \neq \pi'\},$$

注意到 $|\mathcal{F}| \leqslant |\pi|^2$。DM-ST 通过以下步骤选择 $\hat{\pi}$:

$$\text{DM-ST}: \hat{\pi} \in \operatorname{argmin}_{\pi \in \Pi}\left[\max_{f \in \mathcal{F}}\left[\mathbb{E}_{s,a\sim d^\pi} f(s,a) - \frac{1}{M}\sum_{i=1}^M f(s_i^*, a_i^*)\right]\right]. \tag{4.5}$$

下述定理给出了 DM-ST 的样本复杂度:

定理 4.1.4 (DM-ST 的样本复杂度)以至少 $1-\delta$ 的概率,DM-ST 找到一个策略 $\hat{\pi}$,使得:

$$V^* - V^{\hat{\pi}} \leqslant \frac{4}{1-\gamma}\sqrt{\frac{2\ln(|\Pi|) + \ln\left(\frac{1}{\delta}\right)}{M}}. \tag{4.6}$$

证明:参见文献(Alekh Agarwal,2022)第 15 章。

注意,上述定理确认了访问已知转移函数的统计优势:与经典行为克隆算法相比,DM-ST 的近似误差相对于视界 $1/(1-\lambda)$ 仅呈线性增长,而非二次增长。

对于假设 4.1.1 不成立的情况,我们在不可知设置下得到 DM-ST 的以下样本复杂度(证明见(Alekh Agarwal,2022)第 15 章):

定理 4.1.5 (DM-ST 的不可知样本复杂度)假设 π 是有限的,但 $\pi^* \notin \pi$。以至少 $1-\delta$ 的概率,DM-ST 学习到的策略 $\hat{\pi}$ 满足:

$$V^* - V^{\hat{\pi}} \leqslant \frac{1}{1-\gamma}\|d^* - d^{\tilde{\pi}}\|_1 \leqslant \frac{3}{1-\gamma}\min_{\pi \in \Pi}\|d^\pi - d^*\|_1 + \tilde{O}\left(\frac{1}{1-\gamma}\sqrt{\frac{\ln(|\Pi| + \ln(1/\delta))}{M}}\right), \tag{4.7}$$

其中 $\tilde{\pi} := \operatorname{argmin}_{\pi \in \Pi}\|d^\pi - d^*\|_1$。

与可实现设置相比,此处多了一个与 $\min_{\pi \in \Pi}\|d^\pi - d^*\|_1$ 相关的额外项,但即便在这种情况下,视界的依赖性依然是线性增长。一般来说,根据文献(Devroye, Lugosi, 2001),Scheffé 估计器中的常数 3 是无法避免的。

数据集聚合(DAgger)

DAgger 是一种在线学习算法,适用于交互设置,这意味着它会从真实环境中生成新的样本,并且在训练期间可以随时查询专家策略(尽管 DAgger 并不使用真实的奖励信号）。该算法的主要优势在于，专家教会学习者如何从过去的错误中恢复（Attia，Dayan，2018）。DAgger 通过在每次迭代时收集当前策略下的数据集，并在所有收集的数据集上训练下一步的策略。该算法背后的直觉是，随着迭代次数的增加，我们逐步构建出一组输入，这些输入是基于以往经验（训练迭代）所学习到的策略在执行过程中可能遇到的。这个算法可以被视为一种"追随领导者"的算法，在第 n 次迭代时，我们选择在所有迭代中看到的轨迹上表现最佳的策略 $\hat{\pi}_{n+1}$（Ross，et al.，2011）。算法 1 展示了 DAgger 算法的伪代码，其中假设专家策略 π^e 是最优策略 π^*。

Algorithm 1：DAgger 算法

初始化 $\mathcal{D} \leftarrow \varnothing$；
初始化 $\hat{\pi}_1$ 为 Π 中的任意策略；
for $i=1$ **到** N **do**
　　令 $\pi_i = \beta_i \pi^* + (1-\beta_i)\hat{\pi}_i$；
　　使用 π_i 采样 T 步长的轨迹；
　　获取由 π_i 访问的状态和专家提供的动作数据集 $\mathcal{D}_i = \{(s, \pi^*(s))\}$；
　　聚合数据集：$\mathcal{D} \leftarrow \mathcal{D} \cup \mathcal{D}_i$；
　　在数据集 $\mathcal{D}$ 上训练分类器 $\hat{\pi}_{i+1}$；
end
return 在验证集上表现最好的 $\hat{\pi}_i$；

DAgger 是一种无遗憾算法。无遗憾算法指的是产生一系列策略 $\pi_1, \pi_2, \cdots, \pi_N$，使得相对于最优策略的平均遗憾随着 N 趋向于 ∞ 而趋近于 0：

$$\frac{1}{N}\sum_{i=1}^{N} l_i(\pi_i) - \min_{\pi \in \Pi} \frac{1}{N}\sum_{i=1}^{N} l_i(\pi) \leqslant \gamma_N, \tag{4.8}$$

其中 $\lim_{N \to \infty} \gamma_N = 0$。许多无遗憾算法保证 γ_N 为 $\tilde{O}\left(\frac{1}{N}\right)$（例如，当 l 是强凸函数时）（Hazan，et al.，2006；Shalev-Shwartz，Kakade，2008；Kakade，Tewari，2008）。

无限样本结果：记 l 为我们希望最小化的观察到的替代损失函数。例如，$l(s, \pi)$ 可以是 π 在状态 s 下相对于 π^* 的期望 $0-1$ 损失，或者是 π 在状态 s 下相对于 π^* 的平方损失或合页损失。设 $\epsilon_N = \min_{\pi \in \Pi} \frac{1}{N}\sum_{i=1}^{N} \mathbb{E}_{s \sim d_{\pi_i}}[l(s, \pi)]$ 为回顾过去最优策略的真实损失。那么以下定理 4.1.6 在无限样本情况下成立（每次迭代有无限数量的样本轨迹）：

定理 4.1.6　［DAgger 的样本复杂度（无限样本情况）］对于 DAgger，如果 N 为 $\tilde{O}(uT)$，则存在一个策略 $\hat{\pi} \in \hat{\pi}_{1:N}$，使得 $J(\hat{\pi}) \leqslant J(\pi^*) + uT\epsilon_N + O(1)$。

有限样本结果：假设我们在每次迭代 i 时使用策略 π_i 采样 m 条轨迹，并将此数据集记为 D_i。设 $\hat{\epsilon}_N = \min_{\pi \in \Pi} \frac{1}{N}\sum_{i=1}^{N} \mathbb{E}_{s \sim D_i}[l(s, \pi)]$ 为采样轨迹上最优策略的训练损失。然后利用损失函数的强凸性（Kakade，Tewari，2008），我们得到泛化界，该界限要求 N 的级别

仅为 $\tilde{O}(T\log(1/\delta))$。

定理 4.1.7 ［DAgger 的样本复杂度(有限样本情况)］对于 DAgger,如果 N 为 $O(u^2T^2\log(1/\delta))$,且 m 为 $O(1)$,则以至少 $1-\delta$ 的概率存在一个策略 $\hat{\pi}\in\hat{\pi}_{1,N}$,使得 $J(\hat{\pi})\leqslant J(\pi^*)+uT\hat{\epsilon}_N+O(1)$。

值聚合模仿(AggreVaTe)

AggreVaTe 源自 DAgger,最初由 Ross and Bagnell 提出(Ross,Bagnell,2014)。AggreVaTe 的策略梯度和自然策略梯度版本由 Sun 作了介绍(Sun, et al.,2017)。由于其起源,AggreVaTe 也是一种在线学习算法,适用于与 DAgger 类似的交互设置,但它允许智能体访问真实的成本(奖励)信号。AggreVaTe 学习选择动作以最小化专家的到期成本(总成本),而不是通过模仿其动作来最小化 0-1 分类损失。

记 $Q_T^*(s,a)$ 为在状态 s 下执行动作 a 的期望未来成本。AggreVaTe 通过与专家交互以找到最优策略,并与环境交互以获取真实的成本信号,如下所示(Attia,Dayan,2018):

(1) 在每次迭代中,AggreVaTe 执行当前策略 π_i 来执行任务,并在一个随机时刻 t 中断,在当前状态 s 下探索一个动作 a,然后将控制权交还给专家继续执行至时域 T。

(2) 结果是专家的到期成本 (s,t,a,Q) 的新的样本,依据当前策略 π_i 访问的状态分布生成。

(3) 然后聚合数据集,并在新的拼接数据集上训练 π_{i+1}。

无限样本结果:记

$$\epsilon_{\text{class}}=\min_{\pi\in\Pi}\frac{1}{N}\sum_{i=1}^{N}\mathbb{E}_{t\sim U(1:T),s\sim d_{\pi_i}^t}\left[Q_{T-t+1}^*(s,a)-\min_a Q_{T-t+1}^*(s,a)\right],$$

即为类 Π 中的策略在所有训练数据上的最小期望成本敏感分类遗憾。记

$$\epsilon_{\text{regret}}=\frac{1}{N}\left[\sum_{i=1}^{N}l_i(\hat{\pi}_i)-\min_{\pi\in\Pi}\sum_{i=1}^{N}l_i(\pi)\right],$$

即为 AggreVaTe 选择的策略序列的在线学习平均遗憾。

假设专家的到期成本 Q^* 是非负的,并且有界于 $Q_{\max}^*$,且对于所有 $i,\beta_i\leqslant(1-\alpha)^{i-1}$,其中常数 α(例如 $\alpha=1$)满足这些条件。那么在无限样本情况下(即在每次 AggreVaTe 迭代中,我们通过运行当前策略收集到任意大量的数据)(Ross,Bagnell,2014),我们有以下定理成立:

定理 4.1.8 经过 N 次 AggreVaTe 迭代后:

$$J(\hat{\pi})\leqslant J(\bar{\pi})\leqslant J(\pi^*)+T[\epsilon_{\text{class}}+\epsilon_{\text{regret}}]+O\left(\frac{Q_{\max}T\log T}{\alpha N}\right). \tag{4.9}$$

因此,如果使用无遗憾的在线算法来选择策略序列 $\hat{\pi}_{1:N}$,则随着迭代次数 $N\to\infty$,有:

$$\lim_{N \to \infty} J(\bar{\pi}) \leqslant J(\pi^*) + T\,\epsilon_{\text{class}}. \tag{4.10}$$

这个定理表明,随着迭代次数的增加,AggreVaTe 的平均损失会逐渐接近最优策略的损失。通过无遗憾的在线学习算法来选择策略,可以确保在无限样本的情况下,算法最终能够收敛到接近最优策略 π^* 的结果。

Algorithm 2：AGGREVATE：具有代价估计的模仿学习

初始化 $\mathcal{D} \leftarrow \varnothing$,将 $\hat{\pi}_1$ 初始化为 Π 中的任意策略;
for $i = 1$ 到 N **do**
　令 $\pi_i = \beta_i \pi^* + (1-\beta_i)\hat{\pi}_i$;
　// 可以选择混合专家的自身行为。
　收集 m 个数据点,具体如下:
　for $j = 1$ 到 m **do**
　　从 $t \in \{1, 2, \cdots, T\}$ 中均匀采样;
　　在某个从初始状态分布中采样得到的初始状态中开始新的轨迹;
　　执行当前策略 π_i 直到时间 $t-1$;
　　在时间 t 的当前状态 s_t 中执行探索动作 a_t;
　　从时间 $t+1$ 开始执行专家策略直至 T,并观察从时间 t 开始的代价估计 $\hat{Q}$;
　end
　获取数据集 $\mathcal{D}_i = \{(s, t, a, \hat{Q})\}$,其中包含状态、时间、动作及专家的代价估计;
　聚合数据集:$\mathcal{D} \leftarrow \mathcal{D} \cup \mathcal{D}_i$;
　在 $\mathcal{D}$ 上训练代价敏感分类器 $\hat{\pi}_{i+1}$;
　// 或者:在数据集 $\mathcal{D}_i$ 上依次使用任意在线学习器以获得 $\hat{\pi}_{i+1}$
end
return 在验证集上表现最优的 $\hat{\pi}_i$;

4.2　逆向强化学习

逆向强化学习(IRL)问题的目标是找到一个奖励函数,以解释观测到的行为(Ng, et al.,2000)。与强化学习不同,强化学习是通过与环境交互,基于经验 (s, a, r, s') 来学习最优策略,而逆向强化学习则是反转了强化学习问题,试图通过学习相应的奖励函数来最好地解释观测到的行为(Arora, Doshi, 2021)。

在模仿学习领域,IRL 首先通过专家演示恢复环境的成本(或奖励)函数,然后使用恢复的成本信号进行强化学习。这是一种间接模仿专家的方法,因为它首先将专家的演示转化为成本信号。

4.2.1　奖励最优条件

吴恩达等人(Ng, et al.,2000)给出了 MDP 的奖励函数 R 保证策略 π 最优的必要且

充分条件:

定理 4.2.1 设有一个有限的状态空间 S,一个动作集合 $A=\{a_1,\cdots,a_k\}$,转移概率矩阵$\{\boldsymbol{P}_a\}$,以及折扣因子 $\gamma\in(0,1)$。当且仅当对所有 $a=a_2,\cdots,a_k$,奖励函数矩阵 $\boldsymbol{R}$ 满足下式时,策略 π 由 $\pi(s)\equiv a_1$ 给出是最优的:

$$(\boldsymbol{P}_{a_1}-\boldsymbol{P}_a)(\boldsymbol{I}-\gamma\boldsymbol{P}_{a_1})^{-1}\boldsymbol{R}\geq 0. \tag{4.11}$$

该定理可以简明地重述为(Choi,Kim,2011):

推论 4.2.1 给定一个 $MDP\backslash R=\{\mathcal{S},\mathcal{A},T,\gamma,\alpha\}$,当且仅当奖励函数矩阵 $\boldsymbol{R}$ 满足下式时,策略 π 是最优的:

$$\big[\boldsymbol{I}-(\boldsymbol{I}^A-\gamma\boldsymbol{T})(\boldsymbol{I}-\gamma\boldsymbol{T}^\pi)^{-1}\boldsymbol{E}^\pi\big]\boldsymbol{R}\leq 0, \tag{4.12}$$

其中,$\boldsymbol{E}^\pi$ 是一个 $|\mathcal{S}|\times|\mathcal{S}||\mathcal{A}|$ 矩阵,其元素 $(s,(s',a'))$ 在 $s=s'$ 且 $\pi(s')=a'$ 时为 1;$\boldsymbol{I}^A$ 是通过堆叠 $|\mathcal{S}|\times|\mathcal{S}|$ 单位矩阵 $|\mathcal{A}|$ 次构造的 $|\mathcal{S}\|\mathcal{A}|\times|\mathcal{S}|$ 矩阵。

定理 4.2.1 表明,任何满足式 4.11 的奖励 R(包括 R 等于 0)都会使给定的专家策略成为最优策略。为了避免通过 IRL 方法得到一个高度退化的策略,需要考虑某种正则化项。因此,IRL 问题最终可以表述为以下优化问题(Ng, et al.,2000):

$$\text{maximize}\sum_{i=1}^N\min_{a\in\{a_2,\cdots,a_k\}}\{(\boldsymbol{P}_{a_1}(i)-\boldsymbol{P}_a(i))(\boldsymbol{I}-\gamma\boldsymbol{P}_{a_1})^{-1}\boldsymbol{R}\}-\lambda\|\boldsymbol{R}\|_1,$$
$$\text{s.t. } (\boldsymbol{P}_{a_1}-\boldsymbol{P}_a)(\boldsymbol{I}-\gamma\boldsymbol{P}_{a_1})^{-1}\boldsymbol{R}\geq 0,\quad \forall a\in A\backslash a_1,$$
$$|\boldsymbol{R}_i|\leq R_{\max},\quad i=1,\cdots,N. \tag{4.13}$$

优化目标在这里确保最优动作的质量与最差动作的质量之间的差异之和应当尽可能大。通过这一优化目标,生成的奖励函数将具有解释专家策略的意义。

4.2.2 IRL 的挑战

(1) 奖励模糊性:IRL 中最关键的挑战是奖励模糊性(Ng, et al.,2000),这意味着恢复的奖励(或成本)函数并不唯一。总是存在许多奖励函数(包括高度退化的函数,例如所有奖励值为零的函数)可以解释输入的演示数据。这是因为专家的演示只能涵盖整个状态-动作空间中的有限且小的一部分轨迹(或策略),这允许在所有奖励函数集合中有许多奖励函数能够生成实现专家演示的策略。这一点启发我们去衡量所学习的策略的值与真实专家策略的值之间的差异。具体来说,我们可以衡量所谓的逆学习误差(inverse learning error),其定义为 $\|V^{\pi^e}-V^{\pi^{\hat{e}}}\|_p$,其中 V^{π^e} 是专家真实策略的值,而 $V^{\pi^{\hat{e}}}$ 是模仿专家策略的学习策略的值。

(2) 泛化能力:泛化能力指的是将学习到的信息推广到未在演示中观察到的状态和动作,以及从不同的初始状态开始任务的能力。通常,观测到的轨迹只涵盖状态空间的一部分以及这些状态下执行的动作。一个泛化良好的奖励函数应能够反映专家对于任务相关的整体偏好。挑战在于使用通常仅覆盖部分空间的数据，正确地泛化到未观测到的空间。评估泛化能力的一个可能方法是从学习者中简单地保留一些演示轨迹。这些轨迹可以作为标记的测试数据，用于与学习策略在未演示状态-动作对上的输出进行比较（Arora，Doshi，2021）。

4.2.3 算法介绍:最大熵逆向强化学习

最大熵逆向强化学习（MaxEnt-IRL）于 2008 年被首次提出（Ziebart，et al.，2008）。最初的 MaxEnt-IRL 主要针对确定性的 MDP，并推导了轨迹分布。后来，Ziebart 等人提出了最大因果熵（maximum causal entropy）框架，该框架能够处理具有随机转移的 MDP（Ziebart，et al.，2010）。

MaxEnt-IRL 使用 Boltzmann 分布来建模专家演示，其中能量由成本函数 c_θ 给出（Finn，et al.，2016a）：

$$p_\theta(\tau) = \frac{1}{Z}\exp(-c_\theta(\tau)), \qquad (4.14)$$

其中，$\tau = \{x_1, a_1, \cdots, x_T, a_T\}$ 是一条轨迹；$c_\theta(\tau) = \sum_t c_\theta(x_t, a_t)$ 是参数为 θ 的学习成本函数；x_t 和 a_t 分别为时间步 t 的状态和动作；分区函数 Z 是 $\exp(-c_\theta(\tau))$ 在所有符合环境动态的轨迹上的积分。

在这个模型下，最优轨迹具有最高的概率，而随着轨迹成本的增加，专家生成次优轨迹的概率指数级减小。与其他基于能量的模型类似，参数 θ 通过最大化演示的似然来优化。对于大规模或连续域，估计分区函数 Z 是非常困难的，并带来了巨大的计算挑战。该模型的早期应用通过动态规划精确计算了 Z（Ziebart，et al.，2008），然而，这种方法仅适用于小规模、离散域，对于系统动态 $p(x_{t+1}|x_t, a_t)$ 未知的领域则无法使用。

假设我们有一个特征映射 $\phi: \mathcal{S} \times \mathcal{A} \rightarrow \mathbb{R}^d$，以及未知的真实成本 $c(s, a) := \theta^* \cdot \phi(s, a)$，其中 $\|\theta^*\|_2 \leqslant 1$。为了简化分析，假设专家的策略是最优策略。MaxEnt-IRL 使用最大熵原理，并提出以下策略优化问题：

$$\max_\pi -\sum_\tau \rho^\pi(\tau)\ln\rho^\pi(\tau),$$

$$\text{s.t.}, \quad \mathbb{E}_{s,a \sim d^\pi}\phi(s,a) = \sum_{i=1}^M \phi(s_i^*, a_i^*)/M, \qquad (4.15)$$

注意，$\sum_{i=1}^M \phi(s_i^*, a_i^*)/M$ 是 $\mathbb{E}_{s,a \sim d^{\pi^*}}\phi(s,a)$ 的无偏估计。MaxEnt-IRL 通过最大化轨迹分布的熵，并满足矩匹配约束来寻找策略。正如之前提到的，可能存在多个策略满足矩匹配约束，即 $\mathbb{E}_{s,a \sim d^\pi}\phi(s,a) = \mathbb{E}_{s,a \sim d^{\pi^*}}\phi(s,a)$，并且在真实成本函数 $\theta^* \cdot \phi(s,a)$ 下，任何可

行解都能保证实现与专家相同的表现。最大熵目标确保了解是唯一的。

利用马尔可夫性质,我们可以得出:

$$\mathrm{argmax}_\pi - \sum_\tau \rho^\pi(\tau) \ln\rho^\pi(\tau) = \mathrm{argmax}_\pi - \mathbb{E}_{s,a\sim d^\pi} \ln\pi(a|s).$$

然后,我们可以将 MaxEnt-IRL 对应的优化问题重写为:

$$\min_\pi \mathbb{E}_{s,a\sim d^\pi} \ln\pi(a|s),$$
$$\mathrm{s.t.,} \quad \mathbb{E}_{s,a\sim d^\pi} \phi(s,a) = \mathbb{E}_{s,a\sim d^{\pi^*}} \phi(s,a). \tag{4.16}$$

使用拉格朗日乘数法,我们可以将约束优化问题(式 4.16)转化为一个极大极小问题:

$$\max_\theta (\min_\pi \mathbb{E}_{s,a\sim d^\pi} \theta^{\mathrm{T}}\phi(s,a) - \mathbb{E}_{s,a\sim d^{\pi^*}} \theta^{\mathrm{T}}\phi(s,a) + \mathbb{E}_{s,a\sim d^\pi} \ln\pi(a|s)). \tag{4.17}$$

上述目标函数提出了一种自然的算法,其中我们对 θ 执行投影梯度上升,而对 π 执行最佳响应更新。即,给定 θ,我们解决以下规划问题:

$$\mathrm{argmin}_\pi \mathbb{E}_{s,a\sim d^\pi} \theta^{\mathrm{T}}\phi(s,a) + \mathbb{E}_{s,a\sim d^\pi} \ln\pi(a|s). \tag{4.18}$$

对 θ 使用以下梯度更新规则:

$$\theta := \theta + \eta(\mathbb{E}_{s,a\sim d^\pi}\phi(s,a) - \mathbb{E}_{s,a\sim d^{\pi^*}}\phi(s,a)). \tag{4.19}$$

MaxEnt-IRL 通过式 4.18 和式 4.19 交替更新 π 和 θ,算法伪代码见算法 3。

Algorithm 3:MaxEnt-IRL 算法

Input:专家数据 $\mathcal{D}^* = \{s_i^*, a_i^*\}_{i=1}^M$,马尔可夫决策过程 $\mathcal{M}$,参数 β, η, N。
初始化 θ_0 使得 $\|\theta_0\|_2 \leqslant 1$;
for $t=1,2,\cdots$ **do**
  熵正则化规划,代价为 $\theta_t^{\mathrm{T}}\phi(s,a)$:
  $\pi_t \in \mathrm{argmin}_\pi \mathbb{E}_{s,a\sim d^\pi}[\theta_t^{\mathrm{T}}\phi(s,a) + \beta\ln\pi(a|s)]$;
  在 $\mathcal{M}$ 中执行 π_t,采样 $\{s_i, a_i\}_{i=1}^N \sim d^{\pi_t}$;
  随机梯度更新:$\theta' = \theta_t + \eta\left[\frac{1}{N}\sum_{i=1}^N \phi(s_i,a_i) - \frac{1}{M}\sum_{i=1}^M \phi(s_i^*,a_i^*)\right]$;
end

为了更好地理解式 4.17 中的极大极小公式,我们从最大因果熵逆向强化学习(maximum causal entropy IRL)的角度来探讨该问题(Ziebart,et al.,2010)。最大因果熵 IRL 通过如下优化问题从函数族 $\mathcal{C}$ 中拟合成本函数:

$$\max_{c\in\mathcal{C}}(\min_{\pi\in\Pi} -\mathcal{H}(\pi) + \mathbb{E}_\pi[c(s,a)]) - \mathbb{E}_{\pi_E}[c(s,a)], \tag{4.20}$$

其中,$\mathcal{H}(\pi) \triangleq \mathbb{E}_\pi[-\log\pi(a|s)]$ 是策略 π 的 γ 折扣的因果熵(Bloem,Bambos,2014)。实际上,π^e 通常只作为通过执行 π^e 从环境中采样的一组轨迹提供,因此式 4.20 中的 π^e 的期望成本通过这些样本进行估计。最大因果熵 IRL 旨在找到一个成本函数 $c\in\mathcal{C}$,使其

对专家策略赋予低成本,对其他策略赋予高成本,从而可以通过某种强化学习过程找到专家策略:

$$\text{RL}(c) = \underset{\pi \in \Pi}{\arg\min} -\mathcal{H}(\pi) + \mathbb{E}_\pi [c(s,a)], \tag{4.21}$$

这个过程将成本函数映射到最大熵策略,这些策略最小化期望累计成本。

4.2.4　算法介绍:引导成本学习

引导成本学习(guided cost learning,GCL)引入了一种基于样本的迭代方法,用于估计最大熵逆强化学习中的 Z,并且能够扩展到高维状态、动作空间以及非线性成本函数(Finn, et al.,2016b)。该算法通过训练新的采样分布 $q(\tau)$ 并使用重要性采样来估计 Z:

$$\mathcal{L}_{\text{cost}}(\theta) = \mathbb{E}_{\tau \sim p}[-\log p_\theta(\tau)] = \mathbb{E}_{\tau \sim p}[c_\theta(\tau)] + \log Z =$$
$$\mathbb{E}_{\tau \sim p}[c_\theta(\tau)] + \log\left(\mathbb{E}_{\tau \sim q}\left[\frac{\exp(-c_\theta(\tau))}{q(\tau)}\right]\right), \tag{4.22}$$

引导成本学习在优化 c_θ 和 $q(\tau)$ 之间交替进行,以最小化重要性采样估计的方差。

用于估计分区函数 $\int \exp(-c_\theta(\tau))\mathrm{d}\tau$ 的最优重要性采样分布是 $q(\tau) \propto |\exp(-c_\theta(\tau))| = \exp(-c_\theta(\tau))$。在引导成本学习过程中,采样策略 $q(\tau)$ 通过最小化 $q(\tau)$ 与 $\frac{1}{Z}\exp(-c_\theta(\tau))$ 之间的 KL 散度(或等效地最小化学习到的成本并最大化熵)来更新:

$$\mathcal{L}_{\text{sampler}}(q) = \mathbb{E}_{\tau \sim q}[c_\theta(\tau)] + \mathbb{E}_{\tau \sim q}[\log q(\tau)], \tag{4.23}$$

这种最优采样分布方便地是对应于真实成本函数的演示分布。因此,该训练过程的结果既包括学习到的成本函数(用于描述演示分布),也包括能够从演示分布中生成样本的学习策略 $q(\tau)$。

如果采样分布 q 未能覆盖某些具有较高 $\exp(-c_\theta(\tau))$ 值的轨迹 τ,这种重要性采样估计可能具有非常高的方差。由于演示的成本较低(作为 IRL 目标的结果),我们可以通过将演示数据样本与生成的样本混合来解决这个覆盖问题。令 $\mu = \frac{1}{2}p + \frac{1}{2}q$ 为轨迹展开的混合分布。令 $\widetilde{p}(\tau)$ 为演示密度的粗略估计。例如,我们可以使用当前模型 p_θ,或者使用另一种方法训练的简单密度模型。引导成本学习使用 μ 进行重要性采样,且以 $\frac{1}{2}\widetilde{p}(\tau) + \frac{1}{2}q(\tau)$ 作为重要性权重:

$$\mathcal{L}_{\text{cost}}(\theta) = \mathbb{E}_{\tau \sim p}[c_\theta(\tau)] + \log\left(\mathbb{E}_{\tau \sim \mu}\left[\frac{\exp(-c_\theta(\tau))}{\frac{1}{2}\widetilde{p}(\tau) + \frac{1}{2}q(\tau)}\right]\right). \tag{4.24}$$

Algorithm 4:引导代价学习

初始化 $q_k(\tau)$ 为随机初始控制器或来自示例;
for 迭代 $i=1$ 到 I **do**
    从 $q_k(\tau)$ 生成样本 $\mathcal{D}_{\text{traj}}$;
    附加样本:$\mathcal{D}_{\text{samp}} \leftarrow \mathcal{D}_{\text{samp}} \bigcup \mathcal{D}_{\text{traj}}$;
    使用 $\mathcal{D}_{\text{samp}}$ 更新代价 c_θ;
    使用 $\mathcal{D}_{\text{traj}}$ 更新 $q_k(\tau)$ 并获得 $q_{k+1}(\tau)$;
end
return 优化后的代价参数 θ 和轨迹分布 $q(\tau)$;

4.2.5 贝叶斯逆向强化学习

另一类重要的逆向强化学习方法将轨迹中的状态-动作对视为观测数据,通过贝叶斯更新候选奖励函数的先验分布。贝叶斯逆向强化学习(Bayesian inverse reinforcement learning,BIRL)最早的概念由 Ramachandran 等人提出(Ramachandran,Amir,2007),该技术将奖励函数的偏好编码为先验分布,并将行为数据的最优性置信度作为似然函数。BIRL 使用马尔可夫链蒙特卡洛(MCMC)算法来计算奖励函数的后验均值。

假设奖励函数是独立同分布的,BIRL 中的先验通过下式计算(Choi,Kim,2011):

$$P(R) = \prod_{s \in S, a \in A} P(R(s,a)). \tag{4.25}$$

注意,可以使用多种分布作为先验。例如,如果我们对奖励函数除其范围之外没有任何知识,可以使用均匀先验;如果我们希望奖励接近某些特定值,可以使用高斯分布或拉普拉斯分布作为先验。

BIRL 中的似然函数定义为类似于 softmax 函数的独立指数分布:

$$P(\mathcal{X} \mid R) = \prod_{m=1}^{M} \prod_{h=1}^{H} P(a_h^m \mid s_h^m, R) = \prod_{m=1}^{M} \prod_{h=1}^{H} \frac{\exp(\beta Q^*(s_h^m, a_h^m; R))}{\sum_{a \in A} \exp(\beta Q^*(s_h^m, a; R))}, \tag{4.26}$$

其中,β 是一个参数,相当于 Boltzmann 分布中的温度倒数。

然后通过结合先验和似然函数,并使用贝叶斯定理,将奖励函数的后验分布表示为:

$$P(R \mid \mathcal{X}) \propto P(\mathcal{X} \mid R) P(R). \tag{4.27}$$

有关 BIRL 的更多信息,请参考综述(Ghavamzadeh, et al. ,2015)。

4.2.6 回归与分类方法

直观上,也可以将 IRL 问题表述为一个回归或多类别分类问题。对于每个状态,专家执行的动作可以视为其标签。然而,这些方法通常更具挑战性,因为 IRL 并不是一个简单的监督学习问题。基于上述原因以及当前研究现状,这里仅对该主题进行简要介绍。

Klein 等人(Klein，et al.，2012)提出了一种称为基于结构分类的逆向强化学习(structured classification based inverse reinforcement learning，SCIRL)的方法，将 IRL 问题表述为多类别分类问题，利用专家的演示数据来训练分类器。Klein 随后进一步改进了 SCIRL，因为 SCIRL 假设存在一个转移模型来计算评分函数，他提出了级联监督 IRL(cascaded supervised IRL，CSI)，CSI 首先对模拟的演示数据集使用标准回归来估计转移模型，然后使用 SCIRL 学习奖励函数(Klein，et al.，2013)。Levine 等人(Levine，et al.，2010)提出了逆向强化学习中的特征构造方法(feature construction for inverse reinforcement learning，FIRL)，该方法通过构建最相关的逻辑合取的组合特征，从大量组件特征中构造奖励特征。

4.3　对抗模仿学习

对抗模仿学习(adversarial imitation learning，AIL)借鉴了逆强化学习(inverse reinforcement learning，IRL)和生成对抗网络(generative adversarial networks，GAN)(Goodfellow，et al.，2014)的思想，其目标是通过给定专家演示数据 D_e 并能够与环境交互，学习出一个策略，使得该策略生成的轨迹与专家策略的轨迹无法区分(Ho，Ermon，2016)。

为实现这一目标，具有策略 π 的智能体首先进行随机初始化并与环境交互。判别器网络 D 的训练目标是区分来自智能体生成的样本 $(s_t,a_t,s_{t+1})\sim\mathcal{D}_\pi$ 与来自专家数据集 $(s_t,a_t,s_{t+1})\sim D_e$ 的样本，判别器的训练通过交叉熵损失函数完成。之后，基于判别器的预测定义策略的奖励函数，例如 $r(s,a)=-\ln(1-D(s,a))$，其中 $D(s,a)$ 表示判别器将状态-动作对分类为专家行为的概率。智能体随后通过一个强化学习算法进行训练，以最大化该奖励并欺骗判别器。类似于 GAN 的训练过程，判别器和智能体(此处扮演生成器角色)的训练交替进行。因此，该算法在循环中重复以下步骤：(1) 使用当前策略与环境交互，并将经验存储到重放缓冲区中；(2) 更新判别器；(3) 根据使用的强化学习算法执行策略更新(Orsini，et al.，2021)。

需要注意的是，对抗模仿学习与逆强化学习关系密切，它们在某种程度上都源自基于能量的模型(如最大熵逆强化学习，MaxEnt IRL)。我们强烈建议读者参考文献(Finn，et al.，2016a)，以深入了解 GAN、IRL 和基于能量模型之间的思想及关联。

4.3.1　生成对抗网络(GAN)

GAN 是一种生成模型的训练方法，其中同时训练两个模型：生成器 G 和判别器 D。判别器的任务是对输入进行分类，判断输入是生成器输出的样本还是来自真实数据分布

$p(x)$的样本。生成器的目标则是生成能够被判别器分类为来自真实数据分布的输出(Finn, et al. ,2016a)。

形式上,生成器以噪声为输入并输出样本 $x \sim G$,而判别器以样本 x 为输入,输出该样本来自真实数据分布的概率 $D(x)$。判别器的损失函数为其对正确分类分配的平均对数概率,计算于来自真实样本和生成器输出的样本的混合体上:

$$\mathcal{L} \text{discriminator}(D)=\mathbb{E}_{x\sim p}[-\log D(x)]+\mathbb{E}_{x\sim G}[-\log(1-D(x))]. \tag{4.28}$$

生成器的损失函数有几种相似的定义方式。最简单的定义方式是 Goodfellow 等人(Goodfellow, et al. ,2014)最初提出的,即生成器的损失是判别器损失的相反数。然而,如果生成器的输出很容易与真实样本区分开来,这种定义方式提供的训练信号会非常微弱。因此,常用的方式是使用判别器混淆的对数值作为生成器的损失函数(Goodfellow, et al. ,2014)。我们将生成器的损失定义为这两种方式的总和:

$$\mathcal{L}_{\text{generator}}(G)=\mathbb{E}_{x\sim G}[-\log D(x)]+\mathbb{E}_{x\sim G}[\log(1-D(x))]. \tag{4.29}$$

4.3.2 算法介绍:生成对抗模仿学习

生成对抗模仿学习(GAIL)最初由 Ho 等人提出(Ho, Ermon, 2016),并迅速成为模仿学习领域中最受欢迎的框架之一。使用判别器来区分专家数据集与由智能体策略生成的数据集的思想,启发了许多杰出的工作。不同的分布散度度量方法被提出用于评估两者的距离,例如 GAIL 中的 JS 散度,f 散度则是 JS 散度的泛化(Ke, et al. ,2020),而积分概率度量(IPM)则包含了 Wasserstein 距离(Sun, et al. ,2019)。虽然这些对抗模仿学习方法在混合设置下表现出色,但实证结果表明,对抗模仿学习有时在性能上未必能超越一些简单的算法,例如在纯离线设置下的行为克隆(Behavior Cloning)。可以参考 Brantley 等人关于常见强化学习基准的实验结果(Brantley, et al. ,2019)。

GAIL 算法核心

恒定的正则项会导致一种模仿学习算法,该算法能够精确匹配占用度量(occupancy measures),但在大型环境中难以求解。另一方面,针对线性代价函数类的指示函数正则项使得算法难以在没有精细调节的情况下精确匹配占用度量,但在大型环境中是可行的。GAIL 使用了一种新的代价正则项,它结合了这两种方法的优点,如下所示(Ho, Ermon,2016):

$$\psi_{\text{GA}}(c) \triangleq \begin{cases} \mathbb{E}_{\pi_E}[g(c(s,a))], & \text{当 } c<0, \\ +\infty, & \text{其他情况,} \end{cases} \tag{4.30}$$

其中

$$g(x)=\begin{cases}-x-\log(1-\mathrm{e}^x), & \text{当 } x<0,\\ +\infty, & \text{其他情况,}\end{cases}$$

ψ 是一个凸代价函数正则项,且 $\psi:\mathbb{R}^{S\times A}\to\mathbb{R}$。

上述正则项对那些为专家状态-动作对分配负代价的代价函数 c 施加较低的惩罚;然而,如果 c 为专家分配较大的代价(接近于零,这是 ψ_{GA} 可接受的代价的上界),那么 ψ_{GA} 将对 c 施加严重的惩罚。ψ_{GA} 的一个有趣性质是,它是专家数据的一个平均值,因此能够适应任意专家数据集。而指示函数正则项 δ_C 始终是固定的,无法像 ψ_{GA} 那样适应数据。或许 ψ_{GA} 和 δ_C 之间最重要的区别在于,δ_C 强制代价函数位于由有限多个基函数生成的小子空间内,而 ψ_{GA} 则允许任何代价函数,只要它在每个位置都是负的。

选择 ψ_{GA} 的动机源于以下事实,其证明见(Ho,Ermon,2016)的附录:

$$\psi_{\mathrm{GA}}^*(\rho_\pi-\rho_{\pi_E})=\sup_{D\in(0,1)^{S\times A}}\mathbb{E}_\pi[\log(D(s,a))]+\mathbb{E}_{\pi_E}[\log(1-D(s,a))], \quad (4.31)$$

其中,取上确界的范围是在 $D:\mathcal{S}\times\mathcal{A}\to(0,1)$ 上的判别分类器。式 4.31 与二元分类问题中区分 π 和 π_E 的状态-动作对的最优负对数损失成正比。最终,该最优损失在常数偏移和缩放下与 Jensen-Shannon 散度 $D_{\mathrm{JS}}(\bar\rho_\pi,\bar\rho_{\pi_E})\triangleq D_{\mathrm{KL}}(\bar\rho_\pi\|(\bar\rho_\pi+\bar\rho_E)/2)+D_{\mathrm{KL}}(\bar\rho_E\|(\bar\rho_\pi+\bar\rho_E)/2)$ 等价,Jensen-Shannon 散度是归一化占用分布 $\bar\rho_\pi=(1-\gamma)\rho_\pi$ 与 $\bar\rho_{\pi_E}=(1-\gamma)\rho_{\pi_E}$ 之间的平方度量。将因果熵 H 视为由 $\lambda\geqslant0$ 控制的策略正则项,并为了简化省略 $1-\gamma$ 的占用度量归一化,我们得到一个新的模仿学习算法:

$$\mathop{\mathrm{minimize}}_{\pi}\psi_{\mathrm{GA}}^*(\rho_\pi-\rho_{\pi_E})-\lambda\,H(\pi)=D_{\mathrm{JS}}(\rho_\pi,\rho_{\pi_E})-\lambda\,H(\pi), \quad (4.32)$$

该算法找到的策略的占用度量最小化与专家占用度量的 Jensen-Shannon 散度。方程 4.32 最小化的是占用度量之间的真实度量,因此与线性学徒学习算法不同,它可以精确地模仿专家策略。

方程 4.32 建立了模仿学习和生成对抗网络之间的联系,在生成对抗网络中,通过让生成器 G 使判别分类器 D 混淆来训练生成模型。判别分类器 D 的任务是区分由 G 生成的数据分布和真实数据分布。当 D 无法区分 G 生成的数据与真实数据时,G 成功地匹配了真实数据。在我们的设定中,学习者的占用度量 ρ_π 类似于由 G 生成的数据分布,而专家的占用度量 ρ_{π_E} 则类似于真实数据分布。

GAIL 旨在处理大型环境,解决方程 4.32 的方法是找到表达式的鞍点 (π,D):

$$\mathbb{E}_\pi[\log(D(s,a))]+\mathbb{E}_{\pi_E}[\log(1-D(s,a))]-\lambda\,H(\pi), \quad (4.33)$$

在该方法中,π 和 D 都使用函数逼近器表示:GAIL 拟合一个参数化策略 π_θ(其权重为 θ),以及一个判别器网络 $D_w:\mathcal{S}\times\mathcal{A}\to(0,1)$(其权重为 w)。GAIL 在 w 上使用 Adam (Kingma,Ba,2014)算法进行梯度步长上升,以使方程 4.33 关于 D 最大化;并在 θ 上进行 TRPO 步骤,以使方程 4.33 关于 π 最小化。TRPO 步骤的作用与 Ho 等人(Ho, et al.，2016)的学徒学习算法相同：它防止策略因策略梯度中的噪声发生过大变化。判别器网络可以被解释为提供策略学习信号的局部代价函数，具体而言，通过执行使期望代价降低的策略步骤(关于代价函数 $c(s,a)=\log D(s,a)$)，策略会朝着判别器分类为类似专家的状态-动作空间区域移动。

Algorithm 5：GAIL 算法

Input：专家轨迹 $\tau_E \sim \pi_E$，初始策略参数和判别器参数 θ_0, w_0

for $i=0,1,2,\cdots$ **do**

采样轨迹 $\tau_i \sim \pi_{\theta i}$；

使用梯度从 w_i 更新判别器参数到 w_{i+1}，梯度为

$$\mathbb{E}_{\tau_i}[\nabla_w \log(D_w(s,a))] + \mathbb{E}_{\tau_E}[\nabla_w \log(1-D_w(s,a))]$$

使用 *TRPO* 规则以 $\log(D_{w_{i+1}}(s,a))$ 为代价函数，从 θ_i 更新策略步长到 θ_{i+1}。具体来说，采取一个以 KL 约束的自然梯度步，梯度为

$$\mathbb{E}_{\tau_i}[\nabla_\theta \log \pi_\theta(a|s)Q(s,a)] - \lambda \nabla_\theta \mathcal{H}(\pi_\theta),$$

其中 $Q(\bar{s},\bar{a})=\mathbb{E}_{\tau_i}[\log(D_{w_{i+1}}(s,a)) | s_0=\bar{s}, a_0=\bar{a}]$

end

4.3.3　算法介绍：对抗逆强化学习

对抗逆强化学习(AIRL)(Fu, et al.，2017)是一种逆强化学习(IRL)方法，同时与对抗模仿学习(AIL)关系密切。我们在本章中介绍 AIRL，旨在让读者理解 IRL 和 AIL 的基本思想。AIRL 与 Uchibe(Uchibe，2018)、Finn 等人(Finn, et al.，2016a)、Ho and Ermon(Ho,Ermon,2016)提出的算法高度相似。与 AIRL 不同，GAIL 并不是一种试图恢复奖励函数的 IRL 算法。GAIL 的评论者或判别器并不适合作为奖励函数，因为在最优情况下，它会在所有状态和动作上输出 0.5 的均匀值。而 GAIL 的目标仅仅是恢复专家的策略，这种策略是一种较不便于迁移的表示(Fu, et al.，2017)。

AIRL 基于 Finn 等人(Finn, et al.，2016a)提出的对抗 IRL 框架，其判别器对应于策略和指数化奖励分布之间的赔率比。我们首先回顾 AIRL 中使用的逆强化学习方法的背景。

AIRL 提出的背景

AIRL 的逆强化学习方法构建于最大因果熵 IRL 框架之上(Ziebart, et al.，2010)，该框架考虑了一个熵正则化的马尔可夫决策过程(MDP)，其由以下元组定义($\mathcal{S}, \mathcal{A}, \mathcal{T}, r, \gamma, \rho_0$)。其中，$\mathcal{S}, \mathcal{A}$ 分别为状态空间和动作空间，$\gamma \in (0,1)$ 为折扣因子。动态或转移分布 $\mathcal{T}(s'|a,s)$、初始状态分布 $\rho_0(s)$ 和奖励函数 $r(s,a)$ 在标准强化学习设置中是未知的，只能通过与 MDP 的交互来查询。

(正向)强化学习的目标是找到最优策略 π^*，使其在 $\pi, \mathcal{T}$ 和 ρ_0 下最大化期望的熵正

则化折扣奖励：

$$\pi^* = \arg \max_{\pi} \mathbb{E}_{\tau \sim \pi} \Big[\sum_{t=0}^{T} \gamma^t (r(s_t, a_t) + \mathcal{H}(\pi(\cdot \mid s_t))) \Big], \tag{4.34}$$

其中，$\tau = (s_0, a_0, \cdots s_T, a_T)$ 表示由策略和动态生成的状态和动作序列。可以证明，由最优策略 $\pi^*(a \mid s)$ 诱导的轨迹分布形式为 $\pi^*(a \mid s) \propto \exp\{Q_{\mathrm{soft}}^*(s_t, a_t)\}$，其中

$$Q_{\mathrm{soft}}^*(s_t, a_t) = r_t(s, a) + \mathbb{E}_{(s_{t+1}, \cdots) \sim \pi} \Big[\sum_{t'=t}^{T} \gamma^{t'} (r(s_{t'}, a_{t'}) + \mathcal{H}(\pi(\cdot \mid s_{t'}))) \Big],$$

表示软 Q 函数。

　　逆强化学习的目标则是给定一组演示数据 $\mathcal{D} = \{\tau_1, \cdots, \tau_N\}$ 来推断奖励函数 $r(s, a)$。在 IRL 中，我们假设演示数据是由最优策略 $\pi^*(a \mid s)$ 生成的。我们可以将 IRL 问题解释为求解最大似然问题：

$$\max_{\theta} \mathbb{E}_{\tau \sim \mathcal{D}}[\log p_{\theta}(\tau)], \tag{4.35}$$

其中 $p_{\theta}(\tau) \propto p(s_0) \prod_{t=0}^{T} p(s_{t+1} \mid s_t, a_t) e^{\gamma^t r_{\theta}(s_t, a_t)}$，$r_{\theta}(s, a)$ 参数化了奖励函数，但动态和初始状态分布是固定的。注意，在确定性动态下，这可以简化为基于能量的模型，其中对于可行轨迹，$p_{\theta}(\tau) \propto e^{\sum_{t=0}^{T} \gamma^t r_{\theta}(s_t, a_t)}$（Ziebart，et al.，2008）。

　　Finn 等人（Finn，et al.，2016a）提出将方程 4.34 的优化问题转换为一个 GAN 优化问题。他们使用了一种基于轨迹的公式化方法，其中判别器采用特定形式：

$$D_{\theta}(\tau) = \frac{\exp\{f_{\theta}(\tau)\}}{\exp\{f_{\theta}(\tau)\} + \pi(\tau)}, \tag{4.36}$$

其中 $f_{\theta}(\tau)$ 是学习到的函数；$\pi(\tau)$ 预先计算，其值被"填充"。策略 π 的训练目标是最大化 $R(\tau) = \log(1 - D(\tau)) - \log D(\tau)$。更新判别器可以视为更新奖励函数，而更新策略可以视为改进用于估计分区函数的采样分布。如果训练达到最优，可以证明最优奖励函数可以从最优判别器中提取出来，表示为 $f^*(\tau) = R^*(\tau) + $ 常数项，并且 π 恢复出最优策略。我们将这一公式称为生成对抗网络引导的代价学习（GAN-GCL），以区别于引导代价学习（GCL）（Finn，et al.，2016a）。该公式与 GAIL 具有相似性，但 GAIL 并未对判别器施加特殊结构，因此无法恢复奖励函数。

AIRL 算法核心

　　我们无法学习仅基于状态的奖励函数 $r_{\theta}(s)$，这意味着无法保证学习到的奖励函数不会受到塑造影响。为了将奖励函数与优势（advantage）解耦，我们对方程 4.36 的判别器进行修改，采用以下形式：

$$D_{\theta, \phi}(s, a, s') = \frac{\exp\{f_{\theta, \phi}(s, a, s')\}}{\exp\{f_{\theta, \phi}(s, a, s')\} + \pi(a \mid s)}, \tag{4.37}$$

其中 $f_{\theta, \phi}$ 被限制为一个奖励近似器 g_{θ} 和一个塑造项 h_{ϕ}，表示为：

$$f_{\theta,\phi}(s,a,s') = g_\theta(s,a) + \gamma h_\phi(s') - h_\phi(s). \tag{4.38}$$

额外的塑造项有助于缓解对奖励近似器 g_θ 产生的非期望塑造效应。

完整的训练过程在 AIRL 算法 6 中详述。该算法与 GAIL 和 GAN-GCL 类似,在训练过程中交替进行:训练一个判别器以区分专家数据与策略样本,并更新策略以混淆判别器。

Algorithm 6：AIRL 算法

Input：专家轨迹 τ_i^E,初始策略 π 和判别器 $D_{\theta,\phi}$。

for：步骤 t 在 $\{1,\cdots,N\}$ 中 **do**

  通过执行策略 π 收集轨迹 $\tau_i = (s_0,a_0,\cdots,s_T,a_T)$;

  通过二元逻辑回归训练 $D_{\theta,\phi}$ 以区分专家数据 τ_i^E 和样本 τ_i;

  更新奖励 $r_{\theta,\phi}(s,a,s') \leftarrow \log D_{\theta,\phi}(s,a,s') - \log(1 - D_{\theta,\phi}(s,a,s'))$;

  使用任意策略优化方法更新策略 π 以适应 $r_{\theta,\phi}$;

end

4.4　基于观察的模仿学习

基于观察的模仿学习(ILfO)或称为观察模仿(imitation from observation,IfO)的问题出现在智能体尝试通过观察专家生成的仅包含状态的演示数据来学习任务的过程中(Torabi, et al. ,2019)。与典型的模仿学习范式相比,ILfO 是一种更自然的从专家学习的方式,且在一些应用中具有更大的潜力,例如当学习者与专家有不同的动作空间,或者在仿真到现实(sim-to-real)的应用中(Kidambi, et al. ,2021)。我们建议读者参考综述文献(Torabi, et al. ,2019),以获取关于 ILfO 的更多信息。此外,ILfO 是模仿学习中的一个高阶课题,解决这一问题的算法将综合前面各章节中提到的方法。

4.4.1　ILfO 的基本原理

与模仿学习类似,ILfO 问题的目标是学习一个模仿策略 π,使得模仿者的行为与专家的行为相似,但智能体只能获得专家完成任务的仅包含状态的演示数据 $\tau_e = \{s_i\}_{i=1}^M$。总体来说,ILfO 问题有两个主要组成部分:(1)感知;(2)控制(Torabi, et al. ,2019)。

感知问题

由于 ILfO 依赖于从专家智能体获取的观察数据,如何有效地处理这些观察数据是至关重要的,这个过程被称为感知。处理感知问题的一种方法是通过放置在专家智能体上的传感器来记录专家的运动(Ijspeert, et al. ,2001)。基于这种感知方式,之前的研究已经探讨了允许类人或类人形机器人模仿人类动作的技术(Calinon,Billard,2007)。一种更为现代的方法是运动捕捉(Field,et al.,2009),该方法通常使用视觉标记来推断示范者的动作。基于这种方法的 ILfO 技术已被用于各种任务中,包括运动、杂技和武术(Peng,et al.,2018;Merel,et al.,2017)。然而,上述方法通常需要昂贵的仪器设备和预处理(Holden,et al.,2016)。

控制问题

ILfO 的另一个主要组成部分是控制问题,即用于学习模仿策略的方法。由于动作标签不可用,这是一个非常具有挑战性的问题,许多方法已在最近的文献中提出。一般而言,ILfO 算法可以分为基于模型的算法和无模型的算法。基于模型的 ILfO 算法包括逆模型(inverse model)和前向模型(forward model);无模型的算法则包括对抗性方法(adversarial methods)和奖励工程方法(reward engineering methods),如图 4.1 所示。

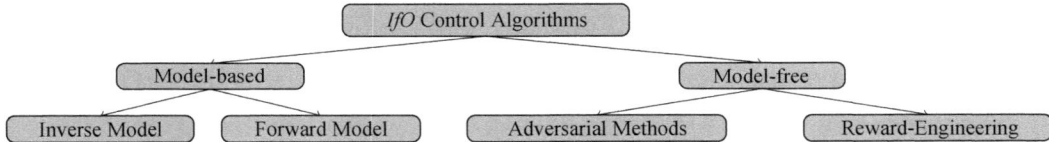

图 4.1　ILfO 算法的分类

4.4.2　基于模型的方法

基于模型的 ILfO 方法的特点是,它们在模仿学习过程中学习某种类型的动态模型。学习的模型可以是以下两类之一:(1)逆向动态模型;(2)前向动态模型。

逆向动态模型

逆向动态模型是一种将状态转换$\{(s_t,s_{t+1})\}$映射到动作$\{a_t\}$的模型(Hanna,Stone,2017)。其中一种代表算法是强化逆动态建模(reinforced inverse dynamics modeling,Ridm)(Pavse,et al.,2020)。在学习了逆向动态模型后,Ridm 使用稀疏奖励函数进一步优化该模型,最终在环境中执行相应的动作。关键是,像 Ridm 这样的算法(Nair,et al.,2017)尝试精确地再现单个演示,假设每一个观察转换可以通过单一动作实现。而 Torabi 等人提出了基于观察的行为克隆(behavioral cloning from observation,BCO)(Torabi,et al.,2018),该方法则关注于通过多个演示学习通用的模仿策略。该方法使用探索策略学习逆向动态模型,然后使用该模型从演示数据中推断出动作。

前向动态模型

前向动态模型将状态-动作对$\{(s_t,a_t)\}$映射到下一个状态$\{s_{t+1}\}$。一种使用此类动态模型的 ILfO 方法是从观察中模仿潜在策略(imitating latent policies from observation,

ILPO)(Edwards, et al., 2019)。ILPO 通过学习潜在策略 $\pi(z|s_t)$ 生成模仿策略的初步假设,该潜在策略估计给定当前状态 s_t 下的潜在(虚拟)动作 z 的概率。由于不需要实际动作,该过程可以离线完成,而无需与环境交互。为了学习潜在策略,ILPO 使用一个潜在前向动态模型预测 s_{t+1},并基于 s_t 预测潜在动作的先验分布。然后,该算法利用有限的环境交互次数学习一个动作重映射网络,将潜在动作与其对应的正确动作关联起来。由于大部分过程在离线完成,该算法在交互次数方面非常高效。另一方面,Kidambi 等人提出了 MobILE(Kidambi, et al., 2021),这是一种基于模型的在线学习方法。MobILE 在混合设置下工作,并进一步假设在训练期间可以随时查询专家的策略。该方法通过在探索过程中利用不确定性度量,以及在模仿过程中仔细设计奖励来实现探索与模仿的权衡,详细内容将在下一节中介绍。

4.4.3　无模型的方法

ILfO 控制方法的另一大类是无模型方法。无模型技术试图在没有任何模型学习步骤的情况下学习模仿策略。该类别中有两种根本不同的算法类型:(1)对抗性方法;(2)奖励函数工程法。

对抗性方法

ILfO 的对抗性方法受到生成对抗模仿学习(GAIL)的启发,这在章节 4.3 中已经描述。受到该工作的启发,Merel 等人(Merel, et al., 2017)提出了一种 IfO 算法,假设只能获取到本体感知状态的演示数据 $\{s_t\}$,并使用类似 GAN 的架构,其中模仿策略被解释为生成器。该模仿策略在环境中执行以收集数据 $\{(s_t^i, a_t^i)\}$,单个状态输入到判别器中,判别器被训练用来区分来自模仿者的数据和来自示范者的数据。判别器的输出值然后用作奖励,使用强化学习来更新模仿策略。另一种名为 OptionGAN 的算法(Henderson, et al., 2018)结合了选项学习(option learning),允许智能体在演示包含多个基础奖励函数的情况下,将策略分解为多个子策略。在上述两种算法中,基本目标都是实现模仿策略,使其生成的状态分布与专家的状态分布相似。另一种由 Stadie 等人(Stadie, et al., 2017)开发的对抗性 ILfO 方法则考虑了模仿者和示范者具有不同视角的情况。为了克服这一挑战,研究者引入了一个新的分类器,该分类器使用判别器早期层的输出作为输入,并尝试区分来自不同视角的数据。随后,他们训练判别器的早期层和分类器,以最大化视角混淆。直觉上,这确保了判别器的早期层对视角变化具有不变性。最后,Sun 等人(Sun, et al., 2019)开发了一种对抗性 ILfO 方法,在该方法中,从给定的初始状态开始,通过求解一个极小极大博弈为每个时间步学习一个策略。该极小极大博弈学习的策略能够匹配前一步策略生成的下一状态的状态分布。

奖励函数工程法

奖励工程是指根据专家演示数据,设计一个手工定义的奖励函数,通过强化学习来找到模仿策略。重要的是,设计的奖励函数不一定是示范者用来生成演示数据的实际奖励函数,而是从演示数据推断出的估计值。一种奖励工程方法是时间对比网络(time-contrastive networks,TCN)(Sermanet,et al.,2018)。TCN 考虑了由人类专家生成演示数据的环境,任务是由带有机械臂的机器人来执行的。该方法使用三元组损失来训练一个神经网络,该网络在每个时间步生成任务特定的状态编码。这个损失函数将发生在短时间窗口内的状态在嵌入空间中拉近,而将其他状态推远。然后,设计的奖励函数被定义为每个时间步中嵌入的演示数据与嵌入的智能体状态之间的欧几里得距离,并通过强化学习技术学习模仿策略。在另一项工作中,Gupta 等人(Gupta,et al.,2017)研究了模仿者和示范者具有不同状态空间的情况。首先,他们训练一个自编码器,将状态映射到不变的特征空间,其中对应状态具有相同的特征。然后,他们将奖励定义为专家和模仿者在每个时间步的不变空间中的状态特征之间的欧几里得距离。最后,使用该奖励函数和强化学习算法学习模仿策略。

4.4.4　ILfO 的挑战

即便拥有上述工具,模仿智能体仍然面临着诸多挑战:

(1)体现失配(embodiment mismatch):其中一个挑战是在示范智能体和模仿者具有不同的体现时(Torabi,et al.,2019)。换句话说,当智能体和专家在外观、动态模型或其他特性上存在差异时,便出现了体现失配的问题。例如,视频中展示的是一个人类完成任务,而目标是训练一个机器人去执行相同的任务。由于人类和机器人在外观上并不完全相同(可能非常不同),因此如何解释视觉信息以确保 ILfO 的成功成为一个挑战。为解决这一问题,一种 ILfO 方法通过使用自编码器在监督学习的方式下学习两者之间的对应关系(Gupta,et al.,2017)。自编码器的训练方式使得编码的表示与体现特性无关。另一种方法则以非监督的方式进行学习,且只需要少量的人工监督(Sermanet,et al.,2018)。

(2)视角差异(viewpoint difference):另一个在 ILfO 应用中可能出现的感知挑战是,当示范数据并非在受控环境中录制时。例如,视频背景可能杂乱无章,或者示范视频中的视角与智能体自身的视角不匹配。为解决此问题的一种 ILfO 方法是学习一个上下文翻译模型,通过预测目标上下文中的观察结果来翻译源上下文中的观察(Liu,et al.,2018b)。这种翻译是通过包含目标上下文和源上下文图像的数据来学习的,任务是将源上下文中的帧翻译为目标上下文。另一种方法则是通过分类器区分来自不同视角的数据,并在训练过程中通过对抗性设置来最大化域混淆,从而使提取的特征对视角不敏感(Stadie, et al.,2017)。

4.4.5　算法介绍:第三人称模仿学习

第三人称模仿学习(third-person imitation learning,TpIL)是 ILfO 的一个子类,其中专家与智能体拥有不同的状态空间。由于第三人称数据的生成过程,TpIL 通常不包含专家的动作演示,而仅有状态演示。TpIL 的目标与其他 ILfO 问题并无差异,正如之前所提到的那样。

Stadie 等人(2017)提出的 TpIL 算法是一种无监督的在线学习方法。由于通常可获得的是观察数据而非直接的状态数据,因此在接下来的讨论中,我们将使用观察数据 o_t 来表示专家的轨迹,而不是状态 s_t。我们首先回顾 Ho and Ermon 提出的 GAIL 算法(Ho,Ermon,2016)。方程 4.39 中的损失函数用于训练一个判别器 D_R,以区分专家策略和非专家策略。

$$\max_{\pi_\theta} \min_{D_R} \mathcal{L}_R = \sum CE(D_R(s_i), c_{l_i}), \tag{4.39}$$

其中 c_{l_i} 是正确的数据类别标签,表示状态 s_i 所属的真实类别(专家或智能体)。$CE(\cdot)$ 是标准的交叉熵损失函数。然而,方程 4.39 在专家与非专家处于不同环境时可能会失效,因为 D_R 很快会学习到这些环境之间的差异,并将其作为一个强有力的分类信号。

为了处理第三人称设置,TpIL 算法考虑到 D_R 通过首先从 o_t 中提取特征,然后使用这些特征进行分类。因此,将 D_R 分解为特征提取器 D_F 和对 D_F 的输出分配概率的实际分类器。然后问题可以转换为:

$$\begin{aligned} &\max_{\pi_\theta} \min \mathcal{L}_R = \sum_i CE(\mathcal{D}_R(\mathcal{D}_F(o_i)), c_{l_i}), \\ &\text{s. t. } \mathrm{MI}(D_F(o_i); d_l) = 0, \end{aligned} \tag{4.40}$$

其中,MI 表示互信息,因此我们在符号上稍作简化,使用 $\mathcal{D}_R$,D_F 和 d_l 分别表示分类器、特征提取器和域标签,以及这些对象上的分布。

互信息项可以通过引入另一个分类器 $\mathcal{D}_D$ 来实现,该分类器接收由 D_F 生成的特征并输出这些特征是由专家环境还是非专家环境产生的概率(Chen, et al.,2016)。定义 $\sigma_i = D_?(o_i)$,则问题可以写为:

$$\max_{\pi_\theta} \min_{\mathcal{D}_R} \max_{\mathcal{D}_D} \mathcal{L}_R + \mathcal{L}_D = \sum_i CE(\mathcal{D}_R(\sigma_i), c_{l_i}) + CE(\mathcal{D}_D(\sigma_i), d_{l_i}), \tag{4.41}$$

换句话说,我们希望在最小化类别损失的同时,最大化域混淆。

通常情况下,即使是人类也难以通过静态图像判断是否为专家行为,因为静态图像并不提供任何关于智能体动作对环境改变的相关信息。例如,如果一个点质量物体试图移动到目标位置,且最初离目标状态较远,那么很难判断策略是否糟糕,还是初始化运气不好。为应对这一难题,我们允许 $\mathcal{D}_R$ 不仅获取时间 t 的图像,还获取某一未来时间 $t+n$ 的图像。定义 $\sigma_t = D_F(o_t)$ 和 $\sigma_{t+n} = D_F(o_{t+n})$,分类器则做出预测 $\mathcal{D}_R(\sigma_t, \sigma_{t+n}) = \hat{c}_t$。

值得注意的是,我们还需要对特征提取器 D_F 进行优化,但它同时输入到 $\mathcal{D}_R$ 和 $\mathcal{D}_D$ 中,这两者相互竞争(体现在 σ 中)。为了应对这种竞争,我们引入了一个函数 $\mathcal{G}$,该函数在有向无环图中前向传播时充当恒等函数,而在反向传播时改变梯度符号。这种技术在计算机视觉中获得了成功(Ganin,Lempitsky,2015)。最终,问题简化为以下最终形式:

$$\max_{\pi_\theta} \min_{\mathcal{D}_R, \mathcal{D}_D, \mathcal{D}_F} \mathcal{L}_R + \mathcal{L}_D = \sum_i CE(\mathcal{D}_R(\sigma_i, \sigma_{i+n}), c_{l_i}) + \lambda CE(\mathcal{D}_D(\mathcal{G}(\sigma_i)), d_{l_i}). \quad (4.42)$$

在方程 4.42 中,我们在反向传播 D_F 时翻转梯度相对于域分类损失的符号。这相当于通过随机梯度上升远离有助于域分类的特征,从而确保 D_F 生成与域无关的特征。方程 4.42 可以通过随机梯度下降有效求解。这里的 λ 是一个超参数,决定了在 D_F 上的目标竞争之间的权衡。

4.4.6　算法介绍:基于观察的行为克隆

基于观察的行为克隆(behavioral cloning from observation,BCO)是一种基于模型的在线无监督学习方法,属于混合模仿学习(IL)的范畴(Torabi, et al.,2018)。BCO 关注的样本复杂度,特别是学习过程的成本,体现在专家演示提供前后环境交互的数量上。在该方法中,演示前后的环境交互分别用 $\mathcal{I}^{pre}$ 和 $\mathcal{I}^{post}$ 表示,代表智能体在演示数据提供前后必须执行的交互集合 (s_i, a_i, s_{i+1})。在此背景下,我们关心的特定目标是:给定一组仅包含状态的演示轨迹 D_e,使用最少的后演示环境交互 $\mathcal{I}^{post}$ 找到一个良好的模仿策略。为实现这一目标,BCO 包含两个组成部分:(1)学习一个智能体特定的逆向动态模型;(2)从一组演示轨迹中学习模仿策略。

受到人类在任务执行时可以依赖大量先验经验这一事实的启发,BCO 允许智能体学习环境的逆向动态模型,然后利用这个学习到的模型推断出专家的缺失动作信息。一旦这些动作被推断出,智能体通过一种修改版的行为克隆算法进行模仿学习。该算法的伪代码如算法 7 所示。

逆向动态模型学习过程

为了学习环境动态,首先让智能体执行一个随机探索策略 π。在执行该策略的过程中,智能体获得一定数量的环境交互数据,即 $\mathcal{I}^{pre}$。我们将这些数据存储为 $\mathcal{T}^a_{\pi_e} = \{(s^a_i, s^a_{i+1})\}$,并记录其关联的动作 $\mathcal{A}_{\pi_e} = \{a_i\}$(见 BCO 算法 7 第 5—8 行)。给定这些信息,学习一个智能体特定的逆向动态模型的问题转化为寻找参数 θ,使得 $\mathcal{M}_\theta$ 能够最好地描述观察到的状态转换。这个问题可以形式化为最大似然估计问题:找到使以下式子成

立的 θ^* :

$$\theta^* = \arg\max_{\theta} \prod_{i=0}^{|\mathcal{I}^{pre}|} p_{\theta}(a_i \mid s_i^a, s_{i+1}^a),\tag{4.43}$$

其中 p_{θ} 是在给定特定状态转换后,由 $\mathcal{M}_{\theta}$ 诱导的动作条件分布。算法 7 中标注为 "modelLearning"的任何监督学习技术都可以用于求解方程 4.43。

行为克隆过程

为了使用学习到的逆向动态模型,BCO 首先提取专家演示中与智能体特定的部分,然后构造出一组演示的智能体特定状态转换集 $\mathcal{T}_{\mathrm{demo}}^a$(见 BCO 算法 7 第 10 行)。接下来,对于每一个状态转换 $(s_i^a, s_{i+1}^a) \in \mathcal{T}_{\mathrm{demo}}^a$,算法计算模型预测的演示者动作分布 $\mathcal{M}_{\theta^*}(s_i^a, s_{i+1}^a)$,并使用最大似然动作作为推断出的动作 $\tilde{a}_i$,将其置于动作集 $\tilde{\mathcal{A}}_{\mathrm{demo}}$ 中(见 BCO 算法 7 第 11 行)。利用这些推断出的动作,BCO 构建了完整的状态-动作对集合 $\{(s_i, \tilde{a}_i)\}$。

Algorithm 7:BCO 算法

初始化 将模型 $\mathcal{M}_{\theta}$ 设为随机近似器;

将 π_{ϕ} 设为随机策略;

设置 $I = |\mathcal{I}^{pre}|$;

while 策略改进 **do**

    for 时间步 $t=1$ 到 I **do**

        使用 π_{ϕ} 生成样本 (s_t^a, s_{t+1}^a) 和 a_t;

        附加样本 $\mathcal{T}_{\pi_{\phi}}^a \leftarrow (s_t^a, s_{t+1}^a)$,$\mathcal{A}_{\pi_{\phi}} \leftarrow a_t$;

    end

    通过 modelLearning($\mathcal{T}_{\pi_{\phi}}^a$, $\mathcal{A}_{\pi_{\phi}}$) 改进 $\mathcal{M}_{\theta}$;

    从示范状态轨迹 D_{demo} 生成特定于代理的状态转移集 $\mathcal{T}_{\mathrm{demo}}^a$;

    使用 $\mathcal{M}_{\theta}$ 和 $\mathcal{T}_{\mathrm{demo}}^a$ 近似 $\tilde{\mathcal{A}}_{\mathrm{demo}}$;

    通过 behavioralCloning(S_{demo}, $\tilde{\mathcal{A}}_{\mathrm{demo}}$) 改进 π_{ϕ};

    设置 $I = \alpha |\mathcal{I}^{pre}|$;

end

使用这组新的状态-动作对,我们接下来可以寻找模仿策略 π_{ϕ}。我们将这个问题转化为行为克隆问题,即,给定一组状态-动作对 $\{(s_i, \tilde{a}_i)\}$,模仿策略学习问题变成寻找参数 ϕ,使得 π_{ϕ} 最好地匹配这组提供的状态-动作对(见 BCO 算法 7 第 12 行)。我们使用最大似然估计来找到该参数,即我们寻找 ϕ^*,使得:

$$\phi^* = \arg\max_{\phi} \prod_{i=0}^{N} \pi_{\phi}(\tilde{a}_i \mid s_i).\tag{4.44}$$

在实际计算中,对于连续动作空间,我们可以假设智能体的策略在每个动作维度上为高斯分布;而对于离散动作空间,我们可以使用 softmax 函数来表示选择每个动作值的概率。我们让 π 是一个神经网络,该网络接收状态作为输入,并输出高斯分布的参数或动作概率,分别用于连续或离散动作空间。然后,我们通过使用 Adam 随机梯度下降(SGD)求解方程 4.44 中的 ϕ^*,其梯度的直观理解是,它寻找能够增加模仿策略分布 $\pi_\phi(\cdot \mid s_i)$ 的参数变化。

模型改进过程

　　上述技术构成了 BCO 的基本模块。如果允许在演示后的环境交互,BCO 的一个修改版本可以进一步改进所学习的模型和最终的模仿策略。该修改算法的流程如下:在行为克隆步骤之后,智能体在环境中执行模仿策略一段时间。然后,使用新观察到的状态-动作序列来更新模型,并相应地更新模仿策略。该过程会重复进行,直到模仿策略不再改进为止。此修改版的 BCO 算法称为 $\mathrm{BCO}(\alpha)$(见算法 7),其中 α 是一个用户指定的参数,用于控制每次迭代中演示后环境交互的数量 M,定义为 $M = \alpha \mid \mathcal{I}^{pre} \mid$。$\mathrm{BCO}(\alpha)$ 所需的演示后交互总量可以计算为 $\mid \mathcal{I}^{post} \mid = TM = T\alpha \mid \mathcal{I}^{pre} \mid$,其中 T 是 $\mathrm{BCO}(\alpha)$ 所需的模型改进迭代总数。通过使用非零的 α,该模型能够利用演示后的环境交互,更准确地估计演示者所采取的动作,从而改进所学习的模仿策略。如果演示后的交互次数是固定预算的,可以考虑提前终止模型改进迭代,即同时指定 α 和 T。

4.4.7　算法介绍:基于模型的模仿学习与探索

　　基于模型的模仿学习与探索(model-based imitation learning from observation alone,MobILE)(Kidambi,et al.,2021)是一种在线基于模型的学习方法,属于交互式 IL 设置,但不依赖于真实奖励函数。MobILE 框架结合了基于模型的学习、探索的乐观性原则以及对抗模仿学习的思想。由于 MobILE 是一种交互式的 ILfO 算法,我们将专家的策略记作 π^e。当查询专家时,智能体将被提供仅包含状态的演示 $\tau = \{s_0, \cdots, s_H\}$,其中 $s_{t+1} \sim P^*(\cdot \mid s_t, a_t)$ 且 $a_t \sim \pi^e(\cdot \mid s_t)$。

　　MobILE 的目标是利用专家的逐状态演示数据,学习一个策略 π,使其在优化真实代价函数 c 时表现得与 π^e 一样好,并在问题参数如时间跨度、专家样本数量、在线样本数量以及底层 MDP 的复杂性度量上具有多项式的样本复杂度。MobILE 通过测量策略 π 带来的期望遗憾(expected regret)来跟踪算法的进展,定义为 $\mathbb{E}[V^\pi] - V^{\pi^*}$,期望遗憾函数也可以视作算法得到策略 π 的所需在线交互数量的函数。

　　MobILE 采用了以下方法:

　　(1)使用一个函数类 $\mathcal{F}$ 来进行基于积分概率度量(IPM)的分布匹配(关于 IPM 的更多信息请见附录);

　　(2)使用转移动态模型类 $\mathcal{P}$ 进行模型学习;

　　(3)使用一个奖励参数化 $\mathcal{B}$ 来激励探索;

（4）使用策略类 Π 进行策略优化。

在每次迭代中,MobILE 执行以下步骤(如算法 8 所示):

（1）动态模型学习:在线执行策略,在环境中获得状态-动作-下一状态三元组 (s, a, s'),并将其添加到缓冲区 $\mathcal{D}$ 中。在 $\mathcal{D}$ 上拟合一个转移模型 $\hat{\mathcal{P}}$。

（2）奖励设计:设计奖励以激励探索,即在学习的动态模型不确定的地方进行探索。具体而言,在估计 $P^*(\cdot \mid s, a)$ 时,若 $\hat{\mathcal{P}}(\cdot \mid s, a)$ 存在不确定性,则该状态 s 下的奖励 $b(s, a)$ 较大;相反,在 $\hat{\mathcal{P}}(\cdot \mid s, a)$ 较为确定的状态下,奖励 $b(s, a)$ 较小。

（3）模仿与探索的平衡:给定判别器 $\mathcal{F}$、模型 $\hat{\mathcal{P}}$、奖励 b 以及专家数据集 $\mathcal{D}_e$,通过求解基于模型的 IPM 目标函数来实现分布匹配:

$$\pi_{t+1} \leftarrow \arg\min_{\pi \in \Pi} \max_{f \in \mathcal{F}} L(\pi, f; \hat{\mathcal{P}}, b, \mathcal{D}_e) := \mathbb{E}_{(s,a) \sim d_{\hat{P}}^{\pi}} [f(s) - b(s, a)] - \mathbb{E}_{s \sim \mathcal{D}_e} f(s),$$

（4.45）

其中 $\mathbb{E}_{s \sim \mathcal{D}_e} f(s) := \sum_{s \in \mathcal{D}_e} f(s) / |\mathcal{D}_e|$。

Algorithm 8:MobILE 算法

Input:IPM 类 $\mathcal{F}$,动力学模型类 $\mathcal{P}$,策略类 Π,奖励函数类 $\mathcal{B}$,专家数据集 $\mathcal{D}_e = \{s_i^e\}_{i=1}^N$。
初始化策略 $\pi_0 \in \Pi$,重放缓冲区 $\mathcal{D}_{-1} = \varnothing$;
for $t = 0, \cdots, T-1$ **do**

  在真实环境 P^* 中执行 π_t 以采取样本 $\tau_t = \{s_k, a_k\}_{k=0}^{H-1} \bigcup s_H$。将样本追加到重放缓冲区 $\mathcal{D}_t = \mathcal{D}_{t-1} \bigcup \tau_t$;
  使用缓冲区 $\mathcal{D}_t$ 更新模型和奖励:$\hat{P}_{t+1}: \mathcal{S} \times \mathcal{A} \to \mathcal{S}$ 和 $b_{t+1}: \mathcal{S} \times \mathcal{A} \to \mathbb{R}^+$;
  乐观的基于模型的极小极大逆强化学习:通过求解包含 $\hat{P}_{t+1}, b_{t+1}, \mathcal{D}_e$ 的方程获得 π_{t+1};

end
return π_T;

深入理解 MobILE

为了更好地理解迭代步骤中的细节及其背后的逻辑,我们按照算法逻辑流程顺序梳理,以帮助读者理解以下问题:(1)如何进行函数近似?(2)如何衡量模型的不确定性?(3)如何设计奖励项(bonus)?

（1）由于 MobILE 是一种基于模型的 IL 方法,因此在模型学习上与其他基于模型的学习方法没有本质区别。定义一个模型类 $\mathcal{G} \subset \mathcal{S} \times \mathcal{A} \to \mathcal{S}$,这是所有可能的从 $\mathcal{S} \times \mathcal{A}$ 到 $\mathcal{S}$ 映射的一个子集。由于无法保证真实动态模型 g^* 属于 $\mathcal{G}$,我们需要假设 $g^* \in \mathcal{G}$,以确保在 $\mathcal{G}$ 中的优化具有实际意义。

（2）一旦确定了模型类 $\mathcal{G}$ 和样本集 D_t,MobILE 使用回归方法得到 g^* 的近似 $\hat{g}_t$:

$$\hat{g}_t = \underset{g \in \mathcal{G}}{\arg\min} \sum_{(s,a,s') \in D_t} \|g(s, a) - s'\|_2^2.$$

（3）将状态-动作转换分配为均值为 $\hat{g}_t$ 的正态分布,表示为:

$$\hat{P}_t(\,\cdot\,|s,a) = \mathcal{N}(\hat{g}_t(s,a), \sigma^2 I).$$

（4）在得到转移近似 $\hat{P}$ 后，MobILE 将 $\sigma_t(s,a)$ 定义为 (s,a) 的不确定性度量，表示为：

$$\|\hat{P}_t(\,\cdot\,|s,a) - P^*(\,\cdot\,|s,a)\|_1 \leqslant \sigma_t(s,a).$$

（5）不确定性度量 $\sigma_t(s,a)$ 与估计模型和真实模型之间的差异正相关。由于无法获得真实模型，直觉上，我们认为 $\sigma_t(s,a)$ 也应与多次环境估计的方差正相关。因此，对于一般的类 $\mathcal{G}$，给定最小二乘解 $\hat{g}_t$，我们可以定义一个版本空间 $\mathcal{G}_t$：

$$\mathcal{G}_t = \left\{ g \in \mathcal{G} : \sum_{i=0}^{t-1} \sum_{h=0}^{H-1} \|g(s_h^t, a_h^t) - \hat{g}_t(s_h^t, a_h^t)\|_2^2 \leqslant z_t \right\},$$

其中 z_t 是一个超参数。版本空间 $\mathcal{G}_t$ 包含了那些在训练集 $\mathcal{D}_t$ 上误差与最小二乘解 $\hat{g}_t$ 几乎相同的函数。(s,a) 的不确定性度量定义为 $\mathcal{G}_t$ 中模型之间的最大分歧：

$$\sigma_t(s,a) \propto \sup_{f_1, f_2 \in \mathcal{G}_t} \|f_1(s,a) - f_2(s,a)\|_2.$$

由于 $g \in \mathcal{G}_t$ 在 $\mathcal{D}_t$ 上表现一致，较大的 $\sigma_t(s,a)$ 表示 (s,a) 是新颖的状态-动作对。

（6）最后，我们可以简单地设置奖励 $b_t(s,a) = O(H\sigma_t(s,a))$，得到与模型不确定性正相关的奖励项。

上述解释对应于动态模型学习和奖励设计的步骤。接下来的部分基于乐观性原则执行 IL（更多信息参见附录）。MobILE 的核心在于最小化 $\hat{P}_t$ 和 $\mathcal{F}$ 之间的分歧，公式如下：

$$d_t(\pi, \pi^e) := \max_{f \in \mathcal{F}} [\mathbb{E}_{(s,a) \sim d_{\hat{P}_t}^{\pi}} [f(s) - b_t(s,a)] - \mathbb{E}_{s \sim d^{\pi^e}} f(s)]. \tag{4.46}$$

需要注意的是，对于固定的策略 π，$\text{argmax}_{f \in \mathcal{F}}$ 无论是否有奖励项，结果都是相同的，因为 $\mathbb{E}_{s,a \sim d_{\hat{P}}^{\pi}} b_t(s,a)$ 与 f 无关。MobILE 使用径向基函数（RBF）核的最大均值差异（MMD）来建模判别器 $\mathcal{F}$，并通过迭代计算 $\text{argmin}_{\pi} d_t(\pi, \pi^e)$ 来求解策略 π。具体地说，为了找到 π_t（如算法 8 中的第 6 行），我们在以下两个步骤之间迭代：

代价更新：$\hat{f} = \text{argmax}_{f \in \mathcal{F}} \mathbb{E}_{s \sim d_{\hat{P}}^{\hat{\pi}}} f(s) - \mathbb{E}_{s \sim D_e} f(s)$。

策略梯度步骤：$\hat{\pi} = \hat{\pi} - \eta \cdot \nabla_{\pi} V_{\hat{P}_t, \hat{f} - b_t}^{\hat{\pi}}$。

定理 4.4.1（MobILE 样本复杂度）假设模型学习经过校准，设置奖励 $b_t(s,a) := H\min\{\sigma_t(s,a), 2\}$。存在一组参数，使得在运行 MobILE 算法 T 次迭代后，我们有：

$$\mathbb{E}\left[\min_{t \in [0,\cdots,T-1]} V^{\pi_t} - V^{\pi^e}\right] \leqslant O\left(\frac{H^{2.5}\sqrt{\mathcal{I}_T}}{\sqrt{T}} + H\sqrt{\frac{\ln(TH|\mathcal{F}|)}{N}}\right).$$

4.5 跨域模仿学习

跨域模仿学习（CDIL）的最早研究可以追溯到机器人通过观察学习的研究（Kuniyoshi，

et al.，1994；Argall，et al.，2009）。随着对基于观察的模仿学习(ILfO)研究的深入，近年来 CDIL 的研究变得越来越流行。CDIL 研究的核心问题是：当学习者与专家之间存在差异时，如何跨越领域模仿任务。

使用 CDIL 的优势在于，它比传统的模仿学习(IL)更符合现实世界中的学习过程。传统的 IL 假设学习者和专家在完全相同的环境中行动(Raychaudhuri，et al.，2021)，这种假设几乎只能在仿真系统(包括游戏)中得到满足。这一局限性使得 IL 在现实世界中的应用依赖于精确构建仿真系统。而 CDIL 克服了这一不足，因为它能够实现从不同领域的演示中进行学习。CDIL 主要有三个研究子领域(Kim，et al.，2020)：动态差异(Liu，et al.，2019)、体现(形态学)差异(Gupta，et al.，2017)以及视角差异(Stadie，et al.，2017；Sharma，et al.，2019；Zweig，Bruna，2020)。据我所知，在本文完成之前，尚没有关于 CDIL 或第三人称模仿学习(TpIL)的综述论文。一个可能的原因是 CDIL 的主要挑战在于跨域，这使得它更像是一个建模或模式识别问题，而不是强化学习问题①。

4.5.1　跨域模仿学习的发展历程

在模仿学习流行之前，该领域的早期研究通常被称为迁移学习(Taylor，et al.，2008)。大多数方法需要特定的领域知识来手动构建跨空间的映射。例如，Konidaris and Barto 在任务之间共享的状态表示子集上学习价值函数，并在目标任务中提供奖励塑造(Konidaris，Barto，2006)。Taylor 等人则手动构建了一个函数，将 Q 函数从一个马尔可夫决策过程(MDP)映射到另一个 MDP(Taylor，et al.，2007)。

直观地说，为了克服学习者环境和专家环境之间的差异，应该在它们之间构建一个转换或映射。例如，Taylor 等人介绍了一种"直接映射"方法，它学习从一个状态到另一个状态的映射(Taylor，et al.，2008)。然而，直接在两个领域的状态之间进行映射的学习仅提供了有限的迁移效果，因为这种方法被迫直接从一个状态空间映射到另一个状态空间，尽管在形态学上不同的智能体之间通常不存在完整的对应关系(Gupta，et al.，2017)。

一些学者的研究探讨了机器人如何通过视频观察进行学习(Gupta，et al.，2017；Sermanet，et al.，2018；Liu，et al.，2018b)。这些方法需要配对的、时间对齐的演示来获得状态对应关系，并且需要涉及环境交互的强化学习步骤。不幸的是，配对和对齐的演示数据很难获得，而强化学习过程则成本高昂(Kim，et al.，2020)。

不久之后，随着 GAN 在图像处理中的成功，对抗性方法被引入到 CDIL 的研究中(Sharma，et al.，2019；Kim，et al.，2020)。Kim 等人提出了一个通用框架，生成对抗MDP 对齐(generative adversarial MDP alignment，GAMA)，该框架可以通过使用未配

---

① 由于领域差异问题自然会在观察学习过程中出现，本章的内容将与前一章部分内容重叠。

对、未对齐的演示,跨越各种差异进行模仿学习(Kim,et al.,2020)。

GAMA 是一种对抗性方法,包含两个主要步骤:对齐和适应。在对齐步骤中,它执行无监督的 MDP 对齐算法,通过未配对、未对齐的演示学习状态和动作的对应关系。在适应步骤中,它利用这些对应关系在零次环境交互下跨域模仿任务。

然而,GAMA 方法要求专家的动作数据,并假设可以在交互式学习设置中访问专家策略。这与人类的模仿方式明显不同:人类能够仅通过观察状态而无需了解具体动作来学习行为。此外,在许多情况下,持续查询专家可能过于繁琐。此外,对抗性方法中的最小-最大目标函数可能导致训练不稳定。因此,我们需要一种机制,能够仅通过观察学习策略,且专家演示数据可以来自与智能体不同的领域,且访问专家的机会有限(Raychaudhuri,et al.,2021)。

为克服上述缺点,Raychaudhuri 提出了一个两步框架来解决 CDILfO 问题(Raychaudhuri,et al.,2021)。该框架首先通过代理任务学习跨域转换,接着执行迁移过程,并随后学习策略。此方法不假设能够访问专家策略,并利用未配对、未对齐的仅包含状态的观察数据进行模仿。

尽管 GAMA 和 Raychaudhuri 提出的方法(作者未为其算法命名)可以通过未配对和未对齐的任务学习状态映射,但这些方法都需要代理任务,即来自两个领域的专家演示对(Fickinger,et al.,2021)。为了进一步放宽假设条件,基于最优传输(Optimal transport,OT)的模仿学习方法被提出(Dadashi,et al.,2021;Papagiannis,Li,2020;Fickinger,et al.,2021)。

4.5.2　算法介绍:学习不变特征空间以迁移技能

学习不变特征空间以迁移技能(learning invariant feature spaces to transfer skills)的方法考虑学习不变的特征空间来实现不同领域之间专家策略的迁移(Gupta,et al.,2017)。事实上,在机器人领域中,关于智能体之间技能迁移的技术已经被广泛研究,通常称为迁移学习。

本文将这种多智能体的迁移学习问题形式化为一个场景,其中两个智能体学习多个技能。利用这些智能体已经掌握的技能,每个智能体可以构建一个从其状态映射到不变特征空间的映射。然后,每个智能体可以通过将该技能的执行投影到不变空间中,并通过其自身的动作跟踪相应的特征,从另一个智能体那里迁移新技能。学习这些不变特征空间的过程可以看作是"类比构建"或隐式学习两个不同领域之间的部分对应关系(Gupta,et al.,2017)。

背景与核心思想

首先,我们将迁移问题以一般的方式形式化,考虑源域和目标域,分别记作 D_S 和

D_T,它们对应于马尔可夫决策过程(MDPs)$D_S=(\mathcal{S}_S,\mathcal{A}_S,T_S,R_S)$和$D_T=(\mathcal{S}_T,\mathcal{A}_T,T_T,R_T)$,每个领域都有自己的状态空间$\mathcal{S}$、动作空间$\mathcal{A}$、动态或转移函数$T$和奖励函数$R$。一般而言,这两个领域中的状态空间、动作空间和转移动态可能完全不同。然而,我们假设奖励函数在结构上有一定的相似性,即源域中最优策略的状态分布与目标域中最优策略的状态分布在投影到某个共同特征空间时具有相似性。

我们可以将共同特征空间假设形式化如下:

假设 4.5.1 如果$\pi_S(s_S)$表示D_S中最优策略的状态分布,而$\pi_T(s_T)$表示D_T中最优策略的状态分布,则可以学习两个函数f和g,使得对于$s_S\sim\pi_S$和$s_T\sim\pi_T$,$p(f(s_S))=p(g(s_T))$。

也就是说,π_S在f下的映像和π_T在g下的映像对应于相同的分布。如果我们允许有损映射f和g,则该假设是显然成立的(例如,对于所有s_S和s_T,如果$f(s_S)=g(s_T)=0$)。然而,在f和g中丢失的信息越少,对于迁移的共享特征就越有用。因此,尽管我们通常无法通过f的映像完全恢复π_T,但我们可以尝试学习f和g以最大化共享空间中包含的信息量。

形成不变空间的主要要求是代理技能,即两个智能体已经学习到的技能。通过比较它们如何执行该任务,我们可以确定共同特征空间。

从代理任务中学习嵌入函数

我们希望找到两个函数f和g,使得对于沿着最优策略$\pi_{S_p}^*$和$\pi_{T_p}^*$的状态s_{S_p}和s_{T_p},f和g大致满足$p(f(s_{S_{p,r}}))=p(g(s_{T_{p,r}}))$。如果我们能够通过学习$f$和$g$找到共同的特征空间,我们可以通过直接模仿$f(s_{S_{p,r}})$上的分布来优化$\pi_T$,其中$s_{S_{p,r}}\sim\pi_S$。为了近似满足$p(f(s_{S_{p,r}}))=p(g(s_{T_{p,r}}))$的要求,我们假设在代理域中存在状态配对$P$。配对$P$是跨域状态对的列表$(s_{S_p},s_{T_p})$,它们之间的"对应关系"通过动态时间规整(DTW)方法找到(Müller,2007)。由于f和g被参数化为神经网络,我们可以使用 Chopra 等人提出的相似性损失度量(Chopra, et al.,2005)来优化它们:

$$\mathcal{L}_{sim}(s_{S_p},s_{T_p};\theta_f,\theta_g)=\|f(s_{S_{p,r}};\theta_f)-g(s_{T_{p,r}};\theta_g)\|_2,$$

其中θ_f和θ_g是函数参数,$(s_{S_{p,r}},s_{T_{p,r}})\in P$。

直观上,一对好的映射函数f和g应该尽可能接近于可逆,以避免学习退化的模型,如$f(\cdot)=g(\cdot)=0$。因此,我们训练了第二对解码器网络,以优化从共享特征空间重建$s_{S_{p,r}}$和$s_{T_{p,r}}$的质量,从而鼓励f和g保留尽可能多的领域不变信息。我们定义解码器$Dec_S(f(s_{S_{p,r}}))$和$Dec_T(g(s_{T_{p,r}}))$,它们将特征空间映射回各自的状态。需要注意的是,与传统的 Siamese 网络方法相比,f和g之间的权重并不共享,并且网络的输入维度通常是不同的。解码器的目标函数为:

$$\mathcal{L}_{\mathrm{AE}_S}(s_{S_{p,r}};\theta_f,\theta_{\mathrm{Dec}_S})=\|s_{S_{p,r}}-\mathrm{Dec}_S(f(s_{S_{p,r}};\theta_f);\theta_{\mathrm{Dec}_S})\|_2,$$

$$\mathcal{L}_{\mathrm{AE}_T}(s_{T_{p,r}};\theta_g,\theta_{\mathrm{Dec}_T})=\|s_{T_{p,r}}-\mathrm{Dec}_T(g(s_{T_{p,r}};\theta_g);\theta_{\mathrm{Dec}_T})\|_2.$$

其中 θ_{Dec_S} 和 θ_{Dec_T} 为解码器的权重。我们使用反向传播端到端训练整个网络,完整的目标函数为:

$$\min_{\theta_f,\theta_g,\theta_{\mathrm{Dec}_S},\theta_{\mathrm{Dec}_T}}\sum_{(s_{S_p},s_{T_p})\in P}\mathcal{L}_{\mathrm{AE}_S}(s_{S_{p,r}};\theta_f,\theta_{\mathrm{Dec}_S})+\mathcal{L}_{\mathrm{AE}_T}(s_{T_{p,r}};\theta_g,\theta_{\mathrm{Dec}_T})+$$
$$\mathcal{L}_{\mathrm{sim}}(s_{S_{p,r}},s_{T_{p,r}};\theta_f,\theta_g). \tag{4.47}$$

通过上述方法学习到的函数 f 和 g 在两个领域之间建立了一个不变的空间。然而,由于这些函数不需要是可逆的,无法直接从源域的状态映射到目标域的状态。因此,与其直接进行策略迁移,我们更倾向于匹配跨域最优轨迹的分布。给定从上述网络学习到的 f 和 g,以及源域最优轨迹的分布 π_S^*,我们可以通过 f 和 g 的映射,激励目标域中的轨迹分布与源域尽可能相似。理想情况下,我们希望分布 $p(f(s_S,r))$ 和 $p(g(s_T,r))$ 尽可能匹配。然而,由于形态差异的存在,目标智能体可能仍然需要从头学习一些技能的细节。因此,我们使用强化学习算法学习 π_t,并在奖励函数中加入一个附加项,通过 $f(s_{S,r})$ 提供指导。这个附加项的形式如下:

$$r_{\mathrm{transfer}}(s_{T,r}^{(t)})=\alpha\|f(s_{S,r}^{(t)};\theta_f)-g(s_{T,r}^{(t)};\theta_g)\|_2,$$

其中 $s_{S,r}^{(t)}$ 是源域最优策略下的状态,$s_{T,r}^{(t)}$ 是目标域当前学习策略下的状态,α 是控制迁移奖励相对于总体任务目标的重要性的权重。本质上,这个附加奖励提供了一种奖励塑形,在目标域中给予额外的学习指导。

CDIL 算法总结

CDIL 一文提出了一种通过代理任务学习不变特征空间的方法,并将此共同特征空间作为从不同领域迁移知识的中转站。由于该工作在 2017 年被提出,从现在的视角看仍存在许多可以改进或进一步提升的不足之处:

(1) 最终的知识迁移过程基于对学习者奖励函数的访问,使得这种方法实际上成为一种"奖励工程"方法,尽管作者反复提到所使用的奖励是稀疏的。

(2) 不难看出,代理任务的选择至关重要。本文的实验无法明确说明学习者在代理任务中是否提前了解了目标任务的一些知识。

(3) 使用共同特征空间的思想可以扩展到多专家与多智能体的模仿学习中。

4.5.3 算法介绍:生成对抗 MDP 对齐

上文提到的 Gupta 等人提出的方法是通过监督学习的方法来解决 CDIL 问题,假设学习者和专家共享相同的学习策略。为了克服使用配对和对齐演示的局限性,Kim 等人提出了生成对抗 MDP 对齐(GAMA),这是一种无监督的 MDP 对齐算法,能够在未配对、未对齐的演示数据下实现 CDIL。

背景与思想

定义一个领域 x 中的任务 $\mathcal{T}$ 的 MDP 为 $\mathcal{M}_{x,\mathcal{T}}=(\mathcal{S}_x,\mathcal{A}_x,P_x,\eta_x,R_{x,\mathcal{T}})$,其中 $R_{x,\mathcal{T}}$ 是包含了由任务 $\mathcal{T}$ 标记的行为的奖励函数。令 $\mathcal{M}_{x,\mathcal{T}}$ 和 $\mathcal{M}_{y,\mathcal{T}}$ 分别为目标任务 $\mathcal{T}$ 的自我域和专家域的 MDP。给定专家域的演示数据 $\mathcal{D}_{\mathcal{M}_{y,\mathcal{T}}}$,领域自适应模仿学习(Domain adaptive imitation learning,DAIL)旨在在无法访问奖励函数 $R_{x,\mathcal{T}}$ 的情况下确定自我域的最优策略 $\pi^*_{x,\mathcal{T}}$。本文提出的方案是首先解决一个 MDP 对齐问题,然后利用这种对齐实现零次交互模仿专家域的演示。与之前的工作类似,我们假设可以获得一个对齐任务集 $\mathcal{D}_{x,y}=\{(\mathcal{D}_{\mathcal{M}_{x,\mathcal{T}_i}},\mathcal{D}_{\mathcal{M}_{y,\mathcal{T}_i}})\}_{i=1}^N$,其中包含来自自我域和专家域的 N 个任务 $\{\mathcal{T}_i\}_{i=1}^N$ 的演示数据。另一方面,与之前的工作不同的是,这些演示是未配对和未对齐的,即 $(s_x^{(t)},s_y^{(t)})$ 可能并不是有效的状态对应关系。

可对齐的 MDP(Alignable MDPs)

设 $\Pi^*_\mathcal{M}$ 为 MDP $\mathcal{M}$ 的所有最优策略的集合。我们为在 MDP $\mathcal{M}$ 中执行的策略 π 定义占用度量 $q_\pi:\mathcal{S}\times\mathcal{A}\to\mathbb{R}$,其形式为 $q_\pi(s,a)\doteq\pi(a|s)\sum_{t=0}^\infty\gamma^t\Pr(s^{(t)}=s;\pi,\mathcal{M})$。我们进一步为 MDP $\mathcal{M}_x$ 定义最优性函数 $O_{\mathcal{M}_x}:\mathcal{S}_x\times\mathcal{A}_x\to\{0,1\}$,其形式为:如果存在 $\pi^*_x\in\Pi^*_{\mathcal{M}_x}$ 使得 $(s_x,a_x)\in\mathrm{supp}(q_{\pi^*_x})$,则 $O_{\mathcal{M}_x}(s_x,a_x)=1$,否则 $O_{\mathcal{M}_x}(s_x,a_x)=0$。现在我们准备正式定义 MDP 的归约:这是一类在 MDP 之间保持结构的映射。

定义 4.5.1 (MDP 归约)从 MDP $\mathcal{M}_x=(\mathcal{S}_x,\mathcal{A}_x,P_x,\eta_x,R_x)$ 到 MDP $\mathcal{M}_y=(\mathcal{S}_y,\mathcal{A}_y,P_y,\eta_y,R_y)$ 的 MDP 归约是一个二元组 $r=(\phi,\psi)$,其中 $\phi:\mathcal{S}_x\to\mathcal{S}_y,\psi:\mathcal{A}_x\to\mathcal{A}_y$ 是保持以下性质的映射:

(1)(π 最优性)对于所有 $(s_x,a_x,s_y,a_y)\in\mathcal{S}_x\times\mathcal{A}_x\times\mathcal{S}_y\times\mathcal{A}_y$:

$$O_{\mathcal{M}_y}(\phi(s_x),\psi(a_x))=1\Rightarrow O_{\mathcal{M}_x}(s_x,a_x)=1,$$
$$O_{\mathcal{M}_y}(s_y,a_y)=1\Rightarrow\phi^{-1}(s_y)\neq\varnothing,\psi^{-1}(a_y)\neq\varnothing. \tag{4.48}$$

(2)(动态)对于所有 $(s_x,a_x,s_y,a_y)\in\mathcal{S}_x\times\mathcal{A}_x\times\mathcal{S}_y\times\mathcal{A}_y$,如果 $O_{\mathcal{M}_y}(s_y,a_y)=1,s_x\in\phi^{-1}(s_y),a_x\in\psi^{-1}(a_y)$,则:

$$P_y(s_y,a_y)=\phi(P_x(s_x,a_x)), \tag{4.49}$$

其中我们定义 $\phi^{-1}(s_y)=\{s_x|\phi(s_x)=s_y\},\psi^{-1}(a_y)=\{a_x|\varphi(a_x)=a_y\}$。此外,当且仅当 ϕ,ψ 是双射时,r 是 MDP 置换。

简而言之,定义 4.5.1 表示只有 x 中的最优状态-动作对可以映射到 y 中的最优状态-动作对,并且还表明在 y 的最优状态-动作对集合上,映射 r 必须是满射的。这些性质意味着在 MDP $\mathcal{M}_x$ 中，一个策略有更多选择最优动作的灵活性，而在 $\mathcal{M}_y$ 中则更为受限。此外，公式 4.49 表示，MDP 归约必须保持（确定性）动态结构。我们使用记号 $\mathcal{M}_x \geqslant_{\phi,\psi} \mathcal{M}_y$ 表示 (ϕ,ψ) 是从 $\mathcal{M}_x$ 到 $\mathcal{M}_y$ 的归约，简写为 $\mathcal{M}_x \geqslant \mathcal{M}_y$ 表示 $\mathcal{M}_x$ 可归约到 $\mathcal{M}_y$。

定义 4.5.2　两个 MDP $\mathcal{M}_x$ 和 $\mathcal{M}_y$ 当且仅当 $\mathcal{M}_x \geqslant \mathcal{M}_y$ 或 $\mathcal{M}_y \geqslant \mathcal{M}_x$ 时，称它们是可对齐的。

现在我们可以推导出用于学习 MDP 归约的可优化目标。我们提出了分布匹配和策略性能最大化的方法。首先定义要匹配的分布。

定义 4.5.3　设 $\mathcal{M}_x, \mathcal{M}_y$ 是两个 MDP，$\hat{\pi}_x = g \circ \pi_y \circ f$，其中 $f: \mathcal{S}_x \to \mathcal{S}_y, g: \mathcal{A}_y \to \mathcal{A}_x$，$\pi_y$ 为策略。共同域的策略执行过程 $\mathcal{P}_{\hat{\pi}_x} = \{\hat{s}_y^{(t)}, \hat{a}_y^{(t)}\}_{\geqslant 0}$ 是通过在 $\mathcal{M}_x$ 中运行 $\hat{\pi}_x$ 实现的，即：

$$s_x^{(0)} \sim \eta_x, \hat{s}_y^{(t)} = f(s_x^{(t)}), \hat{a}_y^{(t)} \sim \pi_y(\cdot \mid \hat{s}_y^{(t)}),$$
$$a_x^{(t)} = g(\hat{a}_y^{(t)}), s_x^{(t+1)} = P_x(s_x^{(t)}, a_x^{(t)}), \quad \forall t \geqslant 0. \tag{4.50}$$

目标分布 $\sigma_{\pi_y}^y$ 是在 MDP $\mathcal{M}_y$ 中执行策略 π_y 的轨迹中均匀采样得到的转移分布，而代理分布 $\sigma_{\hat{\pi}_x}^{x \to y}$ 是通过在 MDP $\mathcal{M}_x$ 中执行 $\hat{\pi}_x$ 的轨迹中均匀采样得到的跨域转移分布，即：

$$\sigma_{\pi_y}^y(s_y, a_y, s_y') := \lim_{T \to \infty} \frac{1}{T} \sum_{t=0}^{T} \Pr(s_y^{(t)} = s_y, a_y^{(t)} = a_y, s_y^{(t+1)} = s_y'; \pi_y),$$
$$\sigma_{\hat{\pi}_x}^{x \to y}(s_y, a_y, s_y') := \lim_{T \to \infty} \frac{1}{T} \sum_{t=0}^{T} \Pr(\hat{s}_y^{(t)} = s_y, \hat{a}_y^{(t)} = a_y, \hat{s}_y^{(t+1)} = s_y'; \mathcal{P}_{\hat{\pi}_x}). \tag{4.51}$$

现在 GAMA 提出两个具体的优化目标：(1) $\hat{\pi}_x$ 的最优性；(2) $\sigma_{\hat{\pi}_x}^{x \to y} = \sigma_{\pi_y}^y$。换句话说，我们的目标是学习 f, g，使它们在领域 y 中匹配转移元组的分布，同时在领域 x 中最大化策略性能。前者捕捉了动态保持的性质，后者则捕捉了最优策略保持的性质。以下定理揭示了我们的目标与 MDP 归约之间的关系。

定理 4.5.1　设 $\mathcal{M}_x, \mathcal{M}_y$ 为满足假设 4.5.2 的 MDP。如果 $\mathcal{M}_x \geqslant \mathcal{M}_y$，则存在 $f: \mathcal{S}_x \to \mathcal{S}_y, g: \mathcal{A}_y \to \mathcal{A}_x$，以及一个最优的覆盖策略 π_y（参见附录 F），使其满足目标 1 和目标 2。反之，如果存在 $f: \mathcal{S}_x \to \mathcal{S}_y$、单射映射 $g: \mathcal{A}_y \to \mathcal{A}_x$ 和满足目标 1 和目标 2 的最优覆盖策略 π_y，那么 $\mathcal{M}_x \geqslant \mathcal{M}_y$，并且存在 $(\phi,\psi) \in \Gamma(\mathcal{M}_x, \mathcal{M}_y)$ 使得 $f = \phi$ 且 $\psi \circ g(a_y) = a_y$，$\forall a_y \in \mathcal{A}_y$。

定理 4.5.1 表明，如果两个 MDP 是可对齐的，那么目标 (1) 和目标 (2) 可以得到满足。其中假设 4.5.2 如下：

假设 4.5.2　所有考虑的 MDP 都是单链的，具有离散状态、动作空间和确定性动态。此外，存在虚拟状态 s^d 和虚拟动作 a^d，其中 $O_M(s, a^d) = 0$ 对于所有 $s \in \mathcal{S}$，且 $O_M(s^d, a) = 0$ 对于所有 $a \in \mathcal{A}$。

GAMA 算法核心

基于定理 4.5.1,GAMA 提出了以下对齐 MDP 的训练目标:

$$\min_{f,g} -J(\hat{\pi}_x) + \lambda d(\sigma_{\hat{\pi}_x}^{x \to y}, \sigma_{\pi_y}^y),$$

Algorithm 9:GAMA 算法

Input: 未配对轨迹的对齐任务集 $\mathcal{D}_{x,y} = \{(\mathcal{D}_{\mathcal{M}_x, \tau_i}, \mathcal{D}_{\mathcal{M}_y, \tau_i})\}_{i=1}^N$,已拟合的策略 π_y^*, τ_i

while 未完成 **do**

    for $i=1, \cdots, N$ **do**

        采样 $(s_x, a_x, s_x') \sim \mathcal{D}_{\mathcal{M}_x, \tau_i}, (s_y, a_y, s_y') \sim \mathcal{D}_{\mathcal{M}_y, \tau_i}$ 并存储在缓冲区 $\mathcal{B}_x^i, \mathcal{B}_y^i$;

        for $j=1, \cdots, M$ **do**

            从 $\mathcal{B}_x^i, \mathcal{B}_y^i$ 中采样小批量 j;

            用以下公式更新动力学模型:

            $-\hat{\mathbb{E}}_{\pi_x^*, \tau_i}[\nabla_{\theta_P}(P_{\theta_P}^x(s_x, a_x) - s_x')^2]$;

            更新判别器:$\hat{\mathbb{E}}_{\pi_y^*, \tau_i}[\nabla_{\theta_D^i} \log D_{\theta_D^i}(s_y, a_y, s_y')] + \hat{\mathbb{E}}_{\pi_x^*, \tau_i}[\nabla_{\theta_D^i} \log(1 - D_{\theta_D^i}(\hat{s}_y, \hat{a}_y, \hat{s}_y'))]$;

            用梯度更新对齐函数($f_{\theta_f}, g_{\theta_g}$):;

            $-\hat{\mathbb{E}}_{\pi_x^*, \tau_i}[\nabla_{\theta_f} \log D_{\theta_D}(\hat{s}_y, \hat{a}_y, \hat{s}_y')] + \hat{\mathbb{E}}_{\pi_x^*, \tau_i}[\nabla_{\theta_f}(\hat{\pi}_x, \tau_i(s_x) - a_x)^2]$

            $-\hat{\mathbb{E}}_{\pi_x^*, \tau_i}[\nabla_{\theta_g} \log D_{\theta_D}(\hat{s}_y, \hat{a}_y, \hat{s}_y')] + \hat{\mathbb{E}}_{\pi_x^*, \tau_i}[\nabla_{\theta_g}(\hat{\pi}_x, \tau_i(s_x) - a_x)^2]$

        end

    end

end

其中,$J(\hat{\pi}_x)$ 是 $\hat{\pi}_x$ 的性能,d 是一个分布之间的距离度量,$\lambda > 0$ 是一个拉格朗日乘数。我们现在介绍这一框架的具体实例:生成对抗 MDP 对齐(GAMA)。回顾,我们给定了一个对齐任务集 $\mathcal{D}_{x,y} = \{(\mathcal{D}_{\mathcal{M}_x, \tau_i}, \mathcal{D}_{\mathcal{M}_y, \tau_i})\}_{i=1}^N$。在对齐步骤中,我们学习 $\pi_{y, \tau_i}^*, \forall \mathcal{T}_i$,以及参数化的状态和动作映射 $f_{\theta_f}: \mathcal{S}_x \to \mathcal{S}_y, g_{\theta_g}: \mathcal{A}_y \to \mathcal{A}_x$,以组成 $\hat{\pi}_{x, \tau_i} = g_{\theta_g} \circ \pi_{y, \tau_i}^* \circ f_{\theta_f}$。

为了匹配 $\sigma_{\hat{\pi}_x}^{x \to y}$ 与 $\sigma_{\pi_y}^y$,我们采用对抗训练(Goodfellow, et al., 2014),为每个任务训练独立的判别器 $D_{\theta_D^i}$,以区分"真实"转移 $(s_y, a_y, s_y') \sim \pi_{y, \tau_i}^*$ 和"伪造"转移 $(\hat{s}_y, \hat{a}_y, \hat{s}_y') \sim \hat{\pi}_{x, \tau_i}$,其中 $\hat{s}_y = f_{\theta_f}(s_x), \hat{a}_y = \pi_y(\hat{s}_y), \hat{s}_y' = f_{\theta_f}(P_{\theta_P}^x(s_x, g(\hat{a}_y)))$,而 $P_{\theta_P}^x$ 是一个拟合的 x 域动态模型。

生成器由 $f_{\theta_f}, g_{\theta_g}$ 组成,旨在欺骗判别器并最大化策略性能。分布匹配的梯度通过学习的动态传播回传,π_{y, τ_i}^* 通过在 $\mathcal{D}_{\mathcal{M}_y, \tau_i}$ 上执行模仿学习(IL)获得,$\hat{\pi}_{x, \tau_i}$ 的策略性能目标通过在 $\mathcal{D}_{\mathcal{M}_x, \tau_i}$ 上执行 IL 来实现。在本文中,我们使用行为克隆进行 IL。我们旨在找到目标的鞍点 $\{f, g\} \cup \{D_{\theta_D^i}\}_{i=1}^N$,该目标为:

$$\min_{f,g} \max_{\{D_{\theta_D}\}} \sum_{i=1}^N (\mathbb{E}_{s_x \sim \pi_{x, \tau_i}^*}[D_{KL}(\pi_{x, \tau_i}^*(\cdot | s_x) \| \hat{\pi}_{x, \tau_i}(\cdot | s_x))] + \lambda(\mathbb{E}_{\pi_{y, \tau_i}^*}[\log D_{\theta_D^i}(s_y, a_y, s_y')] +$$

$$\mathbb{E}_{\pi_{x, \tau_i}^*}[\log(1 - D_{\theta_D^i}(\hat{s}_y, \hat{a}_y, \hat{s}_y'))]). \tag{4.52}$$

最终,整体算法流程如算法 9 所示。

4.6　基于最优传输的模仿学习

近年来,基于最优传输(optimal transport,OT)的模仿学习方法在强化学习和领域适应等领域中逐渐受到关注。与传统的模仿学习方法不同,最优传输通过构建源领域和目标领域间的几何映射,从而实现多领域数据分布的高效传输,为解决对任务代理的依赖问题以及对抗性方法中的训练不稳定性提供了新的理论和实践基础。特别是在多源领域适应(multi-source domain adaptation,MSDA)问题中,最优传输方法通过将多个领域的专家知识集成,能有效减少模型对单一领域专家演示的依赖,并提升在未标记目标域上的泛化能力。

4.6.1　算法介绍:基于最优传输的多源域适应算法

传统的领域适应(DA)旨在将有标签的源域知识转移到无标签的目标域。然而,在许多现实世界的场景中,标记数据往往来自多个领域,这促使我们研究多源领域适应(MSDA)问题,在此情况下需要将多个不同领域的知识转移到单个无标签的目标域。Nguyen 等人(2021)采用最优传输(OT)方法来解决 MSDA 问题,该文提出基于最优传输的多源域适应算法(multi-source domain adaptation via optimal transport for student teacher learning,MOST)。该文假设教师模型是由在有标签的源域样本支持下完美学习的领域专家组合而成的,学生模型的目标是通过模仿教师模型的预测来对无标签的目标样本进行预测。

最优传输问题

考虑两个分布 P 和 Q,它们作用于域 $\Omega \subseteq \mathbb{R}^d$ 上,设 $d(x,y)$ 为一个非负的、连续的代价函数或度量。在现代数学语言中,最早的最优传输问题(即 Monge 问题)(Villani,2009)旨在找到从 Q 到 P 的最小总代价,其形式为:

$$\mathcal{M}_d(Q,P) := \min_{T:T_\# Q=P} \mathbb{E}_{x\sim Q}[d(x,T(x))],　(4.53)$$

其中 $T_\# Q$ 表示通过传输映射 T 从 Q 推送的分布。Monge 问题(MP)的松弛形式,也被称为 Kantorovich 问题(KP),定义如下:

$$\mathcal{K}_d(Q,P) := \min_{\gamma\in\Gamma(Q,P)} \mathbb{E}_{(x,y)\sim\gamma}[d(x,y)],　(4.54)$$

其中 γ 是一个耦合分布,它的边际分布为 Q 和 P。

根据 Santambrogio(2015)的研究可知,在某些温和条件下,KP 与 MP 是等价的,为了简便起见,我们用 $\mathcal{W}_d$ 统一表示 $\mathcal{M}_d$ 和 $\mathcal{K}_d$,即 $\mathcal{W}_d(Q,P)=\mathcal{K}_d(Q,P)=\mathcal{M}_d(Q,P)$。此外,在某些温和条件下,我们可以将问题的原始形式替换为对应的对偶形式(Villani,2009):

$$\mathcal{W}_d(Q,P)=\max_{\phi\in\mathcal{L}_1(\Omega,P)}\{\mathbb{E}_Q[\phi^c(x)]+\mathbb{E}_P[\phi(y)]\},\tag{4.55}$$

其中 $\mathcal{L}_1(\Omega,P):=\{\varphi:\int_\Omega|\varphi(y)|dP(y)<\infty\}$，$\phi^c$ 为函数 ϕ 的 c-变换，定义为 $\phi^c(x):=\min_y\{d(x,y)-\phi(y)\}$。

聚类视角下的最优传输：这种最优传输（OT）的视角被用于研究一类丰富的层次化和多层次聚类问题。设 P 和 Q 为两个离散分布，定义为

$$P:=\frac{1}{m}\sum_{i=1}^m\delta_{\mathbf{u}_i},$$
$$Q:=\frac{1}{n}\sum_{j=1}^n\delta_{v_j},\tag{4.56}$$

其中 δ_x 表示以 x 为中心的狄拉克测度。我们可以不失一般性地假设 $n\leqslant m$，并考虑与度量 d 相关的 Wasserstein 距离 $\mathcal{W}_d(P,Q)$。以下定理刻画了 OT 的聚类视角。

定理 4.6.1 考虑以下优化问题：$\min_{v_{1:n}}\mathcal{W}_d(P,Q)$。设 $v_{1:n}^*$ 和 $Q^*:=\frac{1}{n}\sum_{j=1}^n\delta_{v_j^*}$ 为其最优解，T^* 为最优传输映射，即 $T^*=\mathrm{argmin}_{T,T_\#P=Q^*}\sum_{i=1}^m d(\mathbf{u}_i,T(\mathbf{u}_i))$。进一步设 $c_{1:n}^*$ 和 σ^* 表示以下聚类问题的最优解：$\min_{c_{1:n},\sigma\in\pi(m,n)}\sum_{i=1}^m d(\mathbf{u}_i,v_{\sigma(i)})$，其中 $\pi(m,n)$ 为从 $\{1,\cdots,m\}$ 到 $\{1,\cdots,n\}$ 的满射映射集。我们有 $c_{1:n}^*=v_{1:n}^*$ 且 $T^*(\mathbf{u}_i)=v_{\sigma^*(i)}^*$。

定理 4.6.1 表明，如果我们学习 Q 的质点以最小化关于度量 d 的 $\mathcal{W}_d(P,Q)$，那么 Q 的最优质点将成为由 P 的质点聚成的簇的质心，或者 Q 的质点会移动以找到 P 质点的聚类，目的是最小化相对于度量 d 的失真。

熵正则化的对偶形式

为了使最优传输能够应用于机器学习和深度学习领域，Genevay 等人（2016）提出了熵正则化的对偶形式。首先，他们建议在公式 4.54 中的原始形式中添加熵正则化项：

$$\mathcal{W}_d^\epsilon(Q,P):=\min_{\gamma\in\Gamma(Q,P)}\{\mathbb{E}_{(x,y)\sim\gamma}[d(x,y)]+\epsilon\,D_{KL}(\gamma\|Q\otimes P)\},\tag{4.57}$$

其中，ϵ 为正则化速率，$D_{KL}(\cdot\|\cdot)$ 为 Kullback-Leibler（KL）散度，$Q\otimes P$ 表示 Q 和 P 独立的耦合分布。

其次，利用 Fenchel-Rockafellar 定理，他们得到了相对于势函数 ϕ 的对偶形式：

$$\mathcal{W}_d^\epsilon(Q,P)=\max_\phi\left\{\int\phi^c(x)\mathrm{d}Q(x)+\int\phi(y)\mathrm{d}P(y)\right\}=$$
$$\max_\phi\{\mathbb{E}_Q[\phi^c(x)]+\mathbb{E}_P[\phi(y)]\},\tag{4.58}$$

其中，$\phi^c(x):=-\epsilon\log\left(\mathbb{E}_P\left[\exp\left\{\frac{-d(x,y)+\phi(y)}{\epsilon}\right\}\right]\right)$。

通用设置

我们首先考察一个通用的监督学习设置。考虑假设空间 $\mathcal{H}$ 中的一个假设 h 以及一个标记函数 f（即 $f(\cdot)\in\mathcal{Y}_\triangle$ 和 $h(\cdot)\in\mathcal{Y}_\triangle$，其中 $\mathcal{Y}_\triangle:=\{\pi\in\mathbb{R}^M:\|\pi\|_1=1$ 且 $\pi\geqslant0\}$，M 为类的数量）。令 d_y 为 $\mathcal{Y}_\triangle$ 上的一个度量或散度。我们进一步定义假设 h 相对于数据分布 P 和标记函数 f 的一般损失为：

$$\mathcal{L}(h,f,P):=\int d_y(h(x),f(x))\mathrm{d}P(x). \tag{4.59}$$

值得注意的是，通过将度量或散度 d_y 定义为 $d_y\left(h(x),f(x)\right):=\sum_{i=1}^M f_i(x)D_{KL}(\mathbf{1}_i\|h(x))$，其中 $\mathbf{1}_i$ 是一个独热向量（one-hot vector），我们可以恢复深度学习中广泛使用的交叉熵损失。

接下来我们考虑一个领域适应的场景，在该场景中我们有一个带有分布 P^S 的源空间 $\mathcal{X}^S$ 以及一个带有分布 P^T 的目标空间 $\mathcal{X}^T$。给定两个对 $\mathbf{z}_1=(x_1,y_1^\triangle)\in\mathcal{X}^S\times\mathcal{Y}_\triangle$ 和 $\mathbf{z}_2=(x_2,y_2^\triangle)\in\mathcal{X}^T\times\mathcal{Y}_\triangle$，我们定义它们之间的代价（距离）函数为：

$$d(\mathbf{z}_1,\mathbf{z}_2):=\lambda d_\mathcal{X}(x_1,x_2)+d_y(y_1^\triangle,y_2^\triangle), \tag{4.60}$$

其中，$d_\mathcal{X}$ 为 $\mathcal{X}^S\times\mathcal{X}^T$ 上的度量，$\lambda>0$。

基于 OT 的模仿学习：

基于最优传输（OT）的模仿学习设置可以表示如下。考虑两个数据域 $\mathcal{X}^A$ 和 $\mathcal{X}^B$，它们分别具有数据分布 P^A 和 P^B，并假设 $h^A:\mathcal{X}^A\to\mathcal{Y}_\triangle$ 是一个高质量的标记函数（分类器），能够对从 P^A 采样的 $\mathcal{X}^A$ 上的数据实例作出准确的预测。我们的目标是学习一个标记函数（分类器）h^B，以模仿 h^A 在 $(\mathcal{X}^A,P^A)$ 上所做的工作，从而能够准确地预测从 P^B 采样的数据实例。

基于数据分布 P^A 和标记函数 h^A，我们定义一个分布 P_{A,h^A}，其在 $\mathcal{X}^A\times\mathcal{Y}_\triangle$ 上的样本对 $(x,h^A(\mathrm{x}))$ 是首先从 P^A 中采样 x，然后计算 $h^A(x)$ 得到的。类似地，我们可以使用数据分布 P^B 和标记函数 h^B 定义另一个在 $\mathcal{X}^B\times\mathcal{Y}_\triangle$ 上的分布 P_{B,h^B}。为了使 h^B 模仿 h^A 的行为，我们提出通过查看 P_{A,h^A} 和 P_{B,h^B} 之间的 Wasserstein 距离，相对于定义在方程 4.60 中的代价（度量）函数 d。以下命题是我们推导基于 OT 的模仿学习基本机制的关键。

命题 4.6.1　我们感兴趣的 WS 距离 $\mathcal{W}_d(P_{A,h^A},P_{B,h^B})$ 可以表示为：

$$\min_{L:L_\#P^A=P^B}\mathbb{E}_{x\sim P^A}\left[\lambda d_\mathcal{X}(x,L(x))+d_y(h^A(x),h^B(L(x)))\right]=$$
$$\min_{H:H_\#P^B=P^A}\mathbb{E}_{x\sim P^B}\left[\lambda d_\mathcal{X}(x,H(x))+d_y(h^B(x),h^A(H(x)))\right]. \tag{4.61}$$

正如命题 4.6.1 所指出的，最优传输 $H^*:H_\#^*P^B=P^A$ 是将 P^B 移动到 P^A 的最优移

动器,从而最小化 h^B 对 $x \sim P^B$ 和 h^A 对 $H^*(x) \sim P^A$ 做出预测时的差异。换句话说,给定 $x \sim P^B$,最优传输 H^* 会找到 $\mathcal{X}^A$ 空间中最接近的对应物,即 $H^*(x)$,这样 h^B 可以方便地模仿 h^A 在 $H^*(x)$ 上的预测,从而对 x 进行预测(见图 4.2)。

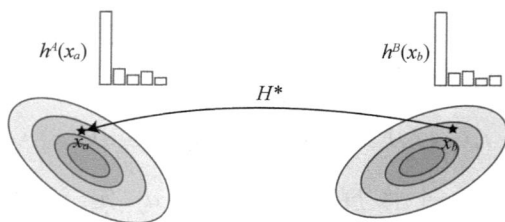

$h^B(x_b)$ 对 $x_b \sim P^B$ 尝试模仿 $h^A(x_a)$,其中 $x_a = H^*(x_b) \sim P^A$.

图 4.2 模仿学习的视角解释

为了进一步阐述我们提出的基于 OT 的模仿学习,我们假设 f^A 是域 $(\mathcal{X}^A, P^A)$ 的真实标记函数,并从理论上证明,如果我们最小化 Wasserstein 距离 $\mathcal{W}_d(P_{A,h^A}, P_{A,f^A})$,我们可以得到最优解 $h_*^A = f^A$,并且可以通过 h^A 在 $(\mathcal{X}^A, P^A)$ 上的一般损失对该 Wasserstein 距离设定上界,下述定理 4.6.2 中的第三条声明。

定理 4.6.2 以下声明成立:

(1) 已知 $\mathcal{X}^A = \mathcal{X}^B = \mathcal{X}$,当且仅当 $P^A = P^B$ 并且 $h^A = h^B$ 时,$\mathcal{W}_d(P_{A,h^A}, P_{B,h^B}) = 0$。

(2) 考虑问题:$\min_{h_A} \mathcal{W}_d(P_{A,h^A}, P_{A,f^A})$,最优解是 $h_*^A = f^A$,且最优移动器 $L^*: L_\#^* P^A = P^A$ 为恒等映射。

(3) $\mathcal{W}_d(P_{A,h^A}, P_{A,f^A}) \leqslant \mathcal{L}(h^A, f^A, P^A)$。

(4) $\mathcal{W}_d(P_{A,h^A}, P_{B,h^B}) \geqslant \lambda \mathcal{W}_{d\mathcal{X}}(P^A, P^B)$。

MOST 训练过程

为了构建多源专家教师模型 h^S,MOST 在标记训练集 $\mathcal{D}_{1,K}^S$ 上同时训练领域专家 $h_{1,K}^S$ 和源域判别器 C,以提供领域专家的权重。基本上,MOST 通过最小化以下目标来实现这一点:

$$\sum_{k=1}^{K} \mathcal{L}_k^{de} + \mathcal{L}^C,$$

其中定义了

$$\mathcal{L}_k^{de} = \mathbb{E}_{(x,y) \sim \mathcal{D}_k^S} \left[CE(h_k^S(G^S(x)), y) \right],$$
$$\mathcal{L}^C = \mathbb{E}_{(x,y,t) \sim \mathcal{D}} \left[CE(C(x,y), t) \right],$$

其中 $\mathcal{D}$ 是通过采样 $t \sim Cat(\pi)$ 和 $(x,y) \sim \mathcal{D}_t^S$ 得到的,且 $CE(\cdot, \cdot)$ 表示交叉熵损失。

MOST 使用式 4.58 中的熵正则化对偶形式来解决这里感兴趣的优化问题,通过最小化 $\mathcal{W}_d(Q_T, h^T, Q_S^S, h^S))$ 得出以下优化问题:

$$\min_{h^T,G^T}\mathcal{L}^{WS}=\min_{h^T,G^T}\max_{\phi}\left\{\mathbb{E}_{\mathbb{P}_T}\left[-\epsilon\log\left(\mathbb{E}_{\mathbb{P}_{\tilde{S}}}\left[\exp\left\{\tfrac{1}{\epsilon}\gamma(x^S,x^T)\right\}\right]\right)\right]+\mathbb{E}_{\mathbb{P}_{\tilde{S}}}\left[\phi(G^S(x^S))\right]\right\},$$

其中

$$\gamma(x^S,x^T)=\phi(G^S(x^S))-d(G^S(x^S),G^T(x^T)),$$

ϕ 是一个被称为 Kantorovich 潜在网络的神经网络,并且

$$d(G^S(x^S),G^T(x^T))=d_y(h^T(G^T(x^T)),h^S(G^S(x^S)))+\lambda\|G^T(x^T)-G^S(x^S)\|,$$

其中 $x^T\sim\mathbb{P}^T,x^S\sim\mathbb{P}_{\tilde{S}}$。

从聚类视角解释 WS 距离项:根据最优传输 $\mathcal{W}_d(Q_T,h^T,Q_{\tilde{S}}^S,h^S)$ 的聚类视角,在最优解处,每个 $G^T(x^T)$ 会找到 $G^S(x^S)$ 的一个簇以最小化相对于度量 $d(G^T(x^T),G^S(x^S))$ 的失真,该度量定义为:

$$d_y(h^T(G^T(x^T)),h^S(G^S(x^S)))+\lambda\|G^T(x^T)-G^S(x^S)\|,$$

这进一步意味着 $(G^T(x^T))$ 应该靠近具有相同预测标签的 $G^S(x^S)$ 的一个簇,从而模仿 h^S 的预测(即,$\min d_y(h^T(G^T(x^T)),h^S(G^S(x^S)))$),这无疑有助于缓解标签偏移问题。

教师模型 h^S 还在源域和目标域样本上提供伪标签,供学生模型 h^T 模仿,因此我们最小化:

$$\mathcal{L}^{pl}=\mathbb{E}_{x\sim\mathbb{P}_{\tilde{S}}^T,\mathbb{P}^T}\left[CE(h^S(G^S(x)),h^T(G^T(x)))\right].$$

虚拟对抗训练(virtual adversarial training,VAT)与最小化预测熵的结合,旨在确保聚类假设成立,已经在其他研究中取得成功,受此成功的启发,MOST 提出最小化以下目标:

$$\mathcal{L}^{dus}=\mathcal{L}^{ent}+\mathcal{L}^{vat},$$

其中

$$\mathcal{L}^{ent}=\mathbb{E}_{\mathbb{P}^T}\left[\mathcal{H}(h^T(G^T(x)))\right],$$

$\mathcal{H}$ 表示熵,并且

$$\mathcal{L}^{vat}=\mathbb{E}_{x\sim\mathbb{P}^T}\left[\max_{x':\|x'-x\|<\theta}D_{KL}(h^T(G^T(x)),h^T(G^T(x')))\right],$$

其中 D_{KL} 表示 Kullback-Leibler 散度,θ 是一个非常小的正数。

MOST 采用教师和学生的同步训练策略,在此过程中算法最小化:

$$\mathcal{L}=\sum_{k=1}^{K}\mathcal{L}_k^{de}+\mathcal{L}^C+\alpha\mathcal{L}^{WS}+\beta\mathcal{L}^{pl}+\gamma\mathcal{L}^{dus},$$

其中 $(\alpha,\beta,\gamma>0)$ 为权衡参数。

我们注意到损失 $\mathcal{L}^{WS}$ 的形式是对 ϕ 的最大化,而 ϕ 由神经网络参数化。在训练 MOST 时,我们对每个小批量数据多次更新 ϕ。由于包络定理的影响,项 $\mathcal{L}^{WS}$(因此总损失 $\mathcal{L}$)会平滑地减少。最后,MOST 方法的框架展示在图 4.3 中。

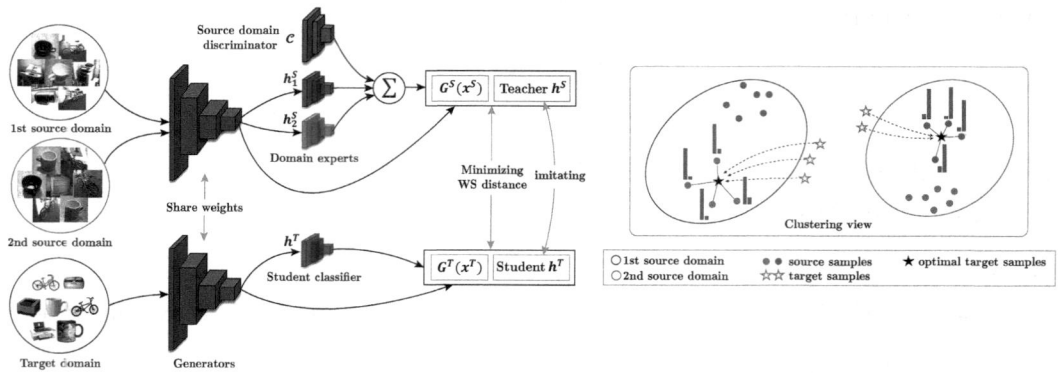

图 4.3　MOST 算法结构

图片引自（Nguyen，et al.，2021）

4.6.2　算法介绍：Gromov-Wasserstein 模仿学习

Fickinger 等人（2021）提出了 Gromov-Wasserstein 模仿学习（Gromov-Wasserstein imitation learning，GWIL），它将跨域模仿学习（CDIL）形式化为一个最优传输问题。GWIL 不依赖于显式地学习专家与代理之间的跨域潜在空间，因为 Gromov-Wasserstein 距离使得算法可以直接比较不同空间，而无需依赖共享空间。

背景与基础知识：

除了无限时域折扣 MDP 的基本定义 $\mathcal{M}=(\mathcal{S},\mathcal{A},P,R,\rho_0,\gamma)$ 之外，我们为 MDP 配备了一个距离度量 $d:\mathcal{S}\times\mathcal{A}\to\mathbb{R}^+$，并将这样的 MDP 元组称为度量 MDP $\mathcal{M}=(\mathcal{S},\mathcal{A},P,R,\rho_0,\gamma,d)$。此外，对于一个固定策略 $\pi:\mathcal{S}\times\mathcal{A}\to\mathbb{R}$，定义其占用测度为 $\rho(s,a)=\pi(a|s)\sum_{t=0}^{\infty}\gamma^t P(s_t=s|\pi)$。

Gromov-Wasserstein 距离：设 $(\mathcal{X},d_x,\mu_x)$ 和 $(\mathcal{Y},d_y,\mu_y)$ 分别为两个度量测度空间，其中 d_x,d_y 为距离函数，μ_x,μ_y 为定义在各自空间上的测度。最优传输（Peyré，et al.，2019）研究如何比较这些测度。我们将使用 Gromov-Wasserstein 距离（Mémoli，2011）来比较度量测度空间，它定义为：

$$\mathcal{GW}((\mathcal{X},d_x,\mu_x),(\mathcal{Y},d_y,\mu_y))^2=\min_{u\in\mathcal{U}(\mu_x,\mu_y)}\sum_{\mathcal{X}^2\times\mathcal{Y}^2}|d_x(x,x')-d_y(y,y')|^2 u_{x,y}u_{x',y'},$$

(4.62)

其中 $\mathcal{U}(\mu_x,\mu_y)$ 为两种测度之间的耦合集合，定义为：

$$\mathcal{U}(\mu_x,\mu_y)=\left\{u\in\mathbb{R}^{\mathcal{X}\times\mathcal{Y}}\ |\ \forall x\in\mathcal{X},\sum_{y\in\mathcal{Y}}u_{x,y}=\mu_x(x),\forall y\in\mathcal{Y},\sum_{x\in\mathcal{X}}u_{x,y}=\mu_y(y)\right\}.$$

(4.63)

Gromov-Wasserstein 距离通过比较每个空间内的成对距离,来比较两个度量测度空间的结构,进而找到这些空间之间的最佳等距变换。图 4.4 展示了度量测度空间$(S_E \times A_E, d_E, \rho_{\pi_E})$与$(S_A \times A_A, d_A, \rho_{\pi_A})$的 Gromov-Wasserstein 距离的示意图。

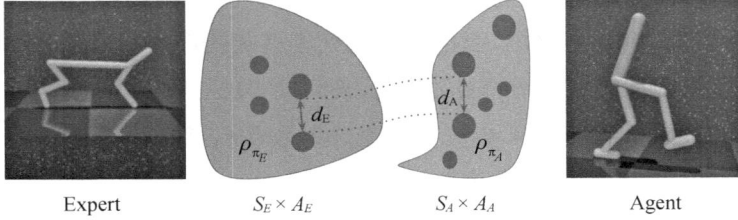

图 4.4　Gromov-Wasserstein 距离使得算法能够比较两个具有不同动态和状态-动作空间的代理的稳态状态-动作分布

图片引自(Fickinger,et al.,2021)

GWIL 算法核心

定义 4.6.1　(策略之间的 Gromov-Wasserstein 距离)给定一个专家策略 π_E 和一个代理策略 π_A,分别作用于 $M_E = (S_E, A_E, R_E, P_E, T_E, d_E)$ 和 $M_A = (S_A, A_A, R_A, P_A, T_A, d_A)$。我们定义 π_E 和 π_A 之间的 Gromov-Wasserstein 距离为度量测度空间$(S_E \times A_E, d_E, \rho_{\pi_E})$和$(S_A \times A_A, d_A, \rho_{\pi_A})$之间的 Gromov-Wasserstein 距离:

$$\mathcal{G}W(\pi, \pi') = \mathcal{G}W((S_E \times A_E, d_E, \rho_{\pi_E}), (S_A \times A_A, d_A, \rho_{\pi_A})). \tag{4.64}$$

接下来,我们通过比较状态-动作空间之间的距离来定义策略之间的等距映射,并展示 $\mathcal{G}W$ 定义了一个策略之间等距的距离。

定义 4.6.2　(等距策略)两个策略 π_E 和 π_A 是等距的,如果存在一个双射 $\phi:$ $\mathrm{supp}[\rho_{\pi_E}] \to \mathrm{supp}[\rho_{\pi_A}]$,满足对于所有 $(s_E, a_E), (s'_E, a'_E) \in \mathrm{supp}[\rho_{\pi_E}]^2$:

$$d_E((s_E, a_E), (s'_E, a'_E)) = d_A(\phi(s_E, a_E), \phi(s'_E, a'_E)). \tag{4.65}$$

换句话说,ϕ 是 $(\mathrm{supp}[\rho_{\pi_E}], d_E)$ 和 $(\mathrm{supp}[\rho_{\pi_A}], d_A)$ 之间的等距映射。

接下来的定理提供了一个充分条件,说明通过最小化 $\mathcal{G}W$ 可以恢复到代理域中的最优策略,达到等距映射的效果。

定理 4.6.3　考虑两个 MDP:

$$M_E = (S_E, A_E, R_E, P_E, p_E, \gamma) \quad 和 \quad M_A = (S_A, A_A, R_A, P_A, p_A, \gamma). \tag{4.66}$$

假设在 S_E, A_E, S_A 和 A_A 上分别定义了四个距离 $d_E^S, d_E^A, d_A^S, d_A^A$,并且存在两个等距映射 $\phi: (S_E, d_E^S) \to (S_A, d_A^S)$ 和 $\psi: (A_E, d_E^S) \to (A_S, d_A^S)$,使得对于所有 $(s_E, a_E, s'_E) \in S_E \times A_E \times S_E$,以下三个条件成立:

$$R(s_E, a_E) = R_A(\phi(s_E), \varphi(a_E)),$$
$$P_{E_{s_E, a_E}}(s'_E) = P_{A\phi(s_E)\psi(a_E)}(\phi(s'_E)), \tag{4.67}$$
$$p_E(s_E) = p_A(\phi(s_E)),$$

考虑 M_E 中的一个最优策略 π_E^*。假设 π_{GW} 最小化了 $\mathcal{GW}(\pi_E^*, \pi_{GW})$,其中

$$d_E : (s_E, a_E) \to d_E^S(s_E) + d_E^A(a_E), \quad d_A : (s_A, a_A) \to d_A^S(s_A) + d_A^A(a_A), \quad (4.68)$$

那么 π_{GW} 是 M_A 中最优策略的等距映射。

现在我们可以转向最小化专家和代理之间的 Gromov-Wasserstein 距离。然而,最小化 GW 距离需要对转移动态求导,而这通常是无法直接获得的。因此,我们引入了一个适合通过强化学习训练代理策略的奖励代理,来间接实现 GW 最小化。

定义 4.6.3 给定一个专家策略 π_E 和一个代理策略 π_A,代理的 Gromov-Wasserstein 奖励定义为 $r_{\mathcal{GW}} : \mathrm{supp}[\rho_{\pi_A}] \to \mathbb{R}$,其表达式为:

$$r_{\mathcal{GW}}(z_A) = -\frac{1}{\rho_\pi(z_A)} \sum_{\substack{z_E \in Z_E \\ z_E' \in Z_E \\ z_A' \in Z_A}} |d_E(z_E, z_E') - d_A(z_A, z_A')|^2 u_{z_E, z_A}^* u_{z_E', z_A'}^*, \quad (4.69)$$

其中 u^* 是最小化方程 4.62 的耦合。

命题 4.6.2 通过使用 $r_{\mathcal{GW}}$ 训练的代理策略 π_A 最小化了 $\mathcal{GW}(\pi_E, \pi_A)$。

证明:假设策略 π_A 最大化了 $\mathbb{E}\left(\sum_{t=0}^{\infty} \gamma^t r_{\mathcal{GW}}(s_t^A, a_t^A)\right)$,并用 ρ_{π_A} 表示其占据测度。根据定理 6.9.4(Puterman, 2014),π_A 最大化了以下目标:

$$\mathbb{E}_{z_A \sim \rho_{\pi_A}} r_{\mathcal{GW}}(z_A) = - \sum_{z_A \in \mathrm{supp}[\rho_{\pi_A}]} \frac{\rho_{\pi_A}(z_A)}{\rho_{\pi_A}(z_A)} \sum_{\substack{z_E \in Z_E \\ z_E' \in Z_E \\ z_A' \in Z_A}} |d_E(z_E, z_E') - d_A(z_A, z_A')|^2 u_{z_A, z_E}^* u_{z_A', z_E'}^* =$$

$$-\sum_{\substack{z_E \in Z_E \\ z_E' \in Z_E \\ z_A \in Z_A \\ z_A' \in Z_A}} |d_E(z_E, z_E') - d_A(z_A, z_A')|^2 u_{z_A, z_E}^* u_{z_A', z_E'}^* =$$

$$-\mathcal{GW}^2(\pi_E, \pi_A). \quad (4.70)$$

因此,代理通过最大化其 Gromov-Wasserstein 奖励,自然达到了最小化专家和代理策略之间的 Gromov-Wasserstein 距离的目的。

给定一个专家轨迹 τ_E 和一个代理轨迹 τ_A,经验占据测度之间的(平方)Gromov-Wasserstein 距离定义为:

$$\mathcal{GW}^2(\tau_E, \tau_A) = \min_{\theta \in \Theta^{T_E \times T_A}} \sum_{\substack{1 \leq i, i' \leq T_E \\ 1 \leq j, j' \leq T_A}} |d_E((s_i^E, a_i^E), (s_{i'}^E, a_{i'}^E)) - d_A((s_j^A, s_{j'}^A), (s_j^A, a_j^A))|^2_{\theta_{i,j} \theta_{i',j'}},$$

$$(4.71)$$

其中,Θ 是在均匀测度的原子之间耦合的集合,定义为:

$$\Theta^{T \times T'} = \left\{ \theta \in \mathbb{R}^{T \times T'} \mid \forall i \in [T], \sum_{j \in [T']} \theta_{i,j} = 1/T, \forall j \in [T'], \sum_{i \in [T]} \theta_{i,j} = 1/T' \right\}. \quad (4.72)$$

在这种情况下,轨迹中每对状态-动作对的奖励定义为:

$$r(s_j^A, s_{j'}^A) = -T_A \sum_{\substack{1 \le i, i' \le T_E \\ 1 \le j, j' \le T_A}} |d_E((s_i^F, a_i^F), (s_{i'}^F, a_{i'}^F)) - dA((s_j^A, s_j^A), (s_{j'}^A, a_{j'}^A))|_{\theta_{i,j}^*, \theta_{i',j'}^*}^2,$$

$$(4.73)$$

其中，θ^* 是最小化方程 4.71 的耦合。

4.7　本章小结

本章节简要介绍了模仿学习（imitation learning，IL）领域的主流研究方向，旨在为初学者提供入门级的背景知识。尽管前文提到的算法并不完全覆盖最新的研究成果（2020—2022 年），但它们都是具有代表性的基础工作。模仿学习的基本设置可以分为：（1）完全离线（fully offline）；（2）混合设置（hybrid setting）；（3）交互式设置（interactive setting）。在此基础上，算法还可以进一步划分为（或是它们的组合）：（1）基于模型的（model-based）；（2）无模型的（model-free）；（3）在线的（online）；（4）离线的（offline）；（5）监督的（supervised）；（6）无监督的（unsupervised）方法。

本章节考察了几种主要的模仿学习框架，包括：（1）行为克隆（behavioral cloning，BC）；（2）逆向强化学习（inverse reinforcement learning，IRL）；（3）对抗模仿学习（adversarial imitation learning，AIL）；（4）基于观察的模仿学习（imitation learning from observation，ILfO）；（5）跨域模仿学习（cross-domain imitation learning，CDIL）。

模仿学习作为人工智能和机器人领域的重要分支，已经取得了显著进展，但依然面临诸多挑战和机遇。未来的研究可以考虑（但不限于）以下几个具体方向，以进一步提升模仿学习的性能和适用性：

（1）多专家模仿学习的融合：当前的许多研究主要集中于单一专家的模仿，然而，实际应用中往往涉及多个专家的不同策略。因此，如何有效地整合多个专家的策略并实现稳定的学习效果，仍然是一个重要的研究方向。

（2）处理噪声和次优演示：在实际应用中，专家的演示往往带有噪声或者次优的动作，如何在这种情况下稳定地进行模仿学习，是一个亟待解决的难题。未来的工作可以探索如何从次优甚至错误的演示中学习到正确的策略。

（3）从感官数据直接学习：许多现代模仿学习算法依赖于对状态空间的明确表示，然而在复杂环境中，获取精确的状态信息并不容易。未来的研究可以探索如何从原始感官输入（如图像、声音等）中直接进行学习，特别是在缺乏明确模型和先验知识的情况下。

（4）处理跨域和跨视角问题：跨域模仿学习为在不同环境或视角下的学习提供了可能性，未来的研究可以进一步拓展这一方向，探索如何在更大范围的任务和环境中实现泛化学习。

（5）高效的策略相似性度量：设计有效的策略相似性度量方法对于模仿学习的性能提升至关重要，尤其是在需要对复杂任务进行精细比较和评估的情况下。

第五章

值分布式强化学习

本章将深入探讨值分布式强化学习的核心理论与关键算法,介绍如何在决策过程中通过分布式建模和风险度量来提升强化学习算法的性能。值分布式强化学习作为强化学习领域的重要分支,不仅关注预期回报的估计,还对回报的分布特性进行建模,能够提供更加丰富的决策信息和策略控制能力。首先,本章概述了值分布式强化学习的基本概念与发展历程,详细分析了其理论基础,为后续算法的理解奠定了基础。接下来,重点介绍 QR-DQN 算法,阐述分位数分布与分位数投影等概念,并通过分位数回归与 Huber 损失函数的引入,展示如何利用分位数技术构建分布式 Q 学习方法。

本章还深入解析了隐式分位数网络(implicit quantile network,IQN)这一创新方法,说明其在风险敏感策略更新方面的独特优势。IQN 通过隐式建模技术,进一步提升了分布建模的灵活性和表达能力,为复杂环境中的策略优化提供了有效工具。在此基础上,本章介绍了全参数化分位数函数(fully parameterized quantile function,FQF)等进阶算法,进一步推动了值分布式强化学习算法在理论和实践中的应用。

本章的最后一部分探讨了风险敏感强化学习及其在离线强化学习中的应用。通过引入风险度量,本节讨论了如何在不确定性和高风险环境下进行策略优化,帮助读者理解风险规避与风险控制的策略设计。本章的内容不仅为理解值分布式强化学习提供了系统的理论框架,也为应对复杂决策问题中的风险管理奠定了坚实的基础。

5.1 值分布式强化学习

值分布式强化学习(distributional reinforcement learning,DRL)通过学习状态-动作对的回报分布来改进传统的强化学习方法,这与经典强化学习仅优化期望回报不同。DRL 算法不仅能捕捉回报的不确定性,还能够对不同风险水平下的策略进行评估和优化。

5.1.1 值分布式强化学习算法的发展历程

值分布式强化学习的发展历程中,多个重要的算法被提出,它们推动了 DRL 在理论和实际应用上的进展。

(1) C51(Bellemare, et al. ,2017):C51 是值分布式强化学习中的开创性工作,其核心贡献之一是引入了分布式贝尔曼算子,并证明了在 Wasserstein 度量下该算子对概率分布具有收缩性质。这意味着在 Wasserstein 度量下,分布式贝尔曼算子的迭代过程最终会收敛到稳定的分布,这为值分布式方法提供了坚实的理论基础。Wasserstein 度量的重要性在于它避免了在贝尔曼更新中出现支撑不相交(Disjoint support)的问题,这与其他度量(例如 KL 散度或 Cramer 距离)相比,能够更好地捕捉概率分布的变化。然而,Wasserstein 度量虽然理论上优越,但在实际应用中并不容易最小化,特别是通过随机梯度下降等常见优化方法难以直接处理。为此,C51 算法采用了一种启发式的方法,首先进行投影步骤,将分布投影到固定的原子集上,然后通过最小化投影分布与目标分布之间的 KL 散度来更新模型参数。尽管这种方法在实践中表现良好,但在 Wasserstein 度量的收缩映射和 KL 散度的最小化之间,仍然存在一定的理论缺口。

(2) QR-DQN(Dabney, et al. ,2018b):为了弥合这一理论差距,Dabney 等人在 QR-DQN 中引入了分位数回归(quantile regression)的思想。QR-DQN 通过使用有限数量的离散分位数来逼近最优 Q 值的分布。该方法的核心在于通过分位数回归来执行分位数投影,并利用时序差分(temporal difference,TD)学习更新分布。这种分位数回归方法使得 QR-DQN 在 ∞-Wasserstein 度量下保持了收缩性,进一步完善了 C51 的理论框架。QR-DQN 的主要限制在于它只能处理离散动作空间,并且在策略优化时仍然使用期望回报,没有考虑到对风险的显式处理。

(3) IQN(Dabney, et al. ,2018a):为了进一步改进 QR-DQN,Dabney 等人在随后的研究中提出了 IQN,该算法将分位数逼近从离散扩展到了连续的分位数函数。IQN 学习了从概率(即分位数)到回报的隐式连续映射,能够更细致地刻画回报分布的形状。在理论上,若网络容量足够且分位数数量趋于无穷,IQN 可以逼近完整的分位数函数。相比于 QR-DQN 仅处理离散分位数,IQN 通过学习完整的分位数函数进一步提升了对回报分布的建模能力,并且允许智能体针对不同风险水平进行策略选择。

(4) FQF(Yang, et al. ,2019):虽然 IQN 的设计非常灵活,但在实际应用中,网络无法采样无限数量的分位数,因而在有限分位数下的逼近问题仍需进一步研究。为此,FQF 算法通过引入一种新的机制来优化分位数位置,使得采样效率最大化。在 IQN 中,分位数的采样方法主要用于训练隐式分位数网络,而非逼近完整的分位数函数。而在 FQF 中,通过学习分位数的分布,可以提高分位数函数的逼近效果,优化分布预测的精度。FQF 算法有效地解决了 IQN 采样方法中可能出现的局部最优问题,提供了更精确的分布预测。

5.1.2　值分布式强化学习的理论基础

值分布式强化学习(DRL)的核心思想在于学习状态-动作对的回报分布(return distribution),而不仅仅是学习期望回报(expected return)。这一方法为强化学习算法引入了更加精细的表达能力,不仅能够对策略的平均表现进行评估,还可以捕捉到回报的不确定性(uncertainty)和风险水平(risk sensitivity)。这种额外的信息对于风险规避、优化保守策略或高风险高回报策略有着重要的应用价值。

在值分布式强化学习的框架下,经典的贝尔曼方程被推广为分布式贝尔曼方程,其形式为:

$$\mathcal{T} Z(s,a)=R(s,a)+\gamma Z(s',a'),$$

其中,$Z(s,a)$ 表示状态 s 下采取动作 a 的回报分布,$\mathcal{T}$ 是分布式贝尔曼算子,$R(s,a)$ 表示即时奖励,γ 是折扣因子,s' 和 a' 分别是下一状态和下一动作。与传统强化学习中的期望回报不同,值分布式强化学习的目标是逼近每个状态-动作对下回报的全概率分布,从而捕捉其潜在的变化模式和波动性。

C51 算法在值分布式强化学习中的贡献

C51 算法是值分布式强化学习领域中的奠基性工作,它不仅提出了学习回报分布的思想,还为分布的逼近和更新提供了具体的实现框架。在 C51 中,回报分布 $Z(s,a)$ 被近似为一个有限支持集上的分布,该分布包含 N 个原子值 z_i 和其对应的概率 P_i,即:

$$Z(s,a)\approx\sum_{i=1}^{N}P_i\delta(z_i),$$

其中,$\delta(z_i)$ 表示在位置 z_i 的狄拉克函数(Dirac)。通过这种离散化,C51 将回报分布的逼近转化为对这些离散原子的概率质量进行学习。

C51 算法的关键创新在于它提出了分布式贝尔曼算子的投影方法,以解决分布更新中的支持集不一致问题。在分布式贝尔曼方程中,下一步的回报分布 $Z(s',a')$ 可能与当前步骤的回报分布 $Z(s,a)$ 有着不同的支持集。这种不一致性导致了直接更新回报分布变得困难。因此,C51 采用了一种启发式的投影方法,将下一步的回报分布投影回到原有的支持集上,从而确保分布之间的可比性。这一过程包括以下步骤:

$$\mathcal{T}c Z(s,a)=\mathrm{proj}(R(s,a)+\gamma Z(s',a')),$$

其中,proj 表示将回报分布投影回到离散原子值 z_i 上的操作,$\mathcal{T}c$ 称为分布式贝尔曼操作。

值得注意的是,尽管 C51 的理论基础依赖于 Wasserstein 度量,该度量能够更好地捕捉概率分布的几何结构,但由于 Wasserstein 度量难以直接最小化,C51 最终选择了使用 KL 散度作为优化目标。即在算法的实际实现中,通过最小化投影分布与目标分布之间的 KL 散度来更新模型参数。这种折中使得 C51 在保持理论优势的同时,具备了良好的计算可行性。

分布距离与收缩性质

在值分布式强化学习的理论研究中,如何度量不同回报分布之间的差异是一个关键问题。C51 工作中引入的 Wasserstein 度量具有以下形式:

$$W_p(P,Q) = \left(\inf_{\gamma \in \Gamma(P,Q)} \int_{X \times Y} d(x,y)^p \mathrm{d}\gamma(x,y) \right)^{1/p},$$

其中,P 和 Q 为概率分布,$\Gamma(P,Q)$ 为联合分布集。Wasserstein 度量相比其他距离度量如 KL 散度,能够更精确地捕捉分布在支持集上的形状变化,特别适用于强化学习中的分布更新问题。然而,由于 Wasserstein 度量难以通过梯度下降进行优化,C51 在理论分析中引入了该度量,但在实际实现中选择了更为简单的 KL 散度进行优化。此外,分布式贝尔曼算子的收缩性在理论上得到了严格证明。特别地,在 Wasserstein 度量下,分布式贝尔曼算子对概率分布具有收缩性质。这意味着经过多次迭代后,值分布式强化学习的回报分布将逐步收敛到一个稳定分布。收缩性质的证明为值分布式方法的收敛性提供了坚实的理论基础。

尽管 C51 在值分布式强化学习领域做出了重要贡献,但其离散化回报分布的方式也带来了一定的局限性。由于 C51 将回报分布投影到固定的原子集合上,这种离散化可能无法精确地逼近某些复杂的回报分布。此外,C51 的投影方法尽管有效,但它是基于启发式的,没有严格的理论保证其是最优的。为了弥补这些不足,后续的研究工作如 QR-DQN 和 IQN 引入了分位数回归和隐式分位数方法,进一步提升了值分布式强化学习的表达能力。这些改进方法能够学习连续的回报分布,更好地捕捉回报的不确定性和复杂性。总结来说,C51 是值分布式强化学习中的奠基性算法,它不仅提出了学习回报分布的思想,还为分布更新和优化提供了有效的计算框架。虽然其存在一定的局限性,但其理论贡献和启发式方法为后续的值分布式强化学习算法提供了坚实的基础。

5.2　基于分位数回归的深度 Q 神经网络

C51 通过为固定的支持集 $z_1 \leqslant \cdots \leqslant z_N$ 分配可变的(参数化的)概率 $q_1, \cdots, q_N$ 来逼近每个状态–动作对的回报分布。然而,基于分位数回归的深度 Q 神经网络(quantile regression deep Q-network,QR-DQN)采用了一种不同的方式:QR-DQN 将该参数化形式"转置",通过固定概率而允许分位数的位置可变来逼近分布。

5.2.1 分位数分布

具体而言,QR-DQN 为每个分位数分配均匀的权重,即对于 $i=1,\cdots,N$,有 $q_i=1/N$。实际上,QR-DQN 的新近似方法旨在估计目标分布的分位数,因此我们称这种方法为分位数分布,如图 5.1 所示。令 $\mathcal{Z}_Q$ 表示具有固定数量 N 的分位数分布空间,且这种分布的累积概率(即离散的 CDF 值)记为 $\tau_1,\cdots,\tau_N$,其中 $\tau_i=\dfrac{i}{N}$,并且为了简化记号,定义 $\tau_0=0$。

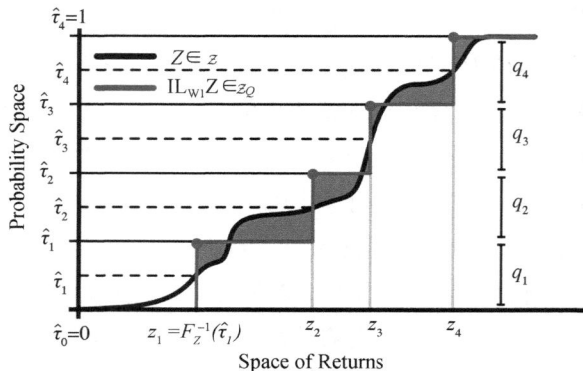

图 5.1 将分布投影到由 $N=4$ 个均匀权重狄拉克(Dirac)函数组成的
1-Wasserstein 最小化投影。阴影区域之和构成 1-Wasserstein 误差
图片引自(Dabney, et al. ,2018b)

备注 5.2.1 (分位数分布)设 $\theta:\mathcal{X}\times\mathcal{A}\to\mathbb{R}^N$ 为某个参数化模型,分位数分布 $Z_\theta\in\mathcal{Z}_Q$ 将每个状态-动作对(x,a)映射为一个支持在$\{\theta_i(x,a)\}$上的均匀概率分布。即:

$$Z_\theta(x,a):=\frac{1}{N}\sum_{i=1}^N \delta_{\theta_i(x,a)},$$

其中δ_z表示在$z\in\mathbb{R}$处的狄拉克(Dirac)函数。$\mathcal{Z}_Q$ 是由 N 个狄拉克(Dirac)分布组成的均匀分布集合。

相比原始参数化方法,分位数分布有以下三点好处:

(1)灵活性:支持集不再是固定的,因此在回报范围在不同状态间变化较大时,QR-DQN 能够显著提高预测的准确性。

(2)简化计算:QR-DQN 不需要像 C51 那样执行笨重的投影步骤,因为不存在支撑不相交的问题。

(3)优化梯度:通过分位数回归,QR-DQN 直接最小化 Wasserstein 损失,避免了梯度偏差的问题。

5.2.2 分位数投影

我们感兴趣的是如何将任意的回报分布 $Z \in \mathcal{Z}$ 投影到 $\mathcal{Z}_Q$ 上,使得投影后的分布尽可能与原始分布在 Wasserstein 距离下接近。这一过程可形式化为以下问题:

$$\Pi_{W_1} Z := \underset{Z_\theta \in \mathcal{Z}_Q}{\arg\min} W_1(Z, Z_\theta), \tag{5.1}$$

其中 W_1 是 1-Wasserstein 度量。

设 Y 是一个具有有界一阶矩的分布,U 是由 N 个狄拉克(Dirac)分布组成的均匀分布,支撑集为 $\{\theta_1, \cdots, \theta_N\}$。根据 Wasserstein 距离的定义,有:

$$W_1(Y, U) = \sum_{i=1}^{N} \int_{\tau_{i-1}}^{\tau_i} |F_Y^{-1}(\omega) - \theta_i| \, d\omega,$$

其中 $F_Y^{-1}(\omega)$ 是分布 Y 的逆累积分布函数(即分位数函数)。

备注 5.2.2 (投影中的 Wasserstein 度量)该投影步骤的目标是使用有限维的分位数分布 $Z_\theta \in \mathcal{Z}_Q$ 来逼近可能为无限维的分布 Z。虽然 Wasserstein 度量并不是唯一可用的度量,但其收缩性质使得它成为这种投影过程中自然的选择。

分位数投影的证明

我们接下来介绍如何通过 Wasserstein 距离进行分位数投影。根据 Wasserstein 度量的定义,有:

$$W_1(Y, U) = \sum_{i=1}^{N} \int_{\tau_{i-1}}^{\tau_i} |F_Y^{-1}(\omega) - F_U^{-1}(\omega)| \, d\omega,$$

其中,U 是一个由 N 个狄拉克(Dirac)分布组成的均匀分布,且 $F_U^{-1}(\omega) = \theta_i$。因此,对于每一个区间 $\tau_{i-1} \leqslant \omega \leqslant \tau_i$,我们有 $F_U^{-1}(\omega) = \theta_i$。从图 5.1 中可以清楚地看到这一点:每个分位点 z_i 对应于 θ_i,且支撑集 $\{\theta_1, \cdots, \theta_N\}$ 的分布是否均匀并不重要,关键在于分配给每个支撑点的概率是均匀的。

5.2.3 分位数投影优化

为了进一步优化分位数投影,我们接下来引入一个重要的引理。

引理 5.2.1 对于任意 $\tau, \tau' \in [0,1]$ 且 $\tau < \tau'$,具有逆分布函数 F^{-1}(这里可以认为它代表上述的 F_Y^{-1})的累积分布函数 F,能够使 $\int_{\tau}^{\tau'} |F^{-1}(\omega) - \theta| \, d\omega$ 最小化的 $\theta \in \mathbb{R}$ 的集合为:

$$\left\{ \theta \in \mathbb{R} \mid F(\theta) = \left(\frac{\tau + \tau'}{2} \right) \right\}.$$

特别地,如果 F^{-1} 是逆累积分布函数,那么 $F^{-1}((\tau + \tau')/2)$ 总是一个有效的最小化解;而当 F^{-1} 在 $(\tau + \tau')/2$ 处连续时,$F^{-1}((\tau + \tau')/2)$ 是唯一的最小化解。这些分位数中

点将被记为 $\hat{\tau}_i = \frac{\tau_{i-1}+\tau_i}{2}$,其中 $1 \leqslant i \leqslant N$。因此,根据上述引理,能够最小化 $W_1(Y,U)$ 的 $\{\theta_1, \theta_2, \cdots, \theta_N\}$ 的值为 $\theta_i = F_Y^{-1}(\hat{\tau}_i)$。

基于上述引理,我们提醒读者如下注意点:(1) 该集合 $\theta \in \mathbb{R}$ 是定义在实数空间 $\mathbb{R}$ 上的全局最小化解。换句话说,如果我们想找到一个均匀分布 U 的 N 个支撑点,使得 $W_1(Z,U)$ 最小化,即用 U 逼近 Z(注意,$U \in \mathcal{Z}_Q$ 是一个 N 支撑点分布),那么这个引理告诉我们,所需的点正好是 $\{\theta \in \mathbb{R} \mid F(\theta) = (\hat{\tau})\}$。(2) 该引理适用于任意 $\tau, \tau' \in [0,1]$,这与 $\{\tau_i\}$ 在 $[0,1]$ 上的分布无关。这意味着即使我们选择了一个非均匀的 $\{\tau_1, \tau_2, \cdots, \tau_N\}$ 集合,最佳的逼近仍然是 $\left\{\frac{\tau_i + \tau_{i+1}}{2}\right\}_{i=1}^{N-1}$。在优化 $\{\tau_i\}$ 的选择时,这一点非常重要。

证明: 理解为何 $\forall \tau, \tau' \in [0,1]$ 时 θ 可以组成一个集合是至关重要的,因为满足 $F(\theta) = $ 某个 τ 的解可以有很多,考虑均匀分布的例子。对于任意 $\omega \in [0,1]$,函数 $\theta \to |F^{-1}(\omega) - \theta|$ 是凸的,其次梯度为:

$$\theta \to \begin{cases} 1, & \text{if } \theta < F^{-1}(\omega), \\ [-1,1], & \text{if } \theta = F^{-1}(\omega), \quad \text{(此时值为 0,但不意味着梯度为 0)} \\ -1, & \text{if } \theta > F^{-1}(\omega). \end{cases}$$

因此,函数 $\theta \to \int_{\tau}^{\tau'} |F^{-1}(\omega) - \theta| \, d\omega$ 也是凸的,利用 Leibniz 积分法则(见附录定理 3.1),其次梯度为:

$$\theta \to \int_{\tau}^{F(\theta)} -1 \, d\omega + \int_{F(\theta)}^{\tau'} 1 \, d\omega.$$

中间项消失是因为积分上下界相同,即 $F(\theta)$;积分界限变为 $(\tau, F(\theta))$ 是因为 τ 是 ω 的积分界,且 $\theta = F^{-1}(\omega) \Rightarrow \omega = F(\theta)$。

将此次梯度设为 0,得到:

$$(\tau + \tau') - 2F(\theta) = 0.$$

由于 $F \circ F^{-1}$ 在 $[0,1]$ 上是恒等映射,显然 $\theta = F^{-1}((\tau + \tau')/2)$ 满足上述方程。注意,实际上,任何满足 $F(\theta) = (\tau + \tau')/2$ 的 θ 都使次梯度为 0,若 F^{-1} 在 $(\tau + \tau')/2$ 处不连续,则会有多个最小化解。证毕。

评述 5.2.1 这个结果看起来如此简单,甚至可能超出读者的预期。我们可以通过 $\{\theta \in \mathbb{R} \mid F(\theta) = \hat{\tau}\}$ 直接找到支撑集。读者可能会想到:"我只需要对每一对 τ 求解 $F(\theta) = \hat{\tau}$ 来得到 θ。"但是问题在于:求解 $F(\theta) = \hat{\tau}$ 是否真的那么简单?在一般情况下,读者可能不知道累积分布函数(CDF)$F(\theta)$ 的显式表达式。特别是在强化学习的情境下,你能够从随机变量中获得的信息通常只是采样数据。因此,读者需要一种基于采样的方法,换句话说,一种具有期望形式的方法来解决这个问题,这也就是分位数回归的作用。读者可

能还会考虑设置 $\mathcal{L}(\theta)=W_p(Z,Z_\theta)$ 并使用梯度下降法来最小化损失函数,从而得到一组 θ。然而,下面的命题 5.2.1 将告诉你为什么这样做是不可行的。

命题 5.2.1 (有偏梯度)设 Z_θ 是一个分位数分布,$\hat{Z}i_m$ 是从 Z 中采样 m 个样本组成的经验分布。则对于所有 $p\geqslant 1$,存在一个 Z 使得

$$\operatorname{argmin}\mathbb{E}\left[W_p(\hat{Z}_m,Z_\theta)\right]\neq\operatorname{argmin}W_p(Z,Z_\theta).$$

评述 5.2.2 命题 5.2.1 意味着两个重要的结论,如果不能深刻理解,接下来的内容可能会让读者感到困惑。$\mathbb{E}\left[W_p(\hat{Z}_m,Z_\theta)\right]$ 的有偏梯度暗示:

(1) 在分位数投影过程中,我们不能使用 $\mathcal{L}(\theta)=W_p(Z,Z_\theta)$ 的梯度来寻找 θ。

(2) 在时序差分(TD)学习过程中(稍后将提到),我们不能使用 $\mathcal{L}(\theta)=W_p(Z_\theta,\mathcal{T}Z_\theta)$ 的梯度来进行策略评估。

这两个情况的根本原因是相同的:梯度是有偏的!

证明:记 $Z_\theta=\sum_{i=1}^N\frac{1}{N}\delta_{\theta_i}$,其中 $\theta_1\leqslant\cdots\leqslant\theta_N$。我们设 Z 具有与 Z_θ 相同的形式。具体地,考虑如下形式的 Z:

$$Z=\sum_{i=1}^N\frac{1}{N}\delta_i,$$

其支撑集为 $\{1,\cdots,N\}$,并且取 $m=N$。显然,最小化 $W_p(Z,Z_\theta)$ 的唯一解是取 $Z_\theta=Z$。然而,考虑目标函数 $\mathbb{E}\left[W_p(\hat{Z}_N,Z_\theta)\right]$ 对 θ_1 的梯度,我们有

$$\nabla_{\theta_1}\mathbb{E}\left[W_p(\hat{Z}_N,Z_\theta)\right]|_{\theta_1=1}=\mathbb{E}\left[\nabla_{\theta_1}W_p(\hat{Z}_N,Z_\theta)|_{\theta_1=1}\right].$$

当经验分布 $\hat{Z}_N$ 在 1 处有一个原子时,最优传输计划将 Z_θ 在 $\theta_1=1$ 处的原子与 $\hat{Z}_N$ 在该位置的原子配对,此时 $W_p(\hat{Z}_N,Z_\theta)$ 对 θ_1 的梯度为 0。如果 $\hat{Z}_N$ 不包含在 1 处的原子,则 $\hat{Z}_N$ 的最左端原子大于 1(因为 Z 的支撑集为 $\{1,\cdots,N\}$)。在这种情况下,θ_1 的梯度为负。由于这种情况发生的概率非零,我们得出结论:

$$\nabla_{\theta_1}\mathbb{E}\left[W_p(\hat{Z}_N,Z_\theta)\right]|_{\theta_1=1}<0,$$

因此 $Z_\theta=Z$ 不能成为 $\mathbb{E}\left[W_p(\hat{Z}_N,Z_\theta)\right]$ 的最小化解。

5.2.4 分位数回归

设 Y 为一个实值随机变量,其累积分布函数为 $F_Y(y)=P(Y\leqslant y)$。Y 的第 τ 分位数定义为 $q_Y(\tau)=F_Y^{-1}(\tau)=\inf\{y:F_Y(y)\geqslant\tau\}$,其中 $\tau\in(0,1)$。定义损失函数 $\rho_\tau(m)=m(\tau-\mathbb{I}_{(m<0)})$,其中 $\mathbb{I}$ 是指示函数。通过最小化 $Y-u$ 关于 u 的期望损失可以找到特定的分位数:

$$q_Y(\tau)=\operatorname*{argmin}_u E(\rho_\tau(Y-u))=$$

$$\underset{u}{\operatorname{argmin}} \left\{ (\tau-1)\int_{-\infty}^{u}(y-u)\mathrm{d}F_Y(y) + \tau\int_{u}^{\infty}(y-u)\mathrm{d}F_Y(y) \right\}. \tag{5.2}$$

提示 5.2.1 这里只需使用 $\rho_\tau(m)=m(\tau-\mathbb{I}_{(m<0)})$ 的定义,并根据期望定义 $E(g(Y))=\int_{-\infty}^{\infty}g(y)f_Y(y)\mathrm{d}y = \int_{-\infty}^{\infty}g(y)\mathrm{d}F_Y(y)$ 展开期望表达式。

证明: 我们可以通过对期望损失应用 Leibniz 积分法则,求导并将其设为 0,从而得到最小化解 q_τ。具体来说,解出以下方程:

$$0 = (1-\tau)\int_{-\infty}^{q_\tau}\mathrm{d}F_Y(y) - \tau\int_{q_\tau}^{\infty}\mathrm{d}F_Y(y),$$

该方程简化为 $0=F_Y(q_\tau)-\tau$,进而得到 $F_Y(q_\tau)=\tau$(或者你可以将其看作 $F_Y(u)=\tau$,这仅仅是变量的变化,当你对 $(\tau-1)\int_{-\infty}^{u}(y-u)\mathrm{d}F_Y(y) + \tau\int_{u}^{\infty}(y-u)\mathrm{d}F_Y(y)$ 求导时,这一点会更加清晰)。因此,$u=q_Y(\tau)=F_Y^{-1}(\tau)$,这意味着(5.2)式对应回归问题的解正是我们所寻找的第 τ 分位数。如果解 q_τ 不是唯一的,那么我们必须选择最小的解来得到随机变量 Y 的第 τ 分位数。

分位数回归损失函数

对于分位数 $\tau\in[0,1]$,是一个不对称的凸损失函数,它以权重 τ 惩罚高估误差,并以权重 $1-\tau$ 惩罚低估误差。对于分布 Z 和给定的分位数 τ,分位数函数 $F_Z^{-1}(\tau)$ 可以通过最小化以下分位数回归损失函数来表示:

$$\mathcal{L}_{\mathrm{QR}}(\theta) := \mathbb{E}_{\hat{Z}\sim Z}[\rho_\tau(\hat{Z}-\theta)], \quad \text{其中} \ \rho_\tau(u)=u(\tau-\mathbb{I}_{\{u<0\}}), \forall u\in\mathbb{R}. \tag{5.3}$$

更一般地,依据引理 5.2.1,最小化 $W_1(Z,Z_\theta)$ 的 $\{\theta_1,\cdots,\theta_N\}$ 的值是通过最小化以下目标函数来找到的:

$$\sum_{i=1}^{N}\mathbb{E}_{\hat{Z}\sim Z}[\rho_{\hat{\tau}_i}(\hat{Z}-\theta_i)]. \tag{5.4}$$

特别地,该损失函数能够提供无偏的样本梯度。因此,我们可以通过随机梯度下降法找到最优的 $\{\theta_1,\cdots,\theta_N\}$。

5.2.5　分位数 Huber 损失函数

分位数回归损失在 0 点处不平滑;当 $u\to 0^+$ 时,公式 5.3 的梯度保持恒定。我们假设这可能会限制在使用非线性函数逼近时的性能。为了解决这个问题,我们考虑一种修改后的分位数损失函数,称为分位数 Huber 损失。这种损失函数在靠近 0 的区间 $[-\kappa,\kappa]$ 内表现为不对称的平方损失函数,而在该区间外则恢复为标准的分位数损失函数。

Huber 损失定义为:

$$\mathcal{L}_\kappa(u) = \begin{cases} \dfrac{1}{2}u^2, & \text{如果}\,|u| \leqslant \kappa \\ \kappa\left(|u| - \dfrac{1}{2}\kappa\right), & \text{否则.} \end{cases}$$

分位数 Huber 损失函数则是 Huber 损失的不对称变体:

$$\rho_\tau^\kappa(u) = |\tau - \mathbb{I}_{\{u<0\}}| \frac{\mathcal{L}_\kappa(u)}{\kappa}.$$

注意,我们通过除以 κ 来保证当 $\kappa \to 0$ 时,分位数 Huber 损失回归为分位数回归损失。

这里真正重要的是分位数回归损失,分位数 Huber 损失只是分位数回归损失的平滑版本。理解分位数回归损失的核心原理以及为何它能用于求解 θ 是至关重要的。具体来看,分位数 Huber 损失的设计思想是:第一项 $\frac{1}{2}u^2$ 是 $u(\tau - \mathbb{I}_{\{u<0\}})$ 的二次型形式,其图像类似于 $|x|$。第二项 $\kappa\left(|u| - \frac{1}{2}\kappa\right)$ 的作用是使分段函数连续,即第一项和第二项在 $|u| = \kappa$ 处具有相同的梯度和值。这种设计要求迫使第二项具有这种形式。当然,如果读者愿意,也可以设计出自己的平滑版本。

此外,公式 5.3 和公式 5.4 是两个不同的损失函数,分别对应于 5.2.2 中的两个问题。公式 5.3 可用于分位数投影,即寻找 $\{\theta_i\}_{i=1}^N$;公式 5.4 可用于策略评估,即最小化 $\mathcal{L}(\theta) = W_p(Z_\theta, \mathcal{T}Z_\theta)$。

评述 5.2.3 读者应当首先理解它们代表的是两个不同的概念,最终会意识到它们实际上是同一个问题,否则读者可能会感惑。

问题 5.2.1 为什么公式 5.4 可以用于 TD 学习?

答: 我们在此的目标是最小化两个分布之间的 Wasserstein 距离。该方法将在以下两个过程中使用:(1) 在分位数投影中,我们希望找到任意分布 Z 和一组分位数分布 Z_Q 之间的最小 Wasserstein 距离,从而找到 Z_Q 中的最优分位数分布 Z_θ 来逼近 Z。(2) 在 TD 学习过程中,我们希望最小化两个由神经网络参数化的分位数分布之间的 Wasserstein 距离,即 $W_\infty(Z(x,a;\theta), \Pi_{w_1}\mathcal{T}^\pi Z(x,a;\theta))$,从而更新神经网络的参数 θ。总结来说,最小化 Wasserstein 距离是我们的目标,而分位数回归是实现该目标的方法。我们使用分位数回归的原因是,直接将 Wasserstein 距离作为损失函数时,其梯度是有偏的。

5.2.6 QR-DQN 算法核心

我们需要证明通过分位数回归与贝尔曼算子的结合是收缩映射,否则将无法为值迭代提供理论基础,更不用说时序差分(TD)学习了。这个结果是在 ∞-Wasserstein 度量下,即两个累积分布函数之间的最大差距。

命题 5.2.2 （收缩映射）设 Π_{W_1} 为上述定义的分位数投影,应用于价值分布时,它给出了每个状态值分布的投影。对于一个状态空间和动作空间可数的马尔可夫决策过程 (MDP),任意两个价值分布 $Z_1,Z_2\in\mathcal{Z}$,有

$$\bar{d}_\infty(\Pi_{W_1}\mathcal{T}^\pi Z_1,\Pi_{W_1}\mathcal{T}^\pi Z_2)\leqslant\gamma\bar{d}_\infty(Z_1,Z_2).$$

因此,我们可以得出结论,组合算子 $\Pi_{W_1}\mathcal{T}^\pi$ 具有唯一的不动点 $\hat{Z}^\pi$,反复应用该算子或其随机近似将收敛到 $\hat{Z}^\pi$。因为 $\bar{d}_p\leqslant\bar{d}_\infty$,我们进一步得出在 $p\in[1,\infty]$ 范围内均会收敛。

证明:这里证明所需的知识超出本书范围,感兴趣的读者可参见原文（Dabney,et al.,2018b）。

问题 5.2.2 为什么这里有一个投影步骤?

答:该命题对于所有 $Z_1,Z_2\in\mathcal{Z}$ 都成立,因此为了使用上述分位数回归技术,我们需要首先用某个 $Z_\theta\in\mathcal{Z}_Q$ 近似 Z_1,Z_2,这就是为什么我们在这里需要一个投影步骤。值得注意的是,实际上在伪代码中并不存在这个投影步骤,因为价值网络的输出结构保证了在贝尔曼更新之前和之后,所有的价值分布都属于 $\mathcal{Z}_Q$。

最终损失函数

在 QR-DQN 中,随机回报被近似为 N 个狄拉克(Dirac)分布的均匀混合:

$$Z_\theta(x,a):=\frac{1}{N}\sum_{i=1}^N\delta_{\theta_i(x,a)},$$

其中每个 θ_i 被分配一个固定的分位数目标 $\hat{\tau}_i=\frac{\tau_{i-1}+\tau_i}{2}$,对于 $1\leqslant i\leqslant N,\tau_i=i/N$。这些分位数估计通过 Huber(1964)分位数回归损失函数进行训练,阈值为 κ,

$$\rho_\tau^\kappa(\delta_{ij})=|\tau-\mathbb{I}\{\delta_{ij}<0\}|\frac{\mathcal{L}_\kappa(\delta_{ij})}{\kappa},$$

其中

$$\mathcal{L}_\kappa(\delta_{ij})=\begin{cases}\frac{1}{2}\delta_{ij}^2, & \text{如果}|\delta_{ij}|\leqslant\kappa,\\ \kappa(|\delta_{ij}|-\frac{1}{2}\kappa), & \text{否则},\end{cases}$$

针对成对的 TD 误差

$$\delta_{ij}=r+\gamma\theta_j(x',\pi(x'))-\theta_i(x,a).$$

总结起来,损失函数为

$$\rho_\tau^\kappa(\delta_{ij})=\begin{cases}\frac{1}{2\kappa}|\tau-\mathbb{I}\{\delta_{ij}<0\}|\delta_{ij}^2, & \text{如果}|\delta_{ij}|\leqslant\kappa,\\ |\tau-\mathbb{I}\{\delta_{ij}<0\}|(|\delta_{ij}|-\frac{1}{2}\kappa), & \text{否则}.\end{cases}$$

问题 5.2.3 为什么将 TD 误差直接放入 $\rho_\tau^\kappa(\cdot)$？

答：如果读者不明白为什么在分位数回归中使用 TD 误差 $\delta_{ij}=r+\gamma\theta_j(x',\pi(x'))-\theta_i(x,a)$ 可以实现 $\min W_\infty(Z(x,a;\theta_i),\Pi_{w_1}\mathcal{T}^\pi Z(x,a;\theta_j))$。可以将 $\Pi_{w_1}\mathcal{T}^\pi Z(x,a;\theta_j)$ 看作公式 5.1 中的任意分布 Z，并将 $Z(x,a;\theta_i)$ 看作公式 5.4 中的 θ_i，即我们希望逼近的 $\hat{Z}\sim Z$。换句话说，我们可以将贝尔曼更新视为真实分布，而我们只需优化当前 Z 的参数以最小化 Wasserstein 距离（类似于使用目标网络）。然后公式 5.4 变为：

$$\sum_{i=1}^{N}\mathbb{E}_{\theta_j}\left[\rho_{\hat{\tau}_i}^\kappa(r+\gamma\theta_j(x',\pi(x'))-\theta_i(x,a))\right]. \tag{5.5}$$

5.3　隐式分位数网络

隐式分位数网络（IQN）是一种用于建模状态-动作对的回报分布的参数化方法。其核心思想是在不显式构建回报分布的情况下，利用分位数的概念对回报分布进行隐式建模，并通过对分位数函数的学习来优化策略。具体来说，IQN 将基分布（如 $\tau\sim U([0,1])$）的采样重新参数化为目标分布 $Z(x,a)$ 的对应分位数函数值。

设 $F_Z^{-1}(\tau)$ 为随机变量 Z 在 $\tau\in[0,1]$ 处的分位数函数，定义 $Z_\tau:=F_Z^{-1}(\tau)$，于是对于 $\tau\sim U([0,1])$，状态-动作回报分布的样本为 $Z_\tau(x,a)\sim Z(x,a)$，且 $Z_\tau(x,a)\in\mathcal{R}\}$。换句话说，IQN 通过一个神经网络，将状态-动作对 (x,a) 和基分布 τ 的采样映射到相应的分位数 $Z_\tau(x,a)$，从而隐式地从回报分布中进行采样。

5.3.1　风险敏感策略

在强化学习中，"风险"是指由于结果的不确定性而可能导致的期望偏差。与传统的仅依赖于回报期望的策略不同，风险敏感策略不仅考虑回报的均值，还关注回报分布的特性，如其波动性或尾部行为。这种风险敏感性常常体现在决策过程中对不同风险偏好的反映，具体表现为风险中性、风险规避或风险偏好的策略选择（Dabney, et al.，2018a）。

强化学习中的决策策略通常表现为最大化某个效用函数 U 的期望值：

$$\pi(x)=\arg\max_a \mathbb{E}_{Z(x,a)}\left[U(Z(x,a))\right],$$

这里的 $U(Z(x,a))$ 描述了在状态 x 下选择动作 a 所导致的随机回报 $Z(x,a)$ 的效用。当效用函数是线性的，策略被称为风险中性；当效用函数为凹函数或凸函数时，策略分别对应于风险规避和风险偏好。

另一种对风险敏感性的建模方式是通过最大化扭曲期望。这一方法引入了一个扭曲函数 h，该函数用于重新加权累积分布函数 $F_{Z(x,a)}$，从而改变对不同风险的偏好。具体而言，策略可以被定义为最大化扭曲期望：

$$\pi(x) = \underset{a}{\arg\max} \int_{-\infty}^{\infty} z \frac{\partial}{\partial z} (h \circ F_{Z(x,a)})(z) \mathrm{d}z,$$

其中,扭曲函数 h 扭曲了随机变量的累积概率,使得该策略在期望中隐含了风险敏感性。这种通过扭曲累积分布来描述风险敏感性的框架可以看作是对传统效用函数框架的等价替代,有研究表明,效用函数和扭曲函数在一定条件下是互为反函数的。

5.3.2　IQN 策略更新

定义 $\beta:[0,1] \to [0,1]$ 为扭曲风险度量函数,其中单位映射 $\beta(\tau)=\tau$ 对应风险中性策略。在此基础上,IQN 的目标是通过优化以下扭曲期望来进行策略更新:

$$Q_\beta(x,a) := \underset{\tau \sim U([0,1])}{\mathbb{E}}\big[Z_{\beta(\tau)}(x,a)\big]. \tag{5.6}$$

上述期望可以通过分位数函数的积分形式来表示:

$$Q_\beta(x,a) = \int_0^1 F_{Z(x,a)}^{-1}(\tau) \mathrm{d}\beta(\tau) = \int_0^1 F_{Z(x,a)}^{-1}(\tau) \beta'(\tau) \mathrm{d}\tau =$$

$$\sum_{i=0}^{N-1} (\tau_{i+1} - \tau_i) \beta'(\hat{\tau}) z(s,a,\hat{\tau};\theta_z). \tag{5.7}$$

这一公式表示了在 $\beta(\tau)$ 加权下的分位数期望,其中 $\beta(\tau)$ 可以用来调控策略的风险偏好程度。实际应用中,常用的扭曲风险度量函数例如:(1)CPW 累积概率加权函数: $\beta(\tau) = \tau^\eta / (\tau^\eta + (1-\tau)^\eta)^{\frac{1}{\eta}}$;(2)Wang 扭曲风险度量: $\beta(\tau) = \Phi(\Phi^{-1}(\tau) + \beta)$,其中 Φ 和 Φ^{-1} 分别表示标准正态分布的累积分布函数及其逆;(3)CVaR(条件风险价值): $\beta(\tau) = \min\{\tau/\beta, 1\}$,其中 $\beta \in (0,1)$ 表示置信水平。

备注 5.3.1　凹效用函数 $\beta(\tau)$ 导致风险规避策略,而凸效用函数 $\beta(\tau)$ 则会引导出风险偏好策略。凹凸性的本质决定了个体对于不确定性下回报的态度,即选择凹效用函数时,个体趋向于规避风险;反之,凸效用函数则表明个体愿意承担更多风险。

将风险敏感贪婪策略记为 π_β,其定义如下:

$$\pi_\beta(x) = \underset{a \in A}{\arg\max} Q_\beta(x,a), \tag{5.8}$$

这里的策略 $\pi_\beta(x)$ 是基于状态 x 下的扭曲期望 $Q_\beta(x,a)$ 的最大化结果。通过风险敏感性的调整,策略 π_β 可适应不同的风险度量函数 $\beta(\tau)$,从而引导代理在风险规避或风险偏好之间进行选择。与标准的贪婪策略不同,风险敏感贪婪策略在决策过程中不仅考虑期望回报,还将回报分布的形态纳入考量。

接下来,我们讨论基于隐式分位数网络(IQN)的时序差分(TD)误差计算。对于两个独立样本 $\tau, \tau' \sim U([0,1])$ 和策略 π_β,第 t 步的 TD 误差可以表示为:

$$\delta_t^{\tau,\tau'} = r_t + \gamma Z_{\tau'}(x_{t+1}, \pi_\beta(x_{t+1})) - Z_\tau(x_t, a_t), \tag{5.9}$$

此处的 $\delta_t^{\tau,\tau'}$ 表示第 t 步中两个独立样本之间的回报差异,即 TD 误差。这个误差衡量了当前状态-动作对 (x_t, a_t) 在经过一次更新后的回报 r_t 与目标回报 $Z_{\tau'}(x_{t+1}, \pi_\beta(x_{t+1}))$ 之间的偏差。

注意:这里的更新基于最优贝尔曼方程,反映了动作空间 $\mathcal{A}$ 中动作的最优性。通过 $\pi_\beta(x_{t+1})$ 的最大化,策略逐步向最优策略靠近。

IQN 的核心优化过程是通过以下损失函数来实现的:

$$\mathcal{L}(x_t, a_t, r_t, x_{t+1}) = \frac{1}{N'} \sum_{i=1}^{N} \sum_{j=1}^{N'} \rho_{\tau_i}^\kappa(\delta_t^{\tau_i, \tau_j'}), \tag{5.10}$$

其中 N 和 N' 分别表示用于计算独立同分布($i.i.d.$)样本 $\tau_i, \tau_j' \sim U([0,1])$ 的数量。两个求和符号表明损失函数的估计基于 NN' 个 TD 误差实例,这些实例通过独立样本 τ_i 和 τ_j' 之间的误差计算得出。

值得一提的是,策略 $\pi_\beta(x)$ 可以通过 K 个独立采样的 $\tilde{\tau}_k \sim U([0,1])$ 来近似 Eq. 5.8 中的 Q_β。因此,最终的基于采样的风险敏感策略可以表示为:

$$\tilde{\pi}_\beta(x) = \underset{a \in \mathcal{A}}{\operatorname{argmax}} \frac{1}{K} \sum_{k=1}^{K} Z_{\beta(\tilde{\tau}_k)}(x, a),$$

该策略通过多个样本的期望值近似获得,能够有效反映不确定性和风险偏好。

问题 5.3.1 Eq. 5.9 使用了 $\tau_i, \tau_j' \sim U([0,1])$ 的独立同分布样本来估计 IQN 的 TD 误差。从直觉上讲,采样的 TD 误差在期望上应与真实误差相等,但为什么不使用相同的 τ 呢?

答:原始论文指出,τ_i 和 τ_j' 的独立采样使得 TD 误差去相关化,避免了样本之间的依赖性。这一设计促使学习的分位数函数能够更广泛地表征回报分布的特性,而不是仅仅拟合某些特定的点。通过独立采样,分位数的差异性被利用来更好地估计隐式分布的样本均值,进而提高策略的表现。

评述 5.3.1 进一步理解选择不同 τ 的意义:

1. 参考 QR-DQN 的最终损失(Eq. 5.5),我们可以看到双重求和结构已经存在。双重求和不仅用于估计 TD 误差的期望,还为学习过程提供了多样化的样本来源。在 Eq. 5.10 中,我们扩展了这一期望,并且由于 $\tau_j' \sim U([0,1])$,每个样本 j 的相关项的概率为 $1/N'$。

2. 在 Eq. 5.10 中,使用 $i.i.d.$ 的 τ_i 和 τ_j' 样本是合理的,因为 $\sum_{i=1}^{N} \sum_{j=1}^{N'}$ 遍历了 Z 和 $\mathcal{T}Z$ 之间的所有分位数对,这样做迫使 Z 的整个分布向 $\mathcal{T}Z$ 靠拢。如果仅使用相同的 τ 进行估计,可能只能拟合某些特定的分位数点,进而无法完整地描述回报分布的全貌。

最终,IQN 通过优化 Eq. 5.10[使用随机梯度下降(SGD)]来评估策略,并通过计算 Eq. 5.8 来进行风险敏感策略改进。

问题 5.3.2 隐式分位数网络的具体实现在哪里?

答:(1) $Z_\tau(x, a)$ 实际上是通过网络学习的隐式分位数函数 $Z(x, a, \tau; \theta)$,$\tau \sim U([0,1])$,

它为 IQN 的核心实现。(2)尽管看起来类似于两阶段更新,但这并非标准的 actor-critic 结构。因为 IQN 中的时序差分更新基于最优贝尔曼方程,不依赖于策略网络,因此与传统的actor-critic 方法存在本质区别。

5.4 全参数化的分位数函数

在前面的章节中,我们讨论了当前领域中最为广泛使用的值分布式强化学习算法,如 C51、QR-DQN 以及 IQN 等。这些算法不仅奠定了分布式强化学习的理论基础,也为新算法的提出和实验提供了重要的基准。在本章中,我们将介绍一些最新的研究成果,聚焦于更加灵活和高效的分布式算法。特别地,我们将重点讨论一种全参数化的分位数函数算法(FQF)(Yang,et al.,2019),该算法显著扩展了已有方法的能力和表现。

现有的分布式强化学习算法如 C51 和 QR-DQN 在对回报分布的参数化处理上存在一定的局限性:它们通常要么仅参数化回报值部分(如 QR-DQN),要么仅参数化分位数部分(如 IQN)。例如,QR-DQN 固定了分位数比例,且回报值通过分位数回归进行优化,而 IQN 则是从均匀分布中随机采样分位数。然而,这种部分参数化的设计往往无法充分逼近复杂的回报分布,从而限制了策略的表现。

为了解决这一问题,全参数化的分位数函数(FQF)提出了一种全参数化的分位数函数模型,既对分位数比例轴(x 轴)进行参数化,也对值轴(y 轴)进行参数化,从而可以更加精确地逼近回报分布。FQF 的核心在于引入了两个独立的神经网络:比例提议网络(fraction proposal network)和分位数值网络(quantile value network)。其中,比例提议网络负责生成分位数比例 τ,而分位数值网络则用于预测对应分位数的回报值 $F_Z^{-1}(\tau)$。这两个网络通过联合训练,能够有效捕捉状态-动作对的真实回报分布特征,从而提升策略的表现(Yang,et al.,2019)。

训练比例提议网络

在 FQF 中,比例提议网络的训练目标是找到最优的分位数比例,以使得生成的分位数函数能够逼近真实的回报分布。为了衡量这种逼近的质量,我们使用 1-Wasserstein 度量,该度量定义为两个分布之间的最小传输成本,适用于衡量分布间的差异。具体地,1-Wasserstein 度量 W_1 定义为:

$$W_1(Z,\theta,\tau) = \sum_{i=0}^{N-1} \int_{\tau_i}^{\tau_{i+1}} |F_Z^{-1}(\omega) - \theta_i| \, d\omega, \tag{5.11}$$

其中,θ 和 τ 分别代表分位数值和分位数比例的组合向量,θ_i 表示第 i 个分位数的回报值,τ_i 表示第 i 个分位数的比例。

这一目标函数在 QR-DQN 和 IQN 等算法中同样使用,但区别在于这些方法中的 τ 是固定或随机生成的:QR-DQN 采用均匀分布生成固定的分位数,而 IQN 则从均匀分布中随机采样 τ。与此不同,FQF 使用比例提议网络来动态生成 τ,从而能够自适应地选择最优分位数比例,以更好地逼近真实回报分布。

根据引理 5.2.1(Yang, et al., 2019),我们已知该问题的最优解 θ 满足:

$$\left\{ \theta \in \mathbb{R} \mid F(\theta) = \left(\frac{\tau + \tau'}{2} \right) \right\},$$

因此,FQF 的训练分为两个阶段:首先,优化分位数回归来逼近 F_Z^{-1}[即通过时序差分(TD)学习来更新分位数值网络];其次,使用 1-Wasserstein 度量的梯度 $\frac{\partial W_1}{\partial \tau}$ 来优化比例提议网络,从而更新 τ 的参数化表示。

比例网络的梯度更新

为了进一步说明比例提议网络的训练机制,接下来我们推导 1-Wasserstein 度量的梯度表达式。首先,对于任何非递减的连续分位数函数 F_Z^{-1},1-Wasserstein 损失函数 $W_1(Z, \tau)$ 的形式为:

$$W_1(Z, \tau) = \sum_{i=0}^{N-1} \int_{\tau_i}^{\tau_{i+1}} |F_Z^{-1}(\omega) - F_Z^{-1}(\hat{\tau_i})| \, \mathrm{d}\omega.$$

接着,我们可以求得损失函数关于比例 τ_i 的梯度表达式:

$$\frac{\partial W_1}{\partial \tau_i} = 2F_Z^{-1}(\tau_i) - F_Z^{-1}(\hat{\tau_i}) - F_Z^{-1}(\hat{\tau_{i-1}}).$$

这个梯度表达式反映了比例 τ_i 对于损失函数的影响,即如何调整比例来最小化 1-Wasserstein 损失。对于所有 $i \in (0, N)$,且 $\tau_{i-1}, \tau_{i+1} \in [0, 1]$ 且满足 $\tau_{i-1} < \tau_{i+1}$,存在 $\tau_i \in (\tau_{i-1}, \tau_{i+1})$ 使得 $\frac{\partial W_1}{\partial \tau_i} = 0$。这意味着通过梯度下降,比例提议网络可以逐步找到最优的分位数比例,从而逼近真实分布。

FQF 的优势与应用

FQF 相较于现有的值分布式算法具备多方面的优势。首先,通过全参数化的分位数函数,FQF 能够灵活地调整分位数比例和分位数值,从而更好地适应不同的回报分布形态。其次,1-Wasserstein 度量提供了一个有效的目标函数,能够确保分布之间的差异最小化。最后,联合训练的方式使得比例提议网络和分位数值网络可以协同优化,从而提升策略的表现。

这种算法的设计特别适用于那些回报分布复杂且不确定性较大的强化学习任务,如金融市场中的投资决策、自主驾驶中的风险规避等。这些任务往往要求代理在面对不确定性时做出精确且灵活的决策，而 FQF 提供了一个强大的工具来应对这些挑战。

5.5　风险敏感强化学习

本节介绍风险敏感的强化学习，或称安全强化学习，撰写这一部分的主要目的是回答这样一个问题："保留分布信息的目的是什么？"风险敏感性并不是分布式强化学习的唯一应用，但它是最重要的应用之一。

在 DRL 环境中，一个自然的问题是：我们能否利用回报分布提供的信息扩展策略类（即扩展到风险敏感策略的范围）？此外，什么时候更大的策略类会带来益处（Dabney，et al.，2018a）？

5.5.1　风险度量

文献中最常见的风险规避度量是条件在险价值（CVaR）（Rockafellar，Uryasev，2002），它属于一致性风险度量的范畴（Delbaen，Biagini，2000）。其他风险准则如累积前景理论（Tversky，Kahneman，1992）或指数效用（Rabin，2013）也可以与我们提出的算法结合使用。

风险度量的计算

设 $\beta:[0,1] \rightarrow [0,1]$ 为一个扭曲风险度量，单位映射对应于风险中性。在 β 下，$Z(x,a)$ 的扭曲期望定义为（Dabney，et al.，2018a）：

$$Q_\beta(x,a) := \mathop{\mathbb{E}}_{\tau \sim U([0,1])}[Z_{\beta(\tau)}(x,a)]. \tag{5.12}$$

注意，扭曲期望等于 $F_{Z(x,a)}^{-1}$ 在 β 加权下的期望值，即：

$$Q_\beta(x,a) = \int_0^1 F_{Z(x,a)}^{-1}(\tau)\,\mathrm{d}\beta(\tau) = \int_0^1 F_{Z(x,a)}^{-1}(\tau)\beta'(\tau)\mathrm{d}\tau. \tag{5.13}$$

如果我们使用 IQN $z(x,a,\tau;\theta_z)$ 来表示 $F_{Z(x,a)}^{-1}(\tau)$，则扭曲期望形式如下：

$$Q_\beta(x,a) = \sum_{i=0}^{N-1}(\tau_{i+1}-\tau_i)\beta'(\hat\tau)z(x,a,\hat\tau;\theta_z),\ \hat\tau = \frac{\tau_{i+1}-\tau_i}{2}. \tag{5.14}$$

常用的风险度量包括：

（1）CPW 累积概率加权参数化：$\beta(\tau) = \tau^\eta/(\tau^\eta+(1-\tau)^\eta)^{\frac{1}{\eta}}$。

（2）Wang 扭曲风险度量：Wang 提出的 $\beta(\tau) = \Phi(\Phi^{-1}(\tau)+\beta)$，其中 Φ 和 Φ^{-1} 分别为标准正态分布的 CDF 及其逆函数，$\beta>0$ 表示风险规避，$\beta<0$ 表示风险偏好。

（3）CVaR 条件在险价值（CVaR）是 VaR 的条件版本，关注回报分布尾部的期望值。对应的扭曲函数定义为 $\beta(\tau) = \min\{\tau/\beta,1\}$，其中 $\beta \in (0,1)$ 表示置信水平。估计 CVaR 较为困难且数据效率低,因为只有 β 部分的数据会影响 CVaR 的值。

（4）回报方差。

（5）最差结果。

不同风险度量的影响如图 5.2 所示,图中展示的是 IQN 算法在不同雅达利游戏中采用不同风险度量的实验结果。图的右侧显示了一个中立分布（"Neutral"线）,以及这些扭曲度量如何通过改变 τ 的采样分布影响隐含分布。Norm(3)和 CPW(0.71)减小了分布尾部的影响,而 Wang 和 CVaR 则大幅度将分布质量向尾部移动,分别产生了风险规避或风险偏好的偏好。此外,CVaR 完全忽略了对应于 $\tau > \eta$ 的值,而 Wang 则给这些值赋予了非零但极小的概率。图的左侧展示了在不同风险度量下学习到的策略表现,表明不同任务有不同的风险偏好,例如一些任务更偏好风险规避策略,而另一些可能更偏好风险偏好策略。如何选择最佳风险度量仍然是一个开放问题。这一分析的直接推论是,对于任何 β,都存在一个 τ 的采样分布,使得 Z_τ 的均值等于在 β 下的扭曲期望,也就是说,任何扭曲期望都可以表示为分位数的加权和。

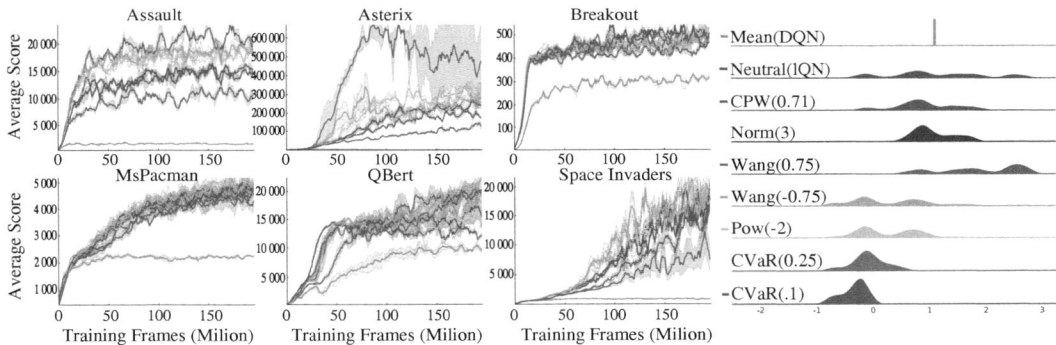

图 5.2 不同累积概率加权对采样分布的影响

图片引自(Dabney, et al. ,2018a)

5.5.2 算法介绍:风险规避的离线强化学习

这里我们介绍 *Risk-averse offline reinforcement learning* 一文的工作（Urpí, et al. ,2021）,其提出了一种使用 CVaR 准则的离线风险规避 DRL 算法。该论文创造性地结合了演员—评论家—模仿者结构,这一结构在控制引导误差和提升离线强化学习效率方面表现出了有效性。

基础设定

与通常的 MDP 设置类似,离线强化学习算法假设其可以访问一个由未知行为策略 π_β 收集的固定批量数据集。记 d_β 为由行为策略引导的占用测度,ρ_β 为边际状态分布（初始分布)。我们通过从固定数据集中采样来访问该分布。我们不能从环境中获得新的样本,即不能从 $s' \sim P(\cdot \mid s,a)$ 获得,但我们可以得到 $a' \sim \pi(\cdot \mid s)$(这不被视为新样本)。

评论者网络(Critic network)

本文使用隐式分位数网络(IQN)来表示评论者网络,并倾向于使用确定性策略。评论者损失函数为 IQN 中的 Huber 分位数回归损失:

$$\mathcal{L}_{\text{critic}}(w) = \mathbb{E}_{\substack{(s,a,r,s') \sim d^\beta(\cdot) \\ a' \sim \pi(\cdot \mid s')}} \left[\frac{1}{N \cdot N'} \sum_{i=1}^{N} \sum_{j=1}^{N'} \mathcal{L}_\kappa(\delta_{\tau_i, \tau'_j}; \tau_i) \right],$$

其中,样本 (s,a,r,s') 的时序差分(TD)误差定义为:

$$\delta_{\tau, \tau'} = r + \gamma Z_w^\pi(s', a'; \tau') - Z_w^\pi(s, a; \tau), \tag{5.15}$$

τ, τ' 从均匀分布中独立采样,即 $\tau, \tau' \sim \mathcal{X}(0,1)$ 且 $a' \sim \pi(\cdot \mid s')$。分位数 Huber 损失函数表示为:

$$\mathcal{L}_\kappa(\delta; \tau) = \underbrace{\left| \tau - \mathbb{I}_{\{\delta < 0\}} \right|}_{\text{分位数损失}} \cdot \underbrace{\begin{cases} \dfrac{1}{2\kappa} \delta^2, & \text{如果 } |\delta| \leqslant \kappa, \\[2mm] |\delta| - \dfrac{1}{2}\kappa, & \text{否则.} \end{cases}}_{\text{Huber 损失}}$$

演员网络(actor network)

在风险规避的应用中,我们通常更倾向于使用确定性策略,而不是随机策略,因为引入额外的随机性违背了风险规避的行为(Pratt,1978),而且在离线环境中,随机策略所带来的探索并无益处。因此,我们考虑参数化的确定性策略 $\pi_\theta(s): \mathcal{S} \to \mathcal{A}$。基于学习到的分布式评论者,我们定义演员损失为:

$$\mathcal{L}_{\text{actor}}(\theta) = -\mathbb{E}_{s \sim \beta(\cdot)} \left[\mathcal{D}\left(Z_w^\pi(s, \pi_\theta(s); \tau) \right) \right],$$

其中,$\mathcal{D}$ 是用于建模风险规避的算子。最小化演员损失等价于最大化风险规避的性能。我们利用评论者的分位数表示来计算演员损失 $\mathcal{L}_{\text{actor}}(\theta)$ 中的风险扭曲算子 $\mathcal{D}$。

给定分布的分位数表示,常见的风险扭曲 $\mathcal{D}$ 可以通过基于采样的方案高效逼近。特别地,存在与 $\mathcal{D}$ 相关的分位数采样分布 $\mathbb{P}_\mathcal{D}$,使得:

$$\mathcal{D}\left(Z_w^{\pi_\theta}(s, \pi_\theta(s); \tau) \right) = \int Z_w^{\pi_\theta}(s, \pi_\theta(s); \tau) \, \mathbb{P}_\mathcal{D}(\tau) \mathrm{d}\tau \approx$$

$$\frac{1}{K} \sum_{k=1}^{K} Z_w^{\pi_\theta}(s, \pi_\theta(s); \tau_k), \tau_k \sim \mathbb{P}_\mathcal{D}. \tag{5.16}$$

特别地,CVaR 相关的分位数采样分布称为 Acerbi 公式(Acerbi,Tasche,2002):

$$\text{CVaR}_\alpha\left(Z_w^{\pi_\theta}(s, a; \tau) \right) = \frac{1}{\alpha} \int_0^\alpha Z_w^{\pi_\theta}(s, a; \tau) \mathrm{d}\tau. \tag{5.17}$$

提示 5.5.1 当使用其他表示来构建评论者时,计算风险扭曲算子 $\mathcal{D}$ 会变得计算量非常大。在某些特定情况下,存在变分公式来计算 $\mathcal{D}$,但这需要解决一个内部优化问题。

例如,Singh 等人(Singh,et al.,2020)使用常见的 Rockafellar 截断优化程序来计算
CVaR,这种方法数据效率低且方差较大。

模仿网络(imitator network)

首先,我们来看引导误差在离线环境中如何产生(Kumar,et al.,2019):在评估 TD
误差时,Z 值目标会在没有数据的动作上进行评估,并通过 Bellman 方程传播。为了解决
这个问题,Kumar 等人(2019)使用随机策略并在优化演员时惩罚偏离行为策略的行为。

备注 5.5.1 公式 5.15 要求 $a' \sim \pi_\beta$,但我们只能从训练策略中采样 a',这就是为什
么会出现"没有数据"的问题。

因此,一方面我们希望使用确定性策略来进行风险规避优化,另一方面,为了避免过
拟合固定数据集,我们又希望使用随机策略。为此,我们使用了类似于 Fujimoto 等人
(2019)的参数化方式,将演员分解为两个部分:一个模仿学习组件 π^{IL} 和一个扰动模型 ξ_θ,
策略表达式为:

$$\pi_\theta(s) = b + \lambda \xi_\theta(\cdot \mid s, b), \quad \text{其中 } b \sim \pi^{\mathrm{IL}}(\cdot \mid s),$$

其中,b 是从模仿学习组件中采样的动作,ξ_θ 是一个条件确定的扰动模型,优化目标是最
大化演员损失 $\mathcal{L}_{\mathrm{actor}}(\theta)$,$\lambda$ 是控制扰动幅度的超参数。因此,策略中的所有随机性都来自
行为策略,而不是后续的优化过程。此外,如果我们能够访问行为策略 π_β,我们可以直接
用 π_β 取代模仿学习模块。

备注 5.5.2 注意,$\pi_\theta(s)$ 的主要组成部分实际上是模仿策略 $\pi^{\mathrm{IL}}(\cdot \mid s)$。虽然第二部
分 $\xi_\theta(\cdot \mid s, b)$ 是一个需要优化的网络,但它本质上是一个正则项。换句话说,最终策略的
基础是行为策略,目的是减少引导误差,而正则项的优化目标是最大化扭曲期望。

问题 5.5.1 (1)模仿网络模仿什么?(2)添加这个额外网络有什么优势?(3)如
何进行模仿?

答:(1)模仿行为策略。(2)减少引导误差。(3)使用基于变分自编码器(VAE)的
生成对抗模仿学习(GAIL)方法。

模仿学习过程

为了从行为分布 d^β 中的状态-动作对学习 π^{IL} 的生成模型,该工作使用变分自编码器
(VAE)(Kingma,Welling,2013),这一方法 Fujimoto 等人(2019)也有应用。与行为克隆
相比,VAE 的主要优势在于它不会出现模式崩溃的问题,这种问题会阻碍演员网络的优
化;而与逆向模仿学习相比,VAE 不假设策略是最优的。选择 VAE 而不是生成对抗网
络(GAN),是因为 VAE 的训练更为简单(Arjovsky,Bottou,2017)。

条件变分自编码器是一个概率模型,它根据生成模型对动作进行采样 $b \sim \mathrm{VAE}_\phi(s,a)$:

$$\mu, \Sigma = E_{\phi_1}(s, a); \quad z \sim \mathcal{N}(\mu, \Sigma); \quad b = D_{\phi_2}(s, z),$$

其中,E_{ϕ_1}是神经网络编码器,D_{ϕ_2}是神经网络解码器,并使用重参数化技巧(Kingma, Welling,2013)对代码z进行采样。为了学习参数$\phi=\{\phi_1,\phi_2\}$,我们对代码z施加一个先验$\mathcal{N}(0,I)$,并最小化变分下界:

$$\mathcal{L}_{\text{VAE}}(\phi)=\mathbb{E}_{s,a\sim\beta(\cdot)}\Big[\underbrace{(a-D_{\phi_2}(s,z))^2}_{\text{重构损失}}+\frac{1}{2}\underbrace{\text{KL}(\mathcal{N}(\mu,\Sigma),\mathcal{N}(0,I))}_{\text{正则化项}}\Big].$$

对于新状态s,$\text{VAE}_\phi(s)$的生成模型为$z\sim\mathcal{N}(0,I)$,$b=D_{\phi_2}(s,z)$。

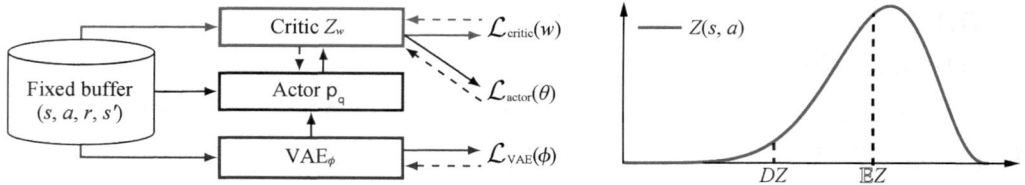

图 5.3　演员—评论者—模仿者(ACI)结构

图片引自(Urpí, et al.,2021)

实验结论

介绍实验部分非常重要,因为风险敏感强化学习算法由于缺乏专门环境,评估起来较为困难。因此,在本研究中,该文章修改了 MuJoCo 连续控制任务的奖励信号,使风险敏感算法在这些任务中更有意义。

该文章在 D4RL 数据集(Fu, et al.,2020)中提供的数据上测试了该算法,包括HalfCheetah、Walker 和 Hopper 任务。我们选择了这些数据集的中等(M)和专家(E)版本。由于这些任务是确定性的该文章在原始奖励中引入了随机性,以便能够进行有意义的风险评估,并展示风险规避优化的实际应用。作为风险规避性能指标,该文章选择了0.1-CVaR 的回合回报。该文章使用以下奖励函数:

(1) Half-Cheetah:$R_t(s,a)=\bar{r}_t(s,a)-70\,\mathbb{I}_{v>\bar{v}}\cdot\mathcal{B}_{0.1}$,其中$\bar{r}_t(s,a)$是原始环境奖励,$v$是前进速度,$\bar{v}$是速度阈值(M 版本中$\bar{v}=4$,E 版本中$\bar{v}=10$)。与汽车示例类似,这种高速惩罚模拟了机器人发生罕见但灾难性事件(如损坏)的风险规避。我们对 Half-Cheetah 任务进行了 200 步的评估。

(2) Walker2D/Hopper:$R_t(s,a)=\bar{r}_t(s,a)-p\mathbb{I}_{|\theta|>\bar{\theta}}\cdot\mathcal{B}_{0.1}$,其中$\bar{r}_t(s,a)$是原始环境奖励,$\theta$是俯仰角,$\bar{\theta}$是角度阈值(Walker2D-M/E 的$\bar{\theta}=0.5$,Hopper-M/E 的$\bar{\theta}=0.1$),$p=30$用于 Walker2d—M/E,$p=50$用于 Hopper-M/E。当$|\theta|>2\bar{\theta}$时,机器人摔倒,回合结束,该文章停止收集奖励。为了避免这种情况,该文章通过在$\theta>\bar{\theta}$时引入随机事件来调整奖励。Walker2D 和 Hopper 的最大时间步数为 500。

最终结果虽然没有与当前最先进的强化学习算法进行对比,但它展示了在特定环境设置下,风险敏感设计的有效性。

5.6 带约束的安全强化学习

在上一章节中,我们介绍了建模奖励分布的一个重要用途是增强强化学习算法的安全性。在本章节中,我们将进一步深入讨论强化学习的安全问题。在本章节中,我们将弱化建模奖励分布这一过程,而着重从带约束的强化学习的角度研究这一问题。

5.6.1 带约束的马尔可夫决策过程

我们可以将安全强化学习问题建模为带约束的马尔可夫决策过程(constrained Markov decision process,CMDP)(Altman,2021),其形式化定义为:

$$\underbrace{\mathcal{M} \cup \mathcal{C} := \langle \mathcal{S}, \mathcal{A}, \mathcal{P}, r, \gamma_r, \mu \rangle}_{\text{标准MDP}(\mathcal{M})} \cup \mathcal{C},$$

其中,$\mathcal{S} := \{s\}$ 表示状态空间,$\mathcal{A} := \{a\}$ 表示动作空间,$\mathcal{P} : \mathcal{S} \times \mathcal{A} \to \Delta(\mathcal{S})$ 表示状态转移概率,其中 $\mathcal{P}(s'|s,a)$ 是在状态 s 选择动作 a 后转移到状态 s' 的概率,$r : \mathcal{S} \times \mathcal{A} \to [0,1]$ 是奖励函数,$\gamma_r \in [0,1)$ 是奖励的折扣因子,$\mu \in \Delta(\mathcal{S})$ 是初始状态分布。

与标准马尔可夫决策过程(MDP)$\mathcal{M}$ 的关键区别在于存在一个额外的元组 $\mathcal{C}$,用于表示安全约束,我们可以称之为"约束元组(constraint tuple)"。本章节讨论基于约束条件下的安全强化学习问题。对于 CMDP $\mathcal{M} \cup \mathcal{C}$,可以将常见的公式化形式表述为:

$$\max_{\pi \in \Pi} V_r^\pi(\rho) \quad \text{s. t.} \quad f_c(\pi) \leqslant 0,$$

其中 $f_c : \pi \to \mathbb{R}$ 为安全约束函数(safety constraint function,SCF),需要注意的是,$\mathcal{C}$ 包含安全约束的参数化信息,该参数化信息在不同的具体问题中可能有不同的形式。

约束准则

在具有危险或高风险任务中,约束元组可以有多种替代形式。根据该领域的研究,约束元组大致可以分为以下四类:(1)最坏情况准则;(2)风险敏感准则;(3)约束准则;(4)基于奖励分布的准则(García,Fernández,2015)。

(1)最坏情况准则(worst case criterion)。最坏情况准则以最坏情况下的回报最大化为目标。该准则旨在减轻由特定策略引入的变异性对系统的影响,因为这种变异性可能导致风险或不可取的情况。这种变异性可能来源于两种不确定性:一是系统本身随机性的固有不确定性,二是与 MDP 的某些参数不精确相关的参数不确定性。

(2)风险敏感准则(risk-sensitive criterion)。另一种方法是将约束准则转换为一种主观指标,用以平衡回报与风险。这些方法称为风险敏感方法,其特点是包含一个参数,用于控制对风险的敏感度。在这些情况下,约束准则通常被转换为一个指数效用函数,或者是回报与风险的线性组合,其中风险可以定义为回报的方差,或者是进入错误状态的概率。

(3) 约束准则(constrained criterion)。该目标的核心是在一个或多个约束下最大化回报,从而形成约束约束准则。在这种情况下,我们的目标是在回报最大化的同时,确保其他类型的期望度量值保持在某些给定的界限之上或之下。

(4) 基于奖励分布的准则(distributional return based criterion)。最后,还有一类基于奖励分布约束准则,例如奖励分布的形状、风险价值(Value-at-Risk,VaR)、条件风险价值(CVaR)以及上一章节中提到的其他风险度量,这些准则通常基于更加灵活和复杂的奖励建模方式来调整优化目标。

问题简化

在上一章节中我们讨论了基于奖励分布准则下的安全强化学习,在本节中我们重点关注基于约束准则的安全强化学习。注意,在实际情况中,这几种准则并不是互斥的,经常会遇到几种约束准则同时出现的情况。

基于约束准则的安全强化学习可以在一个简化的带约束的马尔可夫决策过程框架下进行描述,这里复用符号标记,定义有限时间范围内的 CMDP $\mathcal{M}$ 元组为:

$$\mathcal{M} = (\mathcal{S}, \mathcal{A}, \mathcal{P}, T, r, c, \mu_0),$$

其中,CMDP 相较于传统的 MDP 增加了一个额外元素,代价函数 $c: \mathcal{S} \times \mathcal{A} \to [0, C_{\max}]$,用于表征违反约束的代价,其中 $C_{\max}$ 表示代价的最大值。不难发现,代价函数与奖励函数的性质是类似的。

一个安全强化学习问题由 CMDP 和一个约束阈值 $\kappa \to [0, +\infty)$ 指定。记 $\pi: \mathcal{S} \times \mathcal{A} \to [0,1]$ 为策略,$\tau = \{s_1, a_1, r_1, c_1, \cdots, s_T, a_T, r_T, c_T\}$ 为轨迹,其中 $T = |\tau|$ 是单个回合的最大长度。轨迹 τ 的回报定义为:

$$R(\tau) = \sum_{t=0}^{T-1} r_t,$$

而其累计代价定义为:

$$C(\tau) = \sum_{t=0}^{T-1} c_t.$$

安全强化学习的目标是在最大化轨迹回报的同时,将由于违反约束所产生的总代价限制在阈值 κ 内,即:

$$\max_{\pi} \mathbb{E}_{\tau \sim \pi}[R(\tau)], \quad \text{s.t.} \quad \mathbb{E}_{\tau \sim \pi}[C(\tau)] \leq \kappa. \tag{5.18}$$

5.6.2 拉格朗日乘子法

为了解决上述安全强化学习问题,可以使用拉格朗日乘子法(Lagrangian multipliers

method)。这是优化理论中的一种经典方法,特别适用于带约束优化问题。通过将约束条件合并到目标函数中,拉格朗日乘子法将约束优化问题转化为无约束优化问题,从而便于求解。

具体而言,对于原问题:

$$\min_x f(x),$$
$$\text{s. t. } h_i(x)=0, \quad i=1,2,3,\cdots,m, \tag{5.19}$$
$$g_j(x)\leqslant 0, \quad j=1,2,3,\cdots,n,$$

引入拉格朗日乘子,定义拉格朗日函数:

$$L(x,\alpha,\beta) = f(x) + \sum_{i=1}^{m}\alpha_i h_i(x) + \sum_{j=1}^{n}\beta_j g_j(x), \tag{5.20}$$

其中 α,β 称为拉格朗日乘子。对公式(5.20)先最大化再最小化,即

$$\min_x\Big[\max_{\alpha,\beta;\beta_j\geqslant 0} L(x,\alpha,\beta)\Big]=\min_x\Big\{f(x)+\max_{\alpha,\beta;\beta_j\geqslant 0}\Big[\sum_{i=1}^{m}\alpha_i h_i(x)+\sum_{j=1}^{n}\beta_j g_j(x)\Big]\Big\}. \tag{5.21}$$

在满足 KKT(Karush-Kuhn-Tucker conditions)条件的情况下,公式(5.19)和公式(5.21)是等价的。同时在满足强对偶性(strong duality)的条件下,最大化与最小化的顺序可以调换。

故而最优解可通过以下步骤获得:

(1) 原始变量优化:对 $\mathcal{L}(x,\lambda)$ 关于 x 最大化。

(2) 乘子更新:调整拉格朗日乘子使得约束条件被满足。

这一方法的理论基础在于 KKT 条件,即在最优解处需满足一系列必要条件。

用拉格朗日法解安全强化学习问题

对于上述安全强化学习问题(式 5.18),目标函数和约束条件分别为:

目标函数:$\mathbb{E}_{\tau\sim\pi}[R(\tau)]$,即期望轨迹回报的最大化;

约束条件:$\mathbb{E}_{\tau\sim\pi}[C(\tau)]\leqslant\kappa$,即期望轨迹代价不能超过阈值 κ。

使用拉格朗日乘子法,可以定义拉格朗日函数为:

$$\mathcal{L}(\pi,\lambda)=\mathbb{E}_{\tau\sim\pi}[R(\tau)]-\lambda(\mathbb{E}_{\tau\sim\pi}[C(\tau)]-\kappa), \tag{5.22}$$

其中,$\lambda\geqslant 0$ 是非负的拉格朗日乘子。注意:这里的形式与式(5.21)不同是由于最大化最小化优化目标和正负号导致的,采用式(5.22)的形式符合该领域研究的使用习惯,两者并没有本质区别。

具体求解步骤如下:

(1) 策略优化:对给定的 λ,最大化拉格朗日函数 $\mathcal{L}(\pi,\lambda)$,即

$$\pi^*(\lambda)=\underset{\pi}{\arg\max}\mathcal{L}(\pi,\lambda).$$

这一步通常通过强化学习算法实现,例如策略梯度法。

（2）拉格朗日乘子更新：根据优化结果 $\pi^*(\lambda)$，更新 λ 以逼近约束条件，

$$\lambda \leftarrow \lambda + \eta(\mathbb{E}_{\tau \sim \pi^*(\lambda)}[C(\tau)] - \kappa),$$

其中 $\eta > 0$ 是学习率。

（3）迭代至收敛：交替执行上述两步，直到策略 π 和乘子 λ 收敛为止。最终策略 π^* 应满足以下条件：最大化期望回报 $\mathbb{E}_{\tau \sim \pi}[R(\tau)]$；约束 $\mathbb{E}_{\tau \sim \pi}[C(\tau)] \leq \kappa$ 被严格满足。

最大化拉格朗日函数 $\mathcal{L}(\pi, \lambda)$ 关于策略 π 的优化可以使用策略梯度方法进行。这部分的梯度是 $\mathcal{L}(\pi, \lambda)$ 对 π 的梯度，其形式为：

$$\nabla_\pi \mathcal{L}(\pi, \lambda) = \mathbb{E}_{\tau \sim \pi}[\nabla_\pi R(\tau) - \lambda \nabla_\pi C(\tau)],$$

其中 $\nabla_\pi R(\tau)$ 和 $\nabla_\pi C(\tau)$ 是奖励和代价信号对策略的梯度，可以通过策略梯度算法（如REINFORCE）计算。

拉格朗日乘子 λ 的更新并不直接计算 $\mathcal{L}(\pi, \lambda)$ 对 λ 的梯度，而是基于次梯度方法进行。我们先分析 $\mathcal{L}(\pi, \lambda)$ 对 λ 的梯度：

$$\nabla_\lambda \mathcal{L}(\pi, \lambda) = -(\mathbb{E}_{\tau \sim \pi}[C(\tau)] - \kappa),$$

可观察到，λ 的更新方向仅由约束条件的违背程度 $\mathbb{E}_{\tau \sim \pi}[C(\tau)] - \kappa$ 决定，因此 λ 的更新公式为：

$$\lambda \leftarrow \lambda + \eta(\mathbb{E}_{\tau \sim \pi}[C(\tau)] - \kappa),$$

其中 $\eta > 0$ 是步长（学习率）。若 $\mathbb{E}_{\tau \sim \pi}[C(\tau)] > \kappa$（约束被违反），则 λ 增加，从而提高代价项在策略优化中的权重。若 $\mathbb{E}_{\tau \sim \pi}[C(\tau)] \leq \kappa$（约束已满足），则 λ 减小（或保持不变，因 $\lambda \geq 0$）。

虽然 $\mathcal{L}(\pi, \lambda)$ 的形式上允许对 λ 求导，但在拉格朗日乘子法中，λ 的更新并不直接依赖于目标函数 $\mathcal{L}$ 的梯度，而是基于约束条件的违反程度 $\mathbb{E}_{\tau \sim \pi}[C(\tau)] - \kappa$，这对应于次梯度优化的本质。次梯度方法的目标是调整 λ，使得约束条件 $\mathbb{E}_{\tau \sim \pi}[C(\tau)] \leq \kappa$ 能够逐步满足，而 $\mathcal{L}(\pi, \lambda)$ 中的代价项正好能够驱动这一过程。

总结

通过引入拉格朗日乘子，安全强化学习问题的复杂性得以大大降低。该方法在理论上提供了一种通用框架，在实际中结合强化学习算法的能力，使得智能体可以在高效优化回报的同时，确保遵守安全约束。这一方法广泛应用于机器人控制、自动驾驶等需要安全保障的场景。在具体实践中，采用拉格朗日乘子法的强化学习算法还有诸多实际考量，例如：

（1）探索与利用：由于约束条件的存在，智能体需要在收集轨迹数据时平衡探索（以了解代价函数 c）与利用（以优化奖励 r）。

（2）惩罚权重的动态调整：在早期阶段，较大的 λ 值可能导致保守策略，而在约束满足时，λ 的权重逐渐减小以提升回报。

（3）多重约束的扩展：若存在多个约束条件，可以为每个约束引入单独的拉格朗日乘子 λ_i，并分别调整。

5.6.3　算法介绍：带约束的 Decision Transform

　　拉格朗日乘子法作为经典的 CMDP 解决方法，已经被诸多文章与书籍广泛介绍，这里不再介绍采用该类方法的具体算法。本节介绍带约束的 Decision Transform 算法（Liu，et al.，2023c），该方法采用大模型与序列建模的方式解决 CMDP 问题，对于该领域的研究极具启发意义。注意，本算法中涉及大量"Decision Transformer 与强化学习"内容，相关内容将在本书后续章节中介绍，读者可以选择先跳过本节。

　　带约束的 Decision Transform(constrained decision transformer，CDT)基于 Decision Transformer 框架构建，并在两方面进行了重要扩展：(1) 使用带熵正则化的随机策略，(2) 通过目标回报重标(target return relabeling)实现数据增强。

带熵正则化的随机 CDT 策略

　　CDT 的模型架构如图 5.4 所示，其中与 DT 的差异以橙色高亮标出。DT 的输入序列为 $\mathbf{R}_{-K:t}=\{R_K,\cdots,R_t\}$、$\mathbf{s}_{-K:t}$ 和 $\mathbf{a}_{-K:t-1}$，其中 $K\in\{1,\cdots,t-1\}$ 为上下文长度，$R_t=\sum_{t'=t}^{T}r_{t'}$ 表示时间步 t 的回报。

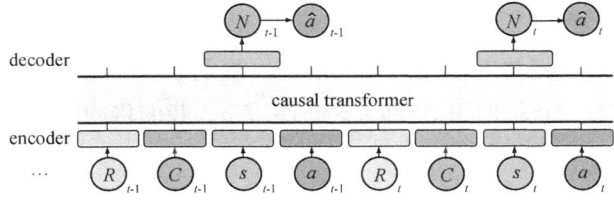

图 5.4　CDT 网络结构

CDT 在输入序列中增加了一个表示目标代价阈值的附加元素 $\mathbf{C}_{-K:t}=\{C_K,\cdots,C_t\}$，其中 $C_t=\sum_{t'=t}^{T}c_{t'}$ 表示从时间步 t 开始的代价回报。这样设计的直觉是生成同时受回报和代价约束的动作。例如，在时间步 t，设置 $C_t=10$ 和 $R_t=80$ 表示希望智能体获得 80 的回报，同时代价不超过 10。

　　与预测确定性动作序列的 DT 不同，CDT 采用随机高斯策略表示形式。记 $\mathbf{o}_t:=\{\mathbf{R}_{-K:t},\mathbf{C}_{-K:t},\mathbf{s}_{-K:t},\mathbf{a}_{-K:t-1}\}$ 为输入序列，(θ) 为 CDT 的策略参数，则：

$$\pi_\theta(\cdot\mid\mathbf{o}_t)=\mathcal{N}(\mu_\theta(\mathbf{o}_t),\Sigma_\theta(\mathbf{o}_t)),$$

其中，$\mu_\theta(\mathbf{o}_t)$ 和 $\Sigma_\theta(\mathbf{o}_t)$ 分别为策略的均值和协方差。

　　这种随机表示形式带来了多方面的优势：

　　(1) 缓解离线环境中的分布外动作问题：确定性策略可能由于系统性偏差导致生成分布外动作，从而在离线环境中引发累积误差，甚至违反约束。

　　(2) 增强策略探索能力：随机策略可以通过与环境的交互探索更多样化的动作，从而提高性能。这与预训练和微调的学习范式一致，并在实际应用中具有很大的潜力。

　　(3) 提升对近似误差的鲁棒性：通过添加熵正则项防止策略过拟合，遵循强化学习中广泛认可的最大熵原则。

优化目标为在最小化负对数似然损失的同时最大化熵项,熵的权重为($\lambda \in [0, \infty)$):

$$\min_{\theta} \mathbb{E}_{o \sim \tau} \left[-\log \pi_{\theta}(\mathbf{a} \mid \mathbf{o}) - \lambda \mathcal{H}\left[\pi_{\theta}(\cdot \mid \mathbf{o}) \right] \right].$$

基于目标回报重标的数据增强

由于 CDT 采用了目标回报条件化的策略结构,智能体的行为对目标回报和目标代价的选择高度敏感。在离线强化学习中,可以通过设置较大的目标回报让智能体尽可能地优化回报。然而,在基于序列建模的带约束的离线强化学习中,有效的目标回报受到回报约束的制约,即对于不同的累计代价约束,最大可行的累计回报是不同的。这便是 CDT 面临的最主要挑战:如何解决期望回报与期望代价间的冲突,并确保目标代价优先于目标回报? 例如,若初始目标回报略高于初始目标代价阈值对应的最大回报值,则难以确定策略是满足目标代价却牺牲部分回报,还是达到期望回报却违反代价约束。

为了解决上述问题,CDT 提出了一种基于回报重标的有效数据增强技术,利用轨迹级数据集 $\mathcal{T}$ 的帕累托前沿和回报前沿特性(定义见备注 5.6.1)。假设 (ρ, κ) 是一个不可行的目标回报对,即 $\rho > \mathrm{RF}(\kappa, \mathcal{T})$。我们将冲突目标与具有最大回报且满足代价约束的轨迹关联:

$$\tau^* = \arg \max_{\tau \sim \mathcal{T}} R(\tau), \quad \mathrm{s.t.} \quad C(\tau) \leqslant \kappa.$$

此时,$\tau^* = \{\mathbf{R}^*, \mathbf{C}^*, \mathbf{s}^*, \mathbf{a}^*\}$ 为帕累托最优轨迹,其代价小于 κ。然后,我们生成新的轨迹数据:

$$\hat{\tau} = \{\mathbf{R}^* + \rho - R(\tau^*), \mathbf{C}^* + \kappa - C(\tau^*), \mathbf{s}^*, \mathbf{a}^*\},$$

并将其加入数据集中:$\mathcal{T} \leftarrow \mathcal{T} \cup \{\hat{\tau}\}$。注意,$\mathbf{R}^*$ 和 $\mathbf{C}^*$ 上的操作为逐元素运算。

这一方法的直觉是通过重标帕累托轨迹的回报和代价,使智能体在不可行的目标回报条件下学习模仿最优且安全的轨迹行为。

备注 5.6.1 为了描述包含回报和代价指标的数据集 $\mathcal{T}$,CDT 引入了三类重要函数:帕累托前沿(Pareto frontier, PF)、逆帕累托前沿(inverse Pareto frontier, IPF)以及回报前沿(Reward frontier, RF)。

(1) 帕累托前沿(PF)用于描述在给定代价阈值 $\kappa \in [0, \infty)$ 下,数据集中轨迹所能达到的最大回报。其数学定义为:

$$\mathrm{PF}(\kappa, \mathcal{T}) = \max_{\tau \in \mathcal{T}} R(\tau), \quad \mathrm{s.t.} \quad C(\tau) \leqslant \kappa,$$

其中:$R(\tau)$ 表示轨迹 τ 的回报;$C(\tau)$ 表示轨迹 τ 的代价;κ 是代价阈值。该函数刻画了在给定代价限制下,轨迹回报的最优可能性。帕累托前沿是强化学习中分析回报与代价权衡的一项重要工具。

(2) 逆帕累托前沿(IPF)描述了在超出给定代价阈值 $\kappa \in [0, \infty)$ 的条件下,数据集中轨迹所能实现的最大回报。其定义为：

$$\mathrm{IPF}(\kappa,\mathcal{T})=\max_{\tau\in\mathcal{T}}R(\tau),\quad \mathrm{s.\,t.}\quad C(\tau)\geqslant\kappa.$$

与帕累托前沿不同，逆帕累托前沿关注代价超过阈值时的回报极限，为多目标优化场景下的策略分析提供了另一种视角。

（3）回报前沿（RF）用于描述在代价为（$\kappa\in\mathbb{C}$）的情况下，数据集中轨迹所能达到的最大回报。其中，（$\mathbb{C}$）表示数据集中所有可能的回合代价集合，$\mathbb{C}:=\{C(\tau):\tau\in\mathcal{T}\}$回报前沿的数学定义为：

$$\mathrm{RF}(\kappa,\mathcal{T})=\max_{\tau\in\mathcal{T}}R(\tau),\quad \mathrm{s.\,t.}\quad C(\tau)=\kappa.$$

需要注意的是，上面公式中帕累托前沿、逆帕累托前沿和回报前沿的约束条件及（κ）是不相同的，这里只是为了简便使用同一个符号。

5.7 本章小结

本章节介绍了值分布式强化学习（DRL），详细讲解了 DRL 典型算法的数学原理，包括 C51、QR-DQN、IQN 及 FQF。同时本章节着重讨论了建模奖励分布的意义，特别是与风险敏感强化学习的结合。

风险敏感强化学习通过在决策过程中考虑奖励分布的风险因素，为强化学习提供了更精细的控制机制。其关键特征在于关注不仅仅是期望回报，还考虑了回报的波动性及其可能带来的不确定性。基于此类方法，风险敏感强化学习能够在不确定或高风险环境中生成稳健性更强的策略。特别地，风险敏感强化学习在一些应用领域（如金融、医疗、自动驾驶等）展示了显著的优势，这些领域的决策往往需要对极端事件或罕见但高损失的事件做出规避。

风险敏感强化学习的方法通常通过风险度量函数（如条件在险价值 CVaR）或扭曲期望等数学工具，将风险敏感性纳入到策略优化过程中。例如，使用分布式强化学习可以通过学习整个回报分布，从而构建出具有风险敏感性的策略。而风险度量的选择会显著影响学习结果，不同风险度量适合不同的应用场景和任务特征。

风险敏感强化学习仍面临一些挑战和研究方向。一方面，如何选择最优的风险度量是一个开放问题，不同任务可能适合不同的风险规避程度或风险偏好，而目前对这一选择的理论支持和实践方法仍不完善。另一方面，风险敏感强化学习在计算效率方面的优化也亟待提升，特别是在高维状态空间中引入风险敏感性会显著增加计算量，这对大规模复杂系统的应用提出了新的需求。

随着对复杂系统风险特性的深入理解和强化学习理论的不断发展，风险敏感强化学习有望在未来得到更加广泛的应用和普及。

第六章

元强化学习

在强化学习的发展过程中,传统的 RL 算法在面临复杂环境和任务时往往表现出较低的样本效率和泛化能力。为了解决这些问题,元强化学习(Meta-reinforcement learning, Meta-RL)应运而生,它是一种使智能体能够通过学习先前任务的经验来加速新任务学习的方法。本章将详细探讨元强化学习的理论基础、应用环境、实验设置以及当前面临的挑战,旨在为读者提供一个全面的元强化学习框架。

本章的内容分为几个主要部分。首先,我们将介绍再生核希尔伯特空间(reproducing kernel Hilbert space, RKHS)的相关知识,它为元强化学习中的一些算法提供了数学支持。通过对内积空间、希尔伯特空间以及 RKHS 的深入分析,我们能够理解如何在高维特征空间中进行高效的学习和推断。接着,章节将引入变分自编码器(variational autoencoder, VAE)的基本概念及其在强化学习中的应用,重点讲解 VAE 的编码器结构和证据下界(evidence lower bound, ELBO)的优化过程,为后续的元学习方法提供了重要的理论工具。

随后,本章将深入讨论非平稳强化学习问题,阐述在动态变化的环境中,如何通过设计合适的马尔可夫决策过程来应对状态转移和奖励函数的不稳定性。接下来,核心部分是对元强化学习的详细解析,包括元强化学习的基本概念、应用环境以及实验设置。我们将重点讨论如何设计一个合适的元学习环境,通过多任务学习和快速适应能力的训练,使智能体能够在面对新任务时具备更强的泛化能力。此外,章节还将探讨元强化学习中的开放问题和面临的挑战,如任务分布的不确定性、知识迁移的复杂性等问题。

6.1 再生核希尔伯特空间

再生核希尔伯特空间(RKHS)是一类特殊的函数空间,在深入理解 RKHS 之前,我们需要首先掌握一些相关的基本概念。

6.1.1 内积空间

内积空间是一个定义了内积操作的向量空间。内积操作将两个向量映射为一个标量,并满足以下性质:

(1) 对称性:对于任意向量 x 和 y,有 $\langle x,y \rangle = \langle y,x \rangle$。

(2) 线性性:对于向量 x、y 和标量 α,有 $\langle \alpha x,y \rangle = \alpha \langle x,y \rangle$。

(3) 正定性:对于任意向量 x,有 $\langle x,x \rangle \geqslant 0$,且仅当 $x=0$ 时,$\langle x,x \rangle = 0$。

(4) 柯西-施瓦茨不等式:$|\langle x,y \rangle| \leqslant \|x\| \|y\|$,其中 $\|x\|$ 表示向量的范数。

6.1.2 希尔伯特空间

希尔伯特空间是一个完备的内积空间。这意味着,希尔伯特空间不仅是一个内积空间,它还具有完备性,即任何一个柯西序列在该空间中都有极限点。希尔伯特空间的维数可以是无限的,其元素可以是函数或无限维向量。我们可以在希尔伯特空间中定义范数和距离,并进行极限运算。

6.1.3 再生核希尔伯特空间(RKHS)

现在我们可以定义 RKHS,其是一种特殊的希尔伯特空间,其中的元素是函数。与通常的希尔伯特空间不同,RKHS 的一个显著特点是存在一个核函数 $k(x,x')$。核函数是将两个输入 x 和 x' 映射到实数的函数,具有再生性质。具体来说,在 RKHS 中,核函数满足以下再生性质:

$$\langle f,k(x,\cdot) \rangle = f(x), \quad \forall f \in \mathcal{H}, \tag{6.1}$$

其中,$\mathcal{H}$ 是 RKHS,$k(x,\cdot)$ 是对应于输入 x 的核函数,$\langle \cdot,\cdot \rangle$ 表示希尔伯特空间中的内积。这意味着核函数的内积与其在输入空间中的函数值直接相关,这一性质在计算中极具价值。

6.1.4 核函数与 RKHS 的关系

RKHS 的一个重要性质是它由核函数完全决定。给定一个核函数 $k(x,x')$,我们可以构造一个相应的 RKHS,其中的函数是核函数的线性组合。这意味着不同的核函数会生成不同的 RKHS。核函数的选择通常基于问题的特性和应用的需求,例如,在不同的机器学习任务中,可以选择不同的核函数来更好地捕捉数据的结构。

6.1.5 RKHS 在机器学习中的应用

RKHS 在机器学习中有广泛的应用。例如,在支持向量机(support vector machine,SVM)中,核函数被用于将输入数据映射到一个高维的 RKHS 中,使得原本在低维空间中不可分的非线性问题在高维空间中变得线性可分。通过这一技巧,SVM 能够有效处理非线性分类问题。

此外,RKHS 还在其他机器学习算法中有重要应用,如核岭回归(Kernel ridge regression)和高斯过程回归(Gaussian process regression),这些方法都利用了 RKHS 的再生性质,将复杂的非线性问题转化为线性问题进行求解。

6.1.6　总结

再生核希尔伯特空间(RKHS)是希尔伯特空间的一种特殊类型,它具有再生性质,并且由核函数完全决定。RKHS 提供了一种强大的工具,用于处理机器学习中的非线性问题。通过将数据映射到高维函数空间中,RKHS 能够在函数空间中进行建模和预测,是现代机器学习特别是核方法中的关键概念。

6.2　变分自编码器

在强化学习(RL)中,智能体通过与环境交互逐步学习最优策略。而元强化学习(Meta reinforcement learning,Meta-RL)则进一步提升了这一框架的能力,使得智能体不仅能够解决单一任务,还能在面对多个任务时快速适应新的任务。元强化学习的核心挑战之一是推断出当前任务的隐含信息,并以此为基础进行策略调整。在这一过程中,变分自编码器(variational autoencoder,VAE)作为一种强大的生成模型,在推断当前任务的潜在表示(latent representation)方面展现出了独特的优势,从而在元强化学习中得到了广泛应用。

本章将解释变分自编码器(VAE)的基本概念,部分内容参考 Kingma 等人的研究(Kingma, et al. ,2019)。

6.2.1　VAE 的编码器

变分自编码器框架为通过随机梯度下降(SGD)联合优化深度潜变量模型(deep latent variable models,DLVM)及其对应的推断模型提供了一种计算上高效的方法。

为了将 DLVM 中的不可处理的后验推断和学习问题转化为可处理的问题,VAE 引入了一个参数化的推断模型 $q_\phi(\mathbf{z}|\mathbf{x})$。该模型也被称为编码器或识别模型。其中,$\phi$ 表示该推断模型的参数,也称为变分参数。我们优化变分参数 ϕ,使得:

$$q_\phi(\mathbf{z}|\mathbf{x})\approx p_\theta(\mathbf{z}|\mathbf{x}).$$

正如我们将解释的那样,这种对后验的近似有助于优化边缘似然。与 DLVM 类似,推断模型也可以是(几乎)任意的有向图模型:

$$q_\phi(\mathbf{z}\,|\,\boldsymbol{x}) = q_\phi(\mathbf{z}_1,\cdots,\mathbf{z}_M\,|\,\boldsymbol{x}) = \prod_{j=1}^{M} q_\phi(\mathbf{z}_j\,|\,Pa(\mathbf{z}_j),\boldsymbol{x}),$$

其中，$Pa(\mathbf{z}_j)$表示有向图中变量 $\mathbf{z}_j$ 的父节点集合。与 DLVM 相似，分布 $q_\phi(\mathbf{z}\,|\,\boldsymbol{x})$可以通过深度神经网络进行参数化。在这种情况下，变分参数 ϕ 包括神经网络的权重和偏置。例如：

$$(\boldsymbol{\mu},\log\boldsymbol{\sigma}) = \text{EncoderNeuralNet}_\phi(\boldsymbol{x})$$
$$q_\phi(\mathbf{z}\,|\,\boldsymbol{x}) = \mathcal{N}(\mathbf{z};\boldsymbol{\mu},\text{diag}(\boldsymbol{\sigma})).$$

通常，我们使用一个单一的编码器神经网络对数据集中所有样本进行后验推断。这与传统的变分推断方法形成对比，后者的变分参数并不共享，而是对每个数据点分别、迭代地优化。VAE 中通过在不同数据点之间共享变分参数的策略被称为摊销变分推断（amortized variational inference）（Ganguly, et al., 2023）。通过摊销推断，我们可以避免为每个数据点进行单独的优化，并利用 SGD 的高效率进行优化。VAE 整体结构如图 6.1 所示。

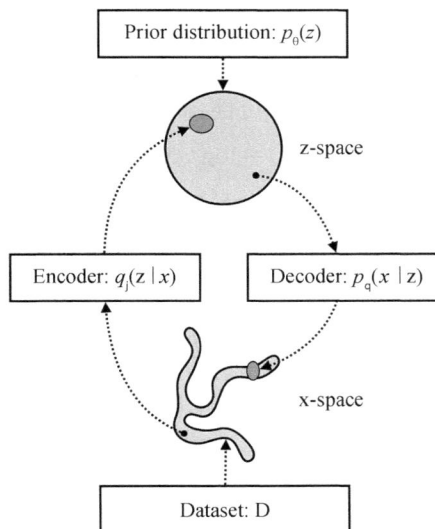

图 6.1　VAE 学习了观察空间 x 和潜在空间 z 之间的随机映射。x 的经验分布 $q_D(x)$通常比较复杂，而 z 的分布可以相对简单（如图中为球形分布）。生成模型学习联合分布 $p_\theta(x,z)$，这一分布通常（但不总是）可以分解为 $p_\theta(z)\,p_\theta(x\,|\,z)$，其中 $p_\theta(z)$是潜在空间上的先验分布，$p_\theta(x\,|\,z)$是一个随机解码器。随机编码器 $q_\phi(z\,|\,x)$，也称为推断模型，用来逼近生成模型中真实但不可解的后验分布 $p_\theta(z\,|\,x)$。

6.2.2　证据下界

在变分自编码器中，优化目标与其他变分方法一样，都是证据下界（evidence lower bound, ELBO），这个目标也称为变分下界。通常，ELBO 通过 Jensen 不等式推导得到。这里我们采用一种不依赖 Jensen 不等式的推导方法，以更深入地解释其紧致性。

对于任意的推断模型 $q_\phi(\mathbf{z}\,|\,\boldsymbol{x})$，包括其中的变分参数 ϕ，我们有：

$$\log p_\theta(\boldsymbol{x}) = \mathbb{E}_{q_\phi(\mathbf{z}\,|\,\boldsymbol{x})}\left[\log p_\theta(\boldsymbol{x})\right] = \mathbb{E}_{q_\phi(\mathbf{z}\,|\,\boldsymbol{x})}\left[\log\left[\frac{p_\theta(\boldsymbol{x},\mathbf{z})}{p_\theta(\mathbf{z}\,|\,\boldsymbol{x})}\right]\right] =$$

$$\mathbb{E}_{q_\phi(\mathbf{z}\,|\,\boldsymbol{x})}\left[\log\left[\frac{p_\theta(\boldsymbol{x},\mathbf{z})}{q_\phi(\mathbf{z}\,|\,\boldsymbol{x})}\frac{q_\phi(\mathbf{z}\,|\,\boldsymbol{x})}{p_\theta(\mathbf{z}\,|\,\boldsymbol{x})}\right]\right] =$$

$$\underbrace{\mathbb{E}_{q_\phi(\mathbf{z}\mid\boldsymbol{x})}\left[\log\left[\frac{p_\theta(\boldsymbol{x},\mathbf{z})}{q_\phi(\mathbf{z}\mid\boldsymbol{x})}\right]\right]}_{=\mathcal{L}_{\theta,\phi}(\boldsymbol{x})}+\underbrace{\mathbb{E}_{q_\phi(\mathbf{z}\mid\boldsymbol{x})}\left[\log\left[\frac{q_\phi(\mathbf{z}\mid\boldsymbol{x})}{p_\theta(\mathbf{z}\mid\boldsymbol{x})}\right]\right]}_{=D_{\mathrm{KL}}(q_\phi(\mathbf{z}\mid\boldsymbol{x})\|p_\theta(\mathbf{z}\mid\boldsymbol{x}))}, \tag{6.2}$$

上式结果的第二项是 $q_\phi(\mathbf{z}\mid\boldsymbol{x})$ 和 $p_\theta(\mathbf{z}\mid\boldsymbol{x})$ 之间的 KL 散度,根据 KL 散度的性质,它是非负的:

$$D_{\mathrm{KL}}(q_\phi(\mathbf{z}\mid\boldsymbol{x})\|p_\theta(\mathbf{z}\mid\boldsymbol{x}))\geqslant0,$$

当且仅当 $q_\phi(\mathbf{z}\mid\boldsymbol{x})$ 等于真实后验分布时,该 KL 散度为 0。

式(6.2)结果的第一项是变分下界,即证据下界(ELBO):

$$\mathcal{L}_{\theta,\phi}(\boldsymbol{x})=\mathbb{E}_{q_\phi(\mathbf{z}\mid\boldsymbol{x})}\left[\log p_\theta(\boldsymbol{x},\mathbf{z})-\log q_\phi(\mathbf{z}\mid\boldsymbol{x})\right]. \tag{6.3}$$

由于 KL 散度的非负性,ELBO 是数据对数似然的下界:

$$\mathcal{L}_{\theta,\phi}(\boldsymbol{x})=\log p_\theta(\boldsymbol{x})-D_{\mathrm{KL}}(q_\phi(\mathbf{z}\mid\boldsymbol{x})\|p_\theta(\mathbf{z}\mid\boldsymbol{x}))\leqslant\log p_\theta(\boldsymbol{x}). \tag{6.4}$$

KL 散度 $D_{\mathrm{KL}}(q_\phi(\mathbf{z}\mid\boldsymbol{x})\|p_\theta(\mathbf{z}\mid\boldsymbol{x}))$ 确定了两个"距离":

(1) KL 散度表示近似后验与真实后验之间的差异;

(2) ELBO $\mathcal{L}_{\theta,\phi}(\boldsymbol{x})$ 和边缘似然 $\log p_\theta(\boldsymbol{x})$ 之间的差距,这也称为界的紧致性。KL 散度越小,$q_\phi(\mathbf{z}\mid\boldsymbol{x})$ 对真实后验 $p_\theta(\mathbf{z}\mid\boldsymbol{x})$ 的逼近越好,界的紧致性越强。

ELBO 作为损失函数

从式(6.4)可以看出,最大化 ELBO $\mathcal{L}_{\theta,\phi}(\boldsymbol{x})$ 相对于参数 θ 和 ϕ 的优化同时实现了以下两个目标:

(1) 近似最大化了边缘似然 $p_\theta(\boldsymbol{x})$,意味着生成模型变得更好。

(2) 最小化了近似后验 $q_\phi(\mathbf{z}\mid\boldsymbol{x})$ 与真实后验 $p_\theta(\mathbf{z}\mid\boldsymbol{x})$ 之间的 KL 散度,使得 $q_\phi(\mathbf{z}\mid\boldsymbol{x})$ 更加准确。

6.3 非平稳强化学习设定

一些研究致力于在非平稳马尔可夫决策过程(non-stationary MDP)或非平稳环境设定下探讨算法的表现(Padakandla, et al., 2020;Cheung, et al., 2020;Lecarpentier, Rachelson, 2019)。非平稳马尔可夫决策过程经常作为元学习的基础设定,故本节首先介绍这一设定。

非平稳马尔可夫决策过程

我们参考 Padakandla 等人(2020)的研究,对模型随时间变化的 MDP 环境中的最优策略学习问题进行描述。定义一个 MDP 族 $\{M_\theta\}$,其中 θ 取值于有限索引集 Θ。对于每个 $\theta\in\Theta$,我们定义 $M_\theta=\langle\mathcal{S},\mathcal{A},P_\theta,R_\theta\rangle$,其中 $\mathcal{S}$ 和 $\mathcal{A}$ 分别是状态空间和动作空间,P_θ 是转移概率核,R_θ 是奖励函数。智能体观察到一个状态序列 $\{s_t\}_{t\geqslant0}$,其中 $s_t\in\mathcal{S}$。在每个状态

下，根据策略选择动作 a_t。对于每对 (s_t,a_t)，下一个状态 s_{t+1} 根据当前环境模型选择变点（Change point）表示环境模型发生变化的决策时刻。我们用时间集 $\{T_i\}_{i\geqslant 1}$ 来表示变点，这些 T_i 形成一个递增的随机整数序列。例如，在时间 T_1，环境模型从 M_{θ_0} 变化为 M_{θ_1}，在 T_2 时从 M_{θ_1} 变化为 M_{θ_2}，以此类推，其中 $\theta_0,\theta_1,\cdots\in\Theta$。

这一形式可以视为一个增强了时间维度的平稳 MDP。对于这些模型的变化，非平稳动态在 $t\geqslant 0$ 时的表现为：

$$P(s_{t+1}=s'\mid s_t=s,a_t=a)=\begin{cases} P_{\theta_0}(s,a,s'), & \text{对于 } t<T_1 \\ P_{\theta_1}(s,a,s'), & \text{对于 } T_1\leqslant t<T_2 \\ \vdots \end{cases}$$

在 $(s_t,a_t)=(s,a)$ 时的奖励函数为：

$$R(s,a)=\begin{cases} R_{\theta_0}(s,a), & \text{对于 } t<T_1 \\ R_{\theta_1}(s,a), & \text{对于 } T_1\leqslant t<T_2 \\ \vdots \end{cases}$$

我们在时间 t 定义随机的历史依赖决策规则为 $u_t:H_t\to\mathcal{P}(\mathcal{A})$，其中 H_t 表示时间 t 时所有可能的历史集合，$\mathcal{P}(\mathcal{A})$ 表示动作空间 $\mathcal{A}$ 上的所有概率分布。H_t 中的一个元素表示为 $h_t=(s_0,a_0,s_1,a_1,\cdots,s_t)$。决策规则 u_t 依赖于历史，因为 $u_t(h_t)\in\mathcal{P}(\mathcal{A})$ 的选择依赖于观察到的状态和动作序列。根据这一规则，当前状态 s_t 下的下一个动作通过从 $u_t(\cdot)$ 中采样选择。如果决策规则仅依赖于当前状态，而与历史无关，那么 s_t 就足以代替 h_t，此时的决策规则是马尔可夫性的。前述章节中定义的确定性马尔可夫决策规则 $d_t:\mathcal{S}\to\mathcal{A}$ 在 H_t 替换为 S_t 并且 $\mathcal{P}(\mathcal{A})$ 替换为 $\mathcal{A}$ 上的退化概率分布时，相当于 u_t。

给定 MDP 族 $\{M_\theta\}$，目标是学习一个策略 $\pi=(u_1,u_2,\cdots)$，使得长期的期望折扣奖励和，即 $\mathbb{E}\left[\sum_{t=0}^{\infty}\gamma^t R(s_t,u_t(H_t))\mid H_0=h_0\right]$，对于所有初始历史 $h_0\in H_0$ 达到最大化。相比于平稳环境，在非平稳环境中学习策略，会面临如下挑战：

（1）随着环境参数的变化，静态的马尔可夫确定性策略可能不会对上述目标最优。因此，任何在这种情况下运行的算法都需要在随机历史依赖策略的空间中搜索，这是一个不可行的问题。

（2）当模型信息不可用时，智能体只能从模拟中获得状态和奖励的样本。主要问题在于如何利用这些状态和奖励样本设计一个近似最优的策略来应对非平稳环境。此外，在学习过程中应遵循哪个策略也是不明确的。

6.4 元强化学习

元强化学习（Meta-reinforcement learning，Meta-RL or MRL）的概念近年来被提出，旨在

通过利用具有共同结构的一组任务,使智能体能够从少量经验中学习到相似但全新的技能。Bing 等人(Bing, et al., 2022)探讨了非平稳环境中的元强化学习问题,我们以此为基础进行介绍。

现代元学习方法可以分为三大类(Bing,et al.,2022):

(1)利用循环神经网络(RNN)输入先前的状态转换数据,通过循环单元的隐藏状态隐式获取环境和任务的概念。

(2)基于模型无关的元学习(model aynostic meta learning,MAML)(Finn, et al.,2017),智能体学习一个对参数敏感的先验,从而通过梯度下降快速适应新任务。两者都采用了基于策略的强化学习算法,因此训练过程样本效率低下。

(3)第三类方法由 Rakelly 等人提出,算法名为演员—评论家 RL 的概率嵌入(probabilistic embedding for actor-critic,PEARL)(Finn, et al.,2017),该方法采用了一种基于无模型和离策略的方法,将变分自编码器(VAE)与软演员—评论家(SAC)结合,在样本效率和渐近性能上显著优于之前的方法,达到领先水平。

6.4.1 元强化学习基础知识

一个元强化学习问题由一组训练任务 $\mathcal{D}_{\mathcal{T}}^{train}$ 和一组测试任务 $\mathcal{D}^{test}$ 组成,两者均从相同的任务分布 $p(\mathcal{T})$ 中抽取。智能体应在元训练过程中利用这些训练任务,以便在元测试时只需进行少量调整即可完成之前从未见过的测试任务,而无需从头开始学习。元强化学习的目标可以表示为:

$$\theta^* = \arg\max_\theta \mathbb{E}_{\mathcal{T} \sim \mathcal{D}_{\mathcal{T}}^{test}} \left[\mathbb{E}_{\tau \sim p(\tau | \pi_\theta)} \left[\sum_{t \geqslant 0} \gamma^t r_t \right] \right].$$

基于元强化学习的一般问题定义,我们引入两种视角来理解和解决元强化学习问题,(1)元强化学习作为学习适应过程;(2)元强化学习作为任务推断。这两种视角为我们接下来讨论的算法提供了理论框架。

问题陈述

我们考虑这样一种情况:智能体可以利用来自先前任务的多样化经验,快速适应当前的新任务。样本效率是问题陈述的核心,既体现在从先前经验中获取样本的数量(元训练效率),也体现在新任务中的经验数量(适应效率)。我们通过离策略强化学习实现元训练效率,而适应效率要求智能体能够对任务的不确定性进行推理,尤其是在稀疏奖励设置中。为了捕捉任务的不确定性,我们学习了一个基于先前经验的概率潜在表示(Rakelly, et al.,2019)。

与之前的元强化学习公式类似,我们假设任务的分布为 $p(\mathcal{T})$,其中每个任务是一个马尔可夫决策过程(MDP),包括状态集、动作集、转移函数和有界奖励函数。我们假设转移函数和奖励函数是未知的，但可以通过在环境中采取动作进行采样。形式化地，任务 $\mathcal{T}=\{p(s_0),p(s_{t+1}\mid s_t,a_t),r(s_t,a_t)\}$ 由初始状态分布 $p(s_0)$、转移分布 $p(s_{t+1}\mid s_t,a_t)$ 和奖励函数 $r(s_t,a_t)$ 组成。这一问题定义涵盖了具有不同转移函数（例如，具有不同动力学的机器人）和不同奖励函数（例如，导航到不同位置）的任务分布。给定从 $p(\mathcal{T})$ 中抽取的一组训练任务，元训练过程通过基于过去转换历史进行条件化学习来适应当前任务，我们称之为上下文 c。设 $c_n^{\mathcal{T}}=(s_n,a_n,r_n,s_n')$ 表示任务 $\mathcal{T}$ 中的一次转换，使得 $c_{1,N}^{\mathcal{T}}$ 包含了到目前为止收集的经验。在测试时，策略必须适应从 $p(\mathcal{T})$ 中抽取的新任务。

备注 6.4.1　注意，元强化学习要求测试任务是训练集中完全没有出现过的。Bing 等人的研究（Bing, et al. , 2022）（以及众多类似工作）弱化了这一要求，例如这些工作认为改变目标速度或目标地点就算是改变任务，但实际上这只是改变了子任务。而真正的新任务，比如在学会了站立（训练）之后，可以通过跳跃进行测试。这一问题在 Yu 等人的研究（Yu, et al. , 2020）中被归结为"狭窄的任务分布"。

基于上述问题描述，我们可以从不同角度观察元强化学习这一问题，并得到如下两种观察：（1）将元强化学习作为学习适应过程；（2）将元强化学习作为任务推断。

元强化学习作为学习适应过程这一类方法，旨在学习一个用于适应特定任务的过程 u_ϕ，以便调整策略 π_θ。在训练期间，智能体使用训练任务来学习适应过程，并在测试阶段将其应用于新任务。该过程可形式化为：

$$\theta^*,\phi^*=arg\max_{\theta,\phi}\mathbb{E}_{\mathcal{T}\sim\mathcal{D}_{\mathcal{T}}^{test}}\Big[\mathbb{E}_{\tau\sim p(\tau\mid\pi_{\theta'})}\Big[\sum_{t\geq0}\gamma^t r_t\Big]\Big],$$
$$其中\ \theta'=u_\phi(\mathcal{D}_{\mathcal{T}},\theta).$$

我们将适应过程（也称为更新函数）表示为 $u_\phi(\mathcal{D}_{\mathcal{T}},\theta)$，表示它根据任务 $\mathcal{D}_{\mathcal{T}}$ 中的数据，接收初始参数 θ 并返回任务特定的参数 θ'。该过程的具体实现用 ϕ 表示，并取决于具体算法的工作机制。在元训练过程中，智能体学习最优的初始参数 θ^* 和最优的适应过程 ϕ^*，这构成了元测试时进行适应的基础。

另一种方法将元强化学习视为多任务强化学习的扩展，在多任务强化学习中，任务信息 z 作为先验在所有任务中已知，而在元强化学习中任务信息是未知的。从这一视角来看，元强化学习可以被看作学习多任务 RL 策略 $\pi(a\mid s,z)$，同时学习如何通过任务训练集 $\mathcal{D}^{train}$ 推断任务 z。因此，某种推断方法是必需的，用于从转换数据中推断任务。

元强化学习关键组件

元强化学习的三个关键组是（Weng, 2019）：

（1）带记忆的模型。循环神经网络（RNN）维持一个隐藏状态，因此可以通过在执行过程中更新隐藏状态来获取和记住当前任务的知识。没有记忆的元强化学习将无法发挥作用。

（2）元学习算法。元学习算法指的是如何更新模型权重,以优化解决测试时遇到的全新任务的速度。在 Meta-RL 和 RL^2 相关工作中,元学习算法是 LSTM 的普通梯度下降更新,且在 MDP 切换时重置隐藏状态。

（3）MDP 的分布。在训练过程中,智能体暴露于各种环境和任务中,它需要学习如何适应不同的 MDP。

问题 6.4.1 元学习究竟学到了什么从而导致快速适应?

答:元强化学习本质上是一种通过数据学习归纳偏差（Inductive bias）的方式（Botvinick, et al., 2019）。归纳偏差是指一个学习算法为进行归纳推理而作出的一组（显式或隐式的）假设,这些假设用于将有限的观察（训练数据）推广为领域的通用模型。

6.4.2 元强化学习环境

在本节中,我们介绍任务分布 $p(\mathcal{T})$ 的特性,以及这种分布如何基于底层 MDP 构成。在本研究中,我们将任务分布和环境的术语互换使用。环境是一组具有共同结构的任务,其中每个任务由其特定的 MDP 定义。

参数化与非参数化可变性

为了使智能体能够在训练任务和测试任务之间实现泛化,这些任务需要共享某种共同的结构。Yu 等人将任务分布分为参数化和非参数化任务分布（Yu, et al., 2020）。在参数化环境中,特定马尔可夫决策过程的奖励函数和转移函数仅在某些参数上有所不同。形式上,我们可以表示这样的环境以及包含 N 个任务的任务集 $\mathcal{D}_{\mathcal{T}}$ 为:

$$\mathcal{D}_{\mathcal{T}} = \{\mathcal{T}_i\}_{i=1}^N = \{p_i(s_{t+1}\mid s_t, a_t, \vartheta_i), r_i(s_t, a_t, \varphi_i)\}_{i=1}^N,$$

其中 ϑ_i 和 φ_i 分别是转移函数和奖励函数的参数,它们从某个分布中抽取。每个任务 $\mathcal{T}_i$ 是一个独立的 MDP,但任务间共享状态空间、动作空间和折扣因子。而在非参数化环境中,任务在性质上有明显的差异,无法通过参数变化来描述。这两类属性会导致环境呈现出集群式的结构。它们由若干性质上不同的基本任务组成,每个基本任务本身具有多个子任务,构成了参数化分布。

平稳与非平稳环境

环境还可以分为平稳环境和非平稳环境。在平稳环境中,任务的描述在一个回合中保持固定,任务仅在不同回合之间发生变化。因此,算法只需要进行少样本（few-shot）适应来解决这些环境问题。相对而言,在非平稳环境中,任务可能在每个时间步发生变化。为了解决这种环境,算法必须执行零样本（zero-shot）适应,即在线或连续的适应。然而,环境仍需在一段时间内表现出局部一致性,即环境在若干时间步内保持不变,以便算法能够利用之前的经验数据。例如,一个智能体在整个回合中以固定速度运行且环境未发生变化,这是一个平稳任务;而在非平稳任务中,目标速度可能突然改变,或机器人可能突然遭遇电机故障,这在 MDP 中体现为新的转移函数。

元强化学习环境中的适应

在元强化学习中,适应新任务的方式有两种:少样本适应和零样本适应。

在少样本适应设置中,智能体面对新任务时,允许在该任务中收集少量数据并在每次回合后调整策略,从而逐渐对环境有更好的认知。由于这种逐回合的适应,少样本适应仅适用于平稳环境。此外,只有当智能体在暴露于新任务后无需立即完成任务,只需在几次试验后成功时,这种方法才是合理的。

相对的,在零样本适应设置中,要求智能体在没有先前数据收集的情况下,立即在新任务中成功表现。这需要智能体在回合内、在转换层面进行适应。相比少样本适应,零样本适应不仅适用于平稳环境,还适用于非平稳环境,智能体可能在每个时间步暴露于新任务中并且必须立即做出反应。

常用基准环境

元强化学习领域广泛使用的一类问题是基于 MuJoCo 物理引擎的高维运动任务,在这些任务中,简单的模拟机器人被要求进行跑步等行为。该领域的若干研究将这些问题扩展为多任务和元强化学习环境。例如,要求智能体朝不同方向跑步、以不同速度跑步(参数化奖励函数),或修改物理属性如质量、阻尼和摩擦系数(参数化转移函数)。典型的机器人智能体包括 Half-Cheetah、Ant、Walker 和 Hopper。除了 MuJoCo,另一些常用的元强化学习基准环境还包括 Metaworld 和 Continual World。这些环境旨在进一步挑战智能体在多任务学习、快速适应和持久学习等方面的能力。

Metaworld 是一个基于模拟的多任务元强化学习基准环境,专门设计用于评估在多个任务中快速学习和泛化的能力。它提供了一系列的机器人操作任务,例如物体抓取、堆叠、推拉等,这些任务的复杂度可以从简单的 2D 任务到复杂的 3D 操作任务不等。Metaworld 支持任务间的共享知识转移,旨在测试智能体是否能在不同任务之间快速适应并提高样本效率。该环境提供了多个任务组合,例如 Metaworld-M,Metaworld-H 等,分别代表不同的任务和目标。Metaworld 是元强化学习中广泛使用的基准之一,因为它具有任务多样性并要求智能体具备良好的跨任务泛化能力。

Continual World 是一个专注于持续学习和增量学习的元强化学习环境。与传统的强化学习环境不同,Continual World 强调智能体在多次任务学习过程中逐步积累知识并避免灾难性遗忘。在该环境中,智能体需要在不断变化的任务或环境条件下进行学习,且任务是逐步引入的,每个任务之间的转换会有一定的变化或干扰,智能体必须在没有完全重新学习的情况下利用之前的经验来快速适应新任务。Continual World 适合用于评估和发展能够处理非静态环境和长期任务学习的算法,特别是在增量学习和跨任务迁移学习的场景中。

问题 6.4.2 MuJoCo 是否是非平稳 MDP 的有效环境?

答:常规的 MuJoCo 基线任务是稳态环境,但我们可以对这些基准进行修改,使其兼容非平稳设置。

6.4.3 元强化学习中的实验设置

在元强化学习领域,实验设置通常旨在模拟复杂且非平稳的环境,以评估算法在适应动态变化中的表现。在这些环境中,描述马尔可夫决策过程的各类参数可能随着时间或其他条件发生变化,迫使智能体通过元学习机制来快速适应环境的变化。这里介绍一些常用的元强化学习实验设置,为研究者提供了典型的非平稳环境设计示例,展示了元强化学习如何应对环境中的动态变化。

非平稳环境的触发机制

在许多非平稳环境中,MDP 的转移函数、奖励函数等核心组成部分会在某些触发条件下发生变化。为此,我们可以设计不同的触发机制,以迫使智能体在训练中不断调整其策略。常见的两种触发机制包括:

(1)按时间触发(trigger-by-time):在此机制下,环境中包含一个内部计数器,用于记录自上次触发事件以来智能体完成的转换次数。一旦转换次数达到预定的阈值,MDP 的参数将发生变化。这种方法模拟了许多现实世界中的变化模式,例如季节性变化或系统周期性变化。

(2)按位置触发(trigger-by-location):另一种机制是基于智能体的物理位置来触发变化。当智能体到达某些特定的位置(例如距离上一个标志点 10 m 时),环境的参数会改变。这类变化方式通常适用于具有物理位置或目标的任务,模拟了空间环境中的非平稳性。

在这两种策略中,为了防止智能体通过记忆预设的触发模式进行"投机取巧",每次回合中的触发点(无论是时间还是位置)都是随机确定的。这样一来,智能体必须具备灵活的适应能力,而不仅仅依赖于对固定模式的记忆。

非平稳环境的任务设计

元强化学习实验设置中常用的非平稳环境任务可以分为多种类型,以下列举了几个典型的实验环境:

(1)目标速度环境:目标速度任务是 Meta-RL 研究中广泛使用的基准任务之一。例如 MAML 和 PEARL 使用的目标速度环境及其非平稳变体。在这些任务中,MDP 的奖励函数会发生变化,智能体的目标是在不同的速度下进行优化。具体而言,有研究设计了基于"按位置触发"的事件机制,使得环境中的目标速度随机变化。由于目标速度是一个连续的标量随机变量,潜在空间被配置为一维,以捕捉环境中目标速度变化的规律。

（2）非平稳目标方向:将元强化学习算法应用于随机目标方向任务的非平稳变体,例如 Half-Cheetah 和 Ant。这类任务中的目标方向可以被视为性质截然不同的离散任务。为了适应这种变化,编码器被设计为包含两个基本任务,并引入一个潜在维度。在元训练过程中,同样采用了"按位置触发"的事件机制。这类任务设计的目的在于评估智能体在面临离散且不确定的目标方向变化时的适应能力。

（3）可变转移函数环境:可变转移函数环境旨在测试智能体如何应对转移函数(即环境动力学)的变化。经典任务如 Walker2D 和 Hopper,通常会引入随机物理参数(例如质量、摩擦、关节阻尼等)的变化来实现非平稳环境。例如 PEARL 曾使用这些环境作为基准测试其元学习能力,不过也有研究表明,物理参数的变化主要体现在关节扭矩和角速度的关系中,导致智能体能够通过状态观测直接学习出有效的动作策略,从而无需依赖元学习机制。

实验环境的适用性分析

通过上述实验环境的设计,我们可以初步得出关于元强化学习实验设置的一些重要结论。首先,元强化学习中的非平稳环境应尽量避免智能体通过直接的记忆或模式匹配来解决问题,因此随机化的触发机制十分重要。其次,环境的非平稳性不仅仅限于奖励函数的变化,转移函数、物理参数等因素的变化也能够提供丰富的实验场景。然而,不同类型的非平稳环境对于智能体的挑战性有所不同。一些物理参数的变化可能并不足以引发复杂的元学习需求,而需要更具挑战性的环境设计以验证元强化学习算法的有效性。

6.4.4　元强化学习面临的挑战

由于目前元强化学习的设定并不完全统一,以下这些挑战通常针对特定的情况,相关研究也往往只集中解决其中的某个挑战。

（1）简单环境和狭窄的任务分布。例如,Zhao 等人(Zhao, et al., 2022)认为,当前大部分 MRL 的评估方法存在缺陷:即那些改变状态转移或奖励函数的任务实际上是单个任务的变种,而非多个不同任务。

（2）分布偏移(Distribution shift)。学习到的元策略通常仅在其训练时的任务分布上表现良好,而在测试时面对奖励或状态转移动态的分布偏移时表现不佳(Ajay, et al., 2022)。

（3）稀疏奖励。将 MRL 应用于解决现实问题的一个主要挑战是,这些问题通常伴随着稀疏的奖励函数,奖励只在任务部分或完全完成时才出现(Rengarajan, et al., 2022)。

（4）优化稳定性和样本复杂度。尽管 MRL 声称在适应新任务时具有高效的采样能力,但在其学习过程中,相较于传统 RL 需要更多的样本量,通常是几十到上百倍的采样量(Mendonca, et al., 2019)。

（5）网络结构。Mitchell 等人(2021)观察到,强化学习中使用的相对浅层的前馈神经网络结构并不适合基于优化的元学习。这表明 MRL 的网络设计在应对复杂任务时可能存在瓶颈。

（6）复杂度问题。采样复杂度随着任务数量的增加而迅速增大。这是 MRL 中的一个长期问题,目前仍缺乏有效的解决方法来显著降低采样复杂度。

6.5 本章小结

本章重点探讨了元强化学习的理论与方法,旨在构建能够在多任务场景中快速适应的学习框架。元强化学习通过在任务分布上优化策略,实现了跨任务的快速迁移与泛化。本章首先介绍了研究元强化学习所需的基本数学概念与工具,随后介绍任务环境设计以及实验设置。

具体来说,本章首先从再生核希尔伯特空间(RKHS)的概念出发,系统介绍了核方法在机器学习中的作用及其在强化学习中潜在的应用。通过引入核函数和 RKHS 理论,为构建具有更强表达能力的元学习模型提供了理论支持。随后,本章探讨了变分自编码器(VAE)在元强化学习中的重要作用。通过分析其编码器结构和证据下界(ELBO)的推导,阐明了如何利用变分推断方法对复杂任务分布进行建模与泛化,为元学习的高效表征提供了工具。针对实际任务中环境的动态变化,章节进一步介绍了非平稳强化学习设定,从非平稳马尔可夫决策过程(MDP)入手,讨论了时间变化对策略学习的影响,为元强化学习处理动态环境提供了背景支撑。

尽管元强化学习展现了强大的适应能力,本章也指出其面临的主要挑战,包括任务间表征共享的有效性、在非平稳环境中的鲁棒性、样本效率的提升以及对分布外任务的泛化能力。这些问题的解决是推动元强化学习实际应用的关键。展望未来,元强化学习的发展方向包括优化任务表示学习、提高动态环境下的适应性、降低样本复杂度,以及扩展其在医疗、自动驾驶等跨领域场景中的应用潜力。这些研究将为强化学习的广泛应用提供更高效、更鲁棒的解决方案。

第七章

增量强化学习

本章聚焦于增量强化学习（incremental reinforcement learning，IRL）的理论基础与方法探索，旨在构建能够适应动态环境和不断变化任务的学习框架。增量强化学习作为强化学习的一个重要分支，强调智能体能够在持续学习中逐步积累知识，而不因新信息的引入而遗忘已有知识。本章首先介绍增量学习的基本概念，并探讨其中的灾难性遗忘问题，这一问题在增量学习中尤为突出，是影响模型稳定性和性能的关键。通过分析各种解决灾难性遗忘的策略，本节为后续增量强化学习方法的讨论提供了理论支持。

接下来，本章重点介绍增量强化学习的定义及其主要方法，包括基于数据流的在线学习与模型更新的关键技术，并讨论其在实际应用中的挑战与局限。为了增强智能体在增量学习过程中的适应性，本章进一步探讨了元增量强化学习，通过引入任务泛化和迁移学习等概念，使智能体能够在不同任务间实现高效的知识迁移。同时，本章介绍了一种先进的元增量学习算法（continual meta policy search，CoMPS），详细阐述了其设计原理和实现方法，为增量学习提供了更具鲁棒性的解决方案。

本章的最后一部分延伸至深层强化学习中的增量方法，特别是残差网络与残差策略学习的应用，展示了如何利用深度学习的强大表征能力来提升增量学习的效果。通过本章的学习，读者将系统了解增量强化学习在动态和开放环境中的应用潜力，并为理解和设计自适应学习系统奠定坚实的理论与技术基础。

7.1 增量学习

本章节旨在探讨增量学习中的关键概念，尤其是那些可以与元学习结合的领域，如通过修改网络结构或采用解决"灾难性遗忘"（catastrophic forgetting）问题的方法。

7.1.1 基础设定

我们考虑一系列 N 个任务，记作 $\boldsymbol{T} = (T_1, T_2, \cdots, T_N)$。每个任务 T_t 都有一个训练

数据集,$\mathcal{D}_{\text{train}}^{(t)}=\{(x_i^{(t)},y_i^{(t)});i=1,\cdots,n_t\}$,其中 $y_i^{(t)}$ 是真实的标签(例如类别标签),n_t 是训练样本的数量。记 $\mathcal{D}_{\text{train}}=\bigcup_{t=1}^N\mathcal{D}_{\text{train}}^{(t)}$ 为所有任务的整个训练数据集。同样,记 $\mathcal{D}_{\text{test}}^{(t)}$ 为任务 T_t 的测试数据集。设 $f(\cdot;\Theta_t)$ 为模型(如深度神经网络),Θ_t 收集到当前任务 T_t 为止(包括 T_t)的所有学习参数。模型从任务 1 到 N 依次进行训练。当模型使用任务 T_t 的训练数据集 $\mathcal{D}_{\text{train}}^{(t)}$ 进行训练后,训练任务从 T_{t+1} 到 T_N 时,将无法再访问 $\mathcal{D}_{\text{train}}^{(t)}$ 和 $\mathcal{D}_{\text{test}}^{(t)}$。增量学习的主要目标是在任务 T_t 上最大化 $f(\cdot;\Theta_t)$ 的性能,同时尽量减少对先前任务(从 T_1 到 T_{t-1})的遗忘,所有这些都通过在它们的测试数据集 $\mathcal{D}_{\text{test}}^{(t')}$ 上评估,其中 $1\leqslant t'\leqslant t$。理想情况下,我们希望在增量学习的设置中最小化以下目标函数:

$$\mathcal{L}(\Theta_N;\mathcal{D}_{\text{train}})=\sum_{t=1}^N\mathcal{L}_t(\Theta_t;\mathcal{D}_{\text{train}}^{(t)}),$$

$$\mathcal{L}_t(\Theta_t;\mathcal{D}_{\text{train}}^{(t)})=\frac{1}{n_t}\sum_{i=1}^{n_t}l_t(f(x_i^{(t)};\Theta_t),y_i^{(t)}). \tag{7.1}$$

从上述损失函数可以看出,最初增量学习主要针对计算机视觉中的分类任务,x 代表图像,y 代表图像的标签。训练过程中,首先使用监督学习方法对模型进行训练,目标是当一个新的任务 T_t 到来时,使用已有模型继续训练,使得该分类器在新任务上的准确度达到最佳,并且在处理先前任务时,性能不受损(即没有遗忘)[①]。

元学习与增量学习的关系

元学习(Meta-learning)与增量学习在机器学习领域中是两个相关但不同的概念。增量学习指的是模型从一系列任务中学习,并在学习新任务时保留先前任务的知识。而元学习则是在任务分布上训练模型,目标是使得模型能够快速学习来自相同分布的新任务。

换句话说,增量学习侧重于在时间维度上保留知识,而元学习则专注于快速适应新任务。然而,这两个概念可以结合起来,构建更强大的学习系统。例如,元学习算法可以被用来学习一种对遗忘具有鲁棒性的表示,从而促进未来的学习,进而实现增量学习。通过这种方式,元学习为增量学习提供了一个潜在的框架。

增量学习和元学习关注的焦点不同。元学习在训练结束后,关注的是模型能否快速适应新的任务,因此其评估方式是看策略在新任务上的表现。而增量学习则关注在适应新任务后,模型是否遗忘了之前学过的任务。因此其评估标准是策略在旧任务上的表现。需要明确的是,增量学习不关注之前旧任务训练出来的模型对新任务的学习是否有帮助,哪怕是完全重新训练也无所谓,关键是看新任务的训练完成后,旧任务的表现是否受影响。

---

① 基于不同的研究需要,基础设定上会有些许差异,以上增量学习的概念参考 Li 等人的研究(Li, et al., 2019)。

增量元强化学习(continual meta reinforcement learning,CMRL)在强化学习中结合增量学习与元学习各自的特点,既要保证之前的训练有助于快速适应新任务,又要确保在适应新任务后不会忘记之前的任务,而且训练任务是按序列顺序出现的。直观上,这种设定下的算法应当支持少样本适应(few-shot adaptation)和非稳态环境(non-stationary environment),同时由于增量学习的设置,CMRL 可能需要预先知道任务标签。

关键问题

（1）灾难性遗忘(catastrophic forgetting)。深度神经网络在面对一系列学习任务时,通常会经历所谓的"灾难性遗忘"问题,即在训练新任务后,它们往往会"遗忘"之前学习的任务(Li, et al.,2019)。这一问题的发生是因为当不同任务的数据按顺序到达时,随机梯度下降所需的 i.i.d. 采样条件被打破。总体来说,遗忘问题主要存在于使用深度神经网络的增量学习中,而在纯元强化学习中则较少被关注,很大程度上是因为元强化学习允许回访过去的任务。

（2）稳定性-可塑性问题(stability-plasticity)。为克服灾难性遗忘,学习系统既需要具备持续获取新知识并完善现有知识的能力,也应防止新数据的输入明显干扰已有的知识。系统需要具备一定的可塑性以整合新信息,同时还必须具备稳定性,以防止灾难性干扰已整合的知识。该问题在生物系统和计算模型领域广泛研究,被称为稳定性-可塑性难题(Parisi, et al.,2019)。

解决方案

从宏观的角度来说,解决方案可以分为以下几类:

（1）梯度干预。通过某种方式(例如模仿学习、将网络参数距离作为正则项等)干预新任务的梯度更新方向,使得新任务的梯度更新尽量不影响之前的性能,或者尽量不要偏离之前太远。典型的方法是基于 MAML(model-agnostic meta-learning)的方法。

（2）网络调整。通过设计网络结构或更新方式,保留先前学到的知识。例如,接下来将介绍的知识蒸馏、浅层更新、学习生长机制和自增长模型等。

（3）重整采样。通过某种方式绕过"无法使用过去训练数据"的限制。典型的做法是保存部分"优质"训练数据进入重放缓冲区(replay buffer)。典型算法如后面将介绍的CoMPS(Berseth, et al.,2021),就采用了这一技巧。

从如何存储和使用任务特定信息的角度出发,解决方案可以分为以下几类:

（1）重放方法。以原始格式存储样本,或使用生成模型生成伪样本。在学习新任务的同时重放先前任务的样本,以减轻遗忘。

（2）基于正则化的方法。这些方法避免存储原始输入,优先考虑隐私保护并减轻内存需求。在损失函数中引入一个额外的正则化项,以巩固先前知识,防止在学习新数据时遗忘。这些方法可进一步分为聚焦数据的方法和聚焦先验的方法。

(3)参数隔离方法。为每个任务分配不同的模型参数,防止遗忘。当架构大小不受限制时,可以为新任务增加新的分支,同时冻结先前任务的参数。这类方法为每个任务分配独立的模型参数,从而防止遗忘。

7.1.2 灾难性遗忘

"灾难性遗忘"是增量学习领域关注的首要问题,增量学习中的"灾难性遗忘"问题产生的原因可以归结为:与在独立同分布(i.i.d.)数据上训练的普通监督学习不同,增量学习处理的是在非平稳数据分布上训练单个模型的问题,不同的分类任务按顺序呈现。然而,由于模型在学习过程中只能访问当前阶段的数据,因此容易在当前数据上过拟合,并因灾难性遗忘而导致先前数据的性能下降(Wang, et al., 2022)。

将该观点扩展到元强化学习领域则可以表述为:与在独立同分布(i.i.d.)任务上训练的普通强化学习不同,元学习处理的是在非平稳数据分布上训练单个策略的问题,不同任务按顺序呈现。然而,由于模型在学习过程中只能访问当前阶段的数据,因此容易在当前数据上过拟合,并因灾难性遗忘导致先前数据的性能下降。尽管这与元强化学习的目标有所偏差,但可以认为元强化学习的训练数据也是按一定顺序呈现给智能体的,尽管这种顺序遵循的是任务变化的未知分布。元强化学习通常不会出现遗忘问题,因为大多数元强化学习算法允许复用过去的数据或支持在线采样。但是,当设定进一步增加为增量元强化学习时,增量学习中的一系列问题便会出现。

弹性权重保持法(EWC)

弹性权重保持法(elastic weight consolidation,EWC)是一种有效的防止灾难性遗忘的技术,主要通过对新任务训练过程中模型参数的变动施加约束,来确保模型在学习新任务时不会丧失对旧任务的记忆。具体来说,EWC的关键思想是:在增量学习中,模型的某些参数在旧任务中可能扮演着至关重要的角色,因此在学习新任务时,应该保护这些重要的参数不受过多干扰,避免它们被过度调整或遗忘。

在EWC中,首先通过计算旧任务的后验分布来评估各参数的重要性。具体地,EWC通过在训练过程中为每个参数引入一个惩罚项,该惩罚项依赖于该参数在旧任务中的"重要性"——即参数的方差。方差较大的参数对任务的表现影响较小,而方差较小的参数则是任务性能的关键所在。因此,EWC通过在损失函数中加入一个额外的正则项,使得那些对旧任务至关重要的参数不会在新任务的训练中发生显著变化。该正则项通常被表示为:

$$\mathcal{L}_{\text{EWC}} = \frac{\lambda}{2} \sum_i F_i (\theta_i - \theta_i^*)^2, \tag{7.2}$$

其中,θ_i 为第 i 个参数,θ_i^* 为在旧任务上训练得到的最优参数值,F_i 为该参数的 Fisher 信息矩阵,表示参数的敏感度,λ 是一个超参数,用于控制正则项的强度。

例如,在图像分类任务中,某些参数可能对于特定类别的特征识别至关重要,例如区分猫和狗的特征。因此,这些参数在训练过程中会被 EWC 标记为重要参数,并通过惩罚项进行保护。当模型在训练新的狮虎识别任务时,EWC 通过限制这些关键参数的变化,避免其在新任务的训练过程中发生过度调整,从而使得模型能够在不忘记猫狗识别能力的基础上,顺利地适应新任务。

这种方法的核心优势在于,它能够有效地平衡旧任务和新任务之间的冲突,使得模型能够保留对旧任务的知识,同时在新任务上进行有效学习。EWC 通过弹性惩罚机制(类似于将参数视为有弹性的橡皮筋)避免了灾难性遗忘,同时保证了模型在训练新任务时的灵活性。这使得 EWC 在类增量学习和多任务学习中被广泛应用,特别是在面对需要不断扩展类别集或任务集的情境时,EWC 展现出极大的实用性。

7.1.3　其他概念

增量学习在多个领域中得到了广泛应用,其中计算机视觉是其应用尤为突出的领域之一。在计算机视觉中,增量学习的一个典型应用场景是逐步增强图像识别模型对日益增多类别的分类能力。随着图像数据集的不断扩展,模型需要能够灵活地适应新的类别,同时避免对已学类别的遗忘(灾难性遗忘)。这一需求促使增量学习技术快速发展,尤其是在目标检测、图像分类和语义分割等任务中,增量学习已成为解决数据扩展和类别演化问题的关键手段。

值得注意的是,在计算机视觉领域中,增量学习所涉及的若干核心术语与技术,往往具有其特定的领域背景和应用情境。这些术语包括但不限于"类别增量学习""知识蒸馏""正则化策略"等,它们反映了计算机视觉领域在应对数据规模膨胀和模型适应性挑战时的技术手段。在此基础上,本节将简要介绍与增量学习相关的几项关键概念,帮助读者更好地理解增量学习中的重要概念及技术路径。

类别增量学习(class-incremental learning)

类别增量学习是增量学习中的一个重要任务,它指的是在没有访问到之前数据的情况下,逐步增加新类别,并使模型能够同时保留对旧类别的识别能力。这一任务的核心挑战是如何在不断加入新类别的同时避免灾难性遗忘。这里灾难性遗忘主要指的是当模型学习新的可识别类别时,丧失对旧类别的记忆,例如一个已经学会区分猫狗的分类器在增加新的类别后(如汽车、飞机),失去了区分猫狗的能力。

知识蒸馏(knowledge distillation)

知识蒸馏是一种模型压缩技术,旨在将一个大型、复杂模型(教师模型)中学到的知识迁移到一个较小、较轻的模型(学生模型)中。在增量学习的背景下,知识蒸馏被广泛应用于减轻灾难性遗忘问题。通过将教师模型对旧类别的分类能力通过软标签(Soft labels)传递给学生模型,学生模型能够在学习新类别的同时保留对旧类别的知识。知识蒸馏的主要优点包括:(1)提高泛化能力:通过教师模型的指导,学生模型能够学习到更为丰富的特征表示。(2)防止灾难性遗忘:通过"软标签"传递旧类别的信息,减轻新任务对旧任务记忆的破坏。(3)提升模型效率:在不显著增加计算负担的情况下,帮助小型模型继承大模型的性能。

正则化策略(regularization strategies)

正则化策略在增量学习中扮演着至关重要的角色,旨在防止模型在学习新任务时出现过拟合,同时减少灾难性遗忘的风险。常见的正则化策略包括:

(1)弹性权重保持法(EWC):通过引入一个额外的正则化项来限制模型参数的变化,尤其是那些对先前任务至关重要的参数。EWC通过计算旧任务的"重要性"来对参数施加约束,从而避免模型对新任务的过度调整。

(2)路径正则化(path integral regularization):在增量学习过程中对模型的训练路径进行正则化,确保新任务的学习不会破坏模型在先前任务上学到的重要信息。

(3)渐进式网络(progressive networks):通过为每一个新任务构建一个新的网络模块(而非对旧模块进行调整),避免了灾难性遗忘的发生。这种方法通过增加新的网络组件来实现任务间的知识共享和迁移。

正则化策略的关键目标是平衡模型在旧任务和新任务之间的性能,通过合理地控制模型参数的变动范围,既能有效学习新任务,又能最大程度地保留旧任务的知识。

结构搜索(architecture search)

结构搜索是一种基于梯度下降法的网络优化方法(Liu, et al. ,2018a),可以显著降低优化网络结构的计算成本(完成计算机视觉基准任务所需的计算资源约为几天的GPU时间)。目前这种方法主要用于图像和语言模型等任务,尚未在强化学习领域被广泛应用。不过,强化学习可以用于实现神经结构搜索。

自增长模型

有学者认为在增量学习中,对不同任务采用相同的网络结构是导致"遗忘"问题的根源(Li, et al. ,2019)。这是因为不同的任务可能需要不同的网络结构和参数设置。基于这一思路,Li等人(2019)提出了一种自增长的网络结构。该结构的核心技术是"神经结构搜索(neural architecture search, NAS)"(Liu, et al., 2018a),可以通过梯度下降的方式优化网络结构,从而将参数更新与网络结构分离。通过这种方法,不同任务可以共享部分网络结构,同时针对每个具体任务搜索与其相关的网络结构,最终分别优化不同任务的网络参数。

需要特别强调的是,Li 等人(2019)的研究是在计算机视觉图像识别任务上进行的,采用的是有监督学习,训练数据集包含已知的图像标签。同时,"结构搜索"技术目前主要应用于图像识别和语言模型领域,尚未在强化学习(RL)中得到广泛应用。Li 等人(2019)提出的这种自增长模型与大模型结合的前景并不乐观。大模型本身已经具备了足够的表达能力,能够为不同任务分配不同的网络模块,无需再通过任务增长网络。因此,实际上在任务复杂度允许的情况下,自增长模型和大模型可以二选一。

7.2 增量强化学习

增量强化学习(continual reinforcement learning, CRL)旨在解决非平稳环境中的学习问题(Khetarpal, et al., 2022)。通常,增量强化学习的目标是在所有已遇到的任务上取得良好表现,尽管对于不同的需求,存在各种衡量指标。增量强化学习的常见目标包括减少对之前任务的遗忘以及提升对新任务的前向迁移(forward transfer),即通过复用之前任务的知识加速新任务的学习。其他目标则集中在限制资源使用,如样本数量、计算时间、模型大小或额外的内存需求。这些需求往往是相互冲突的,因此通常需要在某些方面做出权衡(Wolczyk, et al., 2022)。特别地,我们认为增量强化学习(CRL)方法应解决以下问题:(1)利用过去的经验实现正向前向迁移;(2)在未见过的环境上下文中实现泛化;(3)通过给定的目标规格学习相似任务;(4)提高样本效率;(5)减轻灾难性遗忘;(6)保持学习系统的可塑性(Powers, et al., 2022)。

这里进一步对增量强化学习算法的期望做出了更精确的描述(Schwarz, et al., 2018):

(1)增量学习方法不应遭受灾难性遗忘,即它应能够在之前学习的任务上维持较好的表现。

(2)它应能够在学习新任务时,利用从之前任务中提取的知识,展现出正向前向迁移,以实现更快的学习和/或更好的最终表现。

(3)该方法应具有可扩展性,即能够在大量任务上进行训练。

(4)它还应支持正向、后向迁移,即在学习一个与先前任务相似或相关的新任务后,立即提高之前任务的表现。

(5)最后,该方法应能够在不依赖任务标签的情况下进行学习,并且在理想情况下,即使在没有明确任务边界的情况下也应适用。

7.2.1 问题定义

增量强化学习在动态的环境中学习策略,我们将动态环境定义为一系列某个时间尺度上的静态任务序列,每个任务对应于在特定时间段内的特定环境特性。假设存在一个马尔可夫决策过程(MDP)的空间 $\mathcal{M}$,其中 $M=(S,A,R,P,\gamma,\mu)$,并且存在一个无限的环境序列 $\mathcal{D}$,其随着时间在 $\mathcal{M}$ 中演变。一个强化学习智能体与动态环境 $\mathcal{D}=[M_1,\cdots,M_{t-1},M_t,\cdots]$ 进行交互,其中每个 $M_t\in\mathcal{M}$ 表示在第 t 个时间段内是静态的 MDP。MDP 之间的差异可以表现在不同的维度上(相同的 S 但不同的 P,不同的 S 和 A 等)。随着时间的推移,环境发生变化,导致非平稳的环境分布,并且当前环境 M_t 的身份对于智能体是未知的。我们在此假设环境仅在奖励函数和状态转移函数上发生变化,状态空间和动作空间保持不变。增量学习的目标是基于从之前时间段 $1,2,\cdots,t-1$ 中累积的先验知识,优化学习参数,使其在当前环境 M_t 上实现最大回报。具体来说,智能体在当前时刻的优化问题定义如下:

$$\boldsymbol{\theta}_t^* = \underset{\boldsymbol{\theta}\in\mathbb{R}^d}{\arg\max}\, J_{M_t}(\boldsymbol{\theta}), \tag{7.3}$$

其中,$J_{M_t}(\boldsymbol{\theta})$ 定义为:

$$J_{M_t}(\boldsymbol{\theta}) = \mathbb{E}_{\tau\sim\pi_\theta}\sum_{h=0}^{\infty}\gamma^h r_h\,|\,M_t. \tag{7.4}$$

在增量强化学习的框架下,智能体逐步学习最优参数 $(\boldsymbol{\theta}_{t+1}^*,\boldsymbol{\theta}_{t+2}^*,\cdots)$,并在此过程中不断更新先验知识,为未来的学习提供支持。

需要注意的是,由于增量强化学习的环境是按序列呈现且无法重新访问,增量强化学习的目标是在当前环境中达到最优,而不是像元强化学习(Meta-RL)那样,基于多个任务的期望形式来优化。

虽然增量学习的非稳态环境设定可以表现为多种形式,例如像元强化学习那样的随时可能发生变化的环境,或者在固定长度的采样后发生变化的环境,但通常来说,增量强化学习(CRL)的设定要求智能体在当前环境中充分训练后,环境才会发生变化。例如,可以设定在采样 100 万个样本后任务发生变化。

7.2.2 增量强化学习主要方法

本章节简要介绍当前增量强化学习(CRL)的主流分类方法(如图 7.1 所示),并简述这些分类下的主要技术路径,对具体技术感兴趣的读者可以参见 Khetarpal 等人的研究(Khetarpal,et al.,2022)。

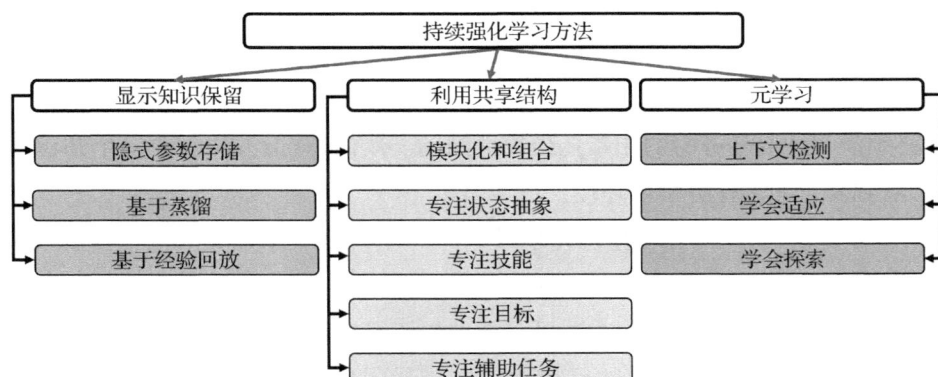

图 7.1　增量强化学习方法的分类图

图片改编自(Khetarpal, et al., 2022)

显式知识保留

（1）基于参数存储的方法：防止增量学习中跨任务遗忘的最直接方法是为每个任务保存独立的模型。然而，这种方法在多个方面具有局限性。首先，它需要一个检测当前任务的机制。其次，模型存储的需求显著增加，最后，它限制了跨任务共享相关知识的能力。一种替代方案是通过共享潜在组件的方式来利用知识。Ammar 等人通过共享的潜在基础，捕捉已学习策略中的可重用组件(Ammar, et al., 2014)。另一种利用先前任务知识的方法是将之前任务的网络表示作为输入供后续任务使用。虽然这种策略直接避免了灾难性遗忘问题，但它加剧了输入维度灾难和存储需求。随着任务数量的增加，历史表示空间也会增大，导致在实践中即便避免了灾难性遗忘，传递效果也会有所下降。为解决这一问题，可以考虑使用单一的共享表示。例如，Maurer 等人从多个任务中提取特征，形成单一的低维共享表示(Maurer, et al., 2016)；D'Eramo 等人进一步强调了学习共享表示的好处，尤其是在多任务联合学习时，近似值迭代和策略迭代中的误差传播得到了改善(D'Eramo, et al., 2024)。

另外一种常见方法是保存各参数在学习中的历史使用情况，从而保留重要的旧知识。这种方法通常减少了网络中用于先前任务的区域的可塑性，从而有效防止遗忘。然而，这种稳定性可能限制了反向迁移的潜力。类似的方法利用了叠加(superposition)概念，每个任务都存储上下文信息，使得权重可以显式分解为正交的子网络。最小化表示的重叠可以有效减少遗忘，但也可能减少类似于单任务学习的传递潜力。因此，在增量学习环境中使用这种方法时需要格外小心。

（2）基于蒸馏的方法：另一种常见的方法是通过蒸馏之前任务的知识来鼓励知识保留，从而防止灾难性遗忘。知识蒸馏是指使用一个神经网络作为另一个神经网络的软目标(soft target)。在强化学习中,这个目标可以是策略或价值函数。在增量学习背景下,蒸馏是一种实施保守更新的流行策略,使得智能体在可能的情况下尽量保留之前任务的重要知识。蒸馏的额外好处是,它最终为每个任务学习了一个独立的模型,有助于解决智能体必须学习冲突任务时的帕累托最优性问题。然而,蒸馏方法需要一个知识压缩策略,以扩展到真正的多任务学习环境。

(3)基于重演的方法:在增量强化学习中,另一种常见的策略是利用经验重放来加强对过去经验的学习。经验重放与基于模型的 RL 方法紧密相关,其中缓冲区用于生成过去经验分布中的现实样本。重放方法可以帮助校正目标函数中的短期偏差,只要过去经验是未来的良好代理。因此,重放已成为解决增量强化学习问题的一个非常成功的方法。然而,随着增量学习环境复杂性的增加,重放方法可能需要大量的存储,这促使一些研究探索使用生成模型生成的伪重演样本(Daniels,et al.,2022),另一种提高重放缓冲区存储效率的策略是通过学习来压缩经验(Riemer,et al.,2019)。虽然这些方法相较于其他方法非常成功,但当当前策略与过去行为显著不同时,它们往往难以有效利用过去数据,因为离线学习在这种情况下往往很难实现。

利用共享结构

在执行复杂任务时,我们自然会将其拆分为较小的子任务,并能够在多个时间尺度上进行规划、学习和推理。为了在智能体的整个生命周期内促进知识保留和迁移,使增量强化学习智能体具备类似的能力至关重要。本节将探讨文献中关于如何利用共享结构的相关方法。

(1)关注模块化与组合性:近年来的研究更多关注训练可用于一组相关任务的神经网络模块,并通过组合各任务专用的模块来实现任务处理。这类工作与强化学习中的神经结构搜索方法密切相关,以及其单次搜索、多任务学习和增量学习变体。尽管这些模型增强了组合能力,并通过在模块间划分信息来避免负向迁移,但在增量学习环境中实现这一概念存在多个挑战。例如,其中一个问题是模块学习与模块组合的"先有鸡还是先有蛋"问题。即使环境是稳态的,模块的学习过程以及模块组合的学习过程由于模块不断更新和新组合的出现,仍然会变得非稳态。

(2)关注状态抽象:状态抽象(或聚合)在捕捉不同任务之间的共同结构,并潜在促进正向前向迁移中起到了核心作用。通过抽象状态表示,智能体能够更好地利用跨任务的结构信息,从而提升任务间的知识迁移效果。

(3)关注技能:技能是一个抽象概念,通常可以形式化为选项框架(options framework)的特例。具体来说,技能通常由部分策略组成,通常用于到达关键状态。选项框架明确考虑了技能的启动点、所需执行的动作以及技能的终止点,而大多数技能学习的工作则主要关注学习技能策略本身。此外,大部分关于技能学习的工作通常只是在较低程度的非稳态性环境中隐式展示了技能的可重用性,而不是专门处理一个完整的增量强化学习框架。例如,Eysenbach 等人将一个隐变量条件的策略视为技能,旨在学习一组多样的技能,以在后续奖励变化时准备好应对挑战(Eysenbach, et al. ,2018)。Tessler 等人提出了一个层次化的多技能蒸馏网络,明确允许知识保留和技能的选择性迁移(Tessler , et al. ,2017)。他们的工作以《我的世界》游戏为背景,研究了在智能体解决多个复合任务时,奖励和转移函数的非稳态性。

(4)关注目标:使用深度神经网络作为基于目标的价值函数逼近器,Schaul 等人提出了一种能够处理多任务推理的方法(Schaul, et al. ,2015)。在增量学习的背景下,利用这种通用逼近器进行离线学习,并从多个并行的经验流中学习,可以非常有效地解决深度依赖的任务。Zhu 等人通过一种无监督的多样性探索方法,解决了灾难性遗忘问题,他们提出了一个对抗性自我纠正机制,以利用过去的经验学习新知识(Zhu, et al. ,2019)。另一个重要的研究领域是基于目标条件的价值函数和策略,通过后见学习(hindsight learning)的概念,离线学习那些已经实现的目标,即使这些目标与策略的原始目标不符。这类方法已被证明在稀疏奖励环境中大大提高了样本效率。此外,后见学习的概念已被扩展到分层和模块化的强化学习框架中。

(5)关注辅助任务:增量强化学习智能体的一个重要需求是学习表示,这种表示能够捕捉与任务无关的底层世界动态。一种常见的方法是通过增加辅助损失来增强损失函数,从而在强化学习中提供更密集的训练信号。该领域的大多数工作都考虑了手工设计的辅助任务,如从 RGB 观测中推断深度图、检测闭环、像素控制、奖励预测、逆向动力学预测以及潜在观测预测等。

学习如何学习(元学习)

在本节中,我们将重点介绍学习如何学习(learn to learn)或元学习(Meta learning)在多任务、终身学习(life-long learning)和增量强化学习中的应用。与前面解决增量强化学习方法的分类相比,本节主要探讨元学习与增量强化学习的内在联系及其结合应用。

(1)上下文检测:上下文检测是元学习中的常见方法,此类方法通常见于元强化学习(Meta RL)的设定中,可能伴随任务改变点检测、贝叶斯推断等方法一起使用。在上下文检测的工作中(即任务状态的发现),通常假设有访问变更点的"神谕"(oracle)。这在实际中非常有用,因为它限制了可用交互历史的长度。当前的工作通常假设任务状态分布是稳态的,但这种框架也可应用于更具挑战性的多智能体学习环境。这些方法最近也被扩展到为策略本身学习编码,基于有限的环境交互信息。

(2)学习适应:增量强化学习与元强化学习都是终身学习的一部分,它们的结合是显而易见的。增量强化学习的一个关键需求是能够通过样本高效的方式获取新能力。元学习是一种数据驱动的方法,用于提高智能体的学习效率。智能体通过学习调整自身的优化过程,基于过去的学习成功与失败。只要这些修改能够推广到未来的学习任务中,元学习就可以为学习提供归纳偏置,从而提高智能体获取新行为的样本效率。

(3)学习探索:元学习可以帮助解决增量强化学习中的另一个核心问题——探索。在近期文献中,元学习多次被用于学习内在动机函数以及改进的探索策略。此外,某些成功的方法引入了人工好奇心的概念,这通常通过某种惊讶度、信息增益、压缩率或赋能的度量来定义启发式目标。这些方法即便在单一的稳态环境中,尤其是在稀疏奖励环境下也能发挥作用。然而,增量强化学习中特有的好奇心问题则与任务顺序有关,尤其是在智能体有一定自主决定任务顺序的情况下。例如,PowerPlay 框架是一种用于终身学习环境中决定下一个最优任务的方法(Schmidhuber,2013)。有限的近期研究探讨了在深度多任务强化学习中决定下一个学习任务的策略,以及在非平稳多智能体环境中学习如何提取有价值的信息。然而,关于在增量强化学习中通过智能体主动驱动的任务探索的研究仍然相对稀少。

7.2.3 比较与挑战

在本节中,我们将比较强化学习、增量学习、增量强化学习等相互关联又不尽相同的概念,同时总结当前增量强化学习领域的问题与挑战。

增量学习与增量强化学习的区别

随着对增量学习研究的兴趣迅速增长,在监督增量学习中已经进行了广泛的研究,大多数工作集中在任务增量学习(task incremental learning)设置中。在这种设置中,每个任务的训练数据以输入和目标输出的标记样本(X, Y)的形式给出,这些样本是从某个分布 D 中随机抽取的。在这种情况下,目标是在有限的或不再访问先前任务数据的条件下,对已见任务进行统计风险最小化。相比之下,增量强化学习涉及的是一系列任务的序列决策问题,其中每个任务可以被视为一个静态的马尔可夫决策过程(MDP)(Khetarpal, et al.,2022)。简言之,增量强化学习中的任务是不同的 MDP,而不是单纯的监督学习任务,因此每个任务的学习阶段更加复杂。此外,当前强化学习中并没有像监督学习那样的"预训练-微调"方法。

强化学习与增量强化学习的区别

传统的强化学习(RL)通常处理的是稳态环境(stationary environment),因此策略网络可以直接将折扣累计回报作为优化目标函数。然而,增量强化学习(CRL)则要处理非稳态环境,这意味着优化目标函数与任务是相关的。当任务数量大于 1 时,CRL 实际上

是在处理多任务强化学习问题,此时可能会遇到以下挑战:

（1）帕累托最优性问题:对于共享参数,无法对所有任务都学习到一个最优的策略。这意味着多个任务之间的策略优化可能存在冲突。

（2）梯度干扰问题:不同任务的梯度在优化过程中可能会相互干扰,从而影响策略的学习(Khetarpal,et al.,2022)。

关心的问题

在增量强化学习中,研究人员和从业者特别关注以下几个核心问题:

（1）灾难性遗忘:这是增量学习设定中的核心问题。如果智能体无法记住之前学过的任务,那么增量学习就失去了意义。

（2）从累积知识中获益并快速适应新任务:增量强化学习的目标是将智能体的学习过程建模为类似于人类的持续学习过程。因此,CRL 不仅希望智能体能够记住过去学会的知识,还希望这些知识能加速新任务的训练,或者在测试阶段类似于元强化学习(Meta RL)那样,只需要少量样本就能快速适应新任务。

（3）探索与利用的平衡:这是所有强化学习算法中的常见问题,在增量强化学习中,由于环境的动态变化,这一问题的重要性被进一步放大。

7.3　元增量强化学习

元增量强化学习(meta continual RL)或称增量元强化学习(continual meta RL),是元强化学习与增量强化学习的结合。

在元训练的框架中,强化学习任务通常是按顺序呈现的,目标在于利用以往任务的经验加速对新 RL 任务的学习,而不必重新访问之前的任务(Berseth,et al.,2021)。尽管在无限任务集的情况下,同策略的元强化学习问题设置也可被视为增量学习问题,但有限任务设置更为贴近现实世界中强化学习智能体可能面临的情形,并能够从泛化中获得显著收益。

增量学习或终身学习主要关注数据流环境,其中接收到的经验可以立即用于训练。这两个术语描述的是以顺序方式学习任务,并努力避免遗忘问题。尽管近年来基于元学习的方法在增量元学习方面取得了一定进展,但大多数方法仍主要针对非强化学习问题。许多相关研究并未专门解决遗忘问题,往往是保留之前任务的数据在重放缓冲区中,以训练能够快速适应新任务的元强化学习模型。尽管使用重放缓冲区存储过去的任务数据,重新利用这些数据依然面临挑战,因为这些数据是由不同策略生成的。

异策略强化学习方法因能够有效重用过去的数据而被广泛应用于高样本效率的学习中。最近,一些高效样本的元强化学习算法被设计为异策略方法,理论上这些方法能够扩展到增量元学习环境。然而,在实践中,利用旧策略生成的历史任务数据的能力有限,导致部分方法在增量元强化学习环境中表现不佳。这主要源于这些方法难以外推到新的分布外任务。为了解决在不重新访问先前任务的情况下进行元训练的问题,一些研究者采用了自模仿学习技巧。尽管这种方法与模仿学习相似,但它并不依赖于外部示范,而是利用智能体在之前任务中收集的高奖励经验进行训练。

元增量强化学习的首要关切总结如下:

(1)当前的元强化学习在处理无限任务(infinite tasks)方面几乎无能为力,鲜有工作能突破这一局限。而增量学习通常被认为需要具备处理无限任务的能力。

(2)MRL 结合增量学习时确实面临"遗忘"问题,但在单纯研究 MRL 时,通常较少关注此问题。这可能是因为 MRL 的任务数量通常有限,因此可以像监督学习那样反复利用缓冲区进行训练。

(3)为了解决 MRL 与增量学习中的"遗忘"问题,单纯依赖重放缓冲区并不能取得理想效果,主要因为之前的轨迹数据并非由当前策略采样而得(即存在分布偏移问题),并且当前策略无法与之前的任务交互以生成新的数据。

(4)使用模仿学习的方法是一种常见的解决增量学习中"遗忘"问题的策略。简单来说,这意味着在训练策略应对新任务的同时,也要模仿自己之前的策略,以避免遗忘。

(5)在元强化学习与增量学习结合的设置中,由于任务环境不可重复访问,导致了严重的异策略问题。换言之,当前的新策略无法在旧任务上进行采样,这将影响策略梯度的计算,妨碍策略在整个任务集上的优化,导致"遗忘"问题无法仅通过重放缓冲区加以解决。为应对此问题,Berseth 等人(Berseth, et al. ,2021)采用了重要性采样(importance sampling)方法。

(6)关于强化学习算法的选择问题。虽然元强化学习不太关注具体的强化学习算法,一般选择 SAC、PPO 或其他更先进的算法都是可行的,但其中也存在一些技巧。例如,CoMPS 文章中选用 PPO 算法的原因之一在于:PPO 和 TRPO 这类置信域优化算法对策略更新范围进行了潜在限制,从而间接控制了策略网络的变化幅度,满足了增量学习中解决遗忘问题的需求。

提示 7.3.1 重要性采样是采样推断和强化学习中的关键技术。在强化学习中,重要性采样用于估计策略 π 的价值函数,利用先前从旧策略 π' 中收集的样本进行计算。它是一种在给定一个分布的样本时,估计另一分布的期望值的通用技术。尽管它是一种一致且无偏的方法,但可能会导致高方差的权重更新,从而影响价值函数的学习稳定性。

7.3.1 任务目标

元强化学习的目标是训练好的策略能够快速适应新任务;增量学习的目标是经过任务序列训练后,模型能够顺利完成所有之前的任务;而增量元强化学习的目标是经过任务序列的训练,训练后的模型不仅能快速适应新任务,还能保留应对旧任务的能力。

为了实现上述 CMRL 的目标,算法需要具备以下三种能力:

(1)元学习能力:能够通过元学习适应新任务。

(2)遗忘问题的处理能力:能够有效应对任务序列中出现的遗忘问题,满足增量学习的要求。

(3)处理异策略问题的能力:这是元强化学习与增量学习结合时自然带来的挑战,要求算法能够有效利用离线数据。

以 CoMPS(Berseth,et al.,2021)为例,其解决上述问题的方案如下:

(1)元学习能力:采用 MAML 方法,学习一套可以通过梯度下降快速适应新任务的网络参数。

(2)遗忘问题的解决:通过自模仿学习,使策略网络在更新时能够模仿自己在各个任务上表现最优的策略,从而避免遗忘。

(3)处理异策略数据:采用重要性采样技术,允许智能体通过当前策略生成的样本来估计先前任务的策略期望值。

与 PEARL 类的纯元强化学习算法相比,CoMPS 的优点在于它能够处理任务序列的训练需求,而 PEARL 要求算法可以随时与训练任务交互,这使其成为同策略(on-policy)方法。其缺点包括:(1)样本利用效率低(同策略方法的通病);(2)现实中的许多任务不允许回访;(3)算法的扩展性有限,虽然实现了多任务的训练,但如果出现分布外的新任务,难以在之前的基础上快速扩展。

相关研究还启发我们关注分布式学习的潜力:例如 Espeholt 等人(Espeholt,et al.,2018)介绍了一种分布式异策略演员-评论家算法。这启发我们,元学习与增量学习由于任务分布的存在,天然适应分布式学习场景,是一个值得进一步研究的方向。此外,随着策略网络的深度增加,优化速度会下降,如果能够实现分布式运算(尤其是针对元强化学习中的任务分布),将有助于加速学习过程。

7.3.2 算法讲解:增量元策略搜索

增量元策略搜索(CoMPS)(Berseth,et al.,2021)是一个典型的元增量强化学习算法,在 CoMPS 研究的持续多任务强化学习设定中,智能体依次经历多个任务 $\mathcal{T}_i$。智能体的目标是使用学习规则 L,尽可能高效地解决每个新任务,从而获得高奖励。为了实现这一目标,智能体可以利用解决任务 $\mathcal{T}_{0:i}$ 的经验,学习如何快速适应每个新的任务 $\mathcal{T}_{i+1}$,但一旦转向下一个任务,它不能回到先前的任务以收集额外的数据。

CoMPS 通过一系列任务 $\mathcal{T}_i$,一次处理一个任务,解决持续多任务强化学习问题。CoMPS 的学习过程 L 包含两个主要部分:一个是强化学习(RL)过程 RL,用来学习新的任务,涉及可能数百个训练步骤;另一个是元强化学习(Meta RL)过程 M,它利用之前任务的离线经验来元训练 RL 的初始参数。图 7.2 展示了 CoMPS 过程的流向。RL 和元学习的结合提供了一个解决持续多任务强化学习问题的方案,该方案通过任务间的元学习加速学习。强化学习步骤使用一个在线 RL 算法优化任务 $\mathcal{T}_i$ 上的策略,这一策略受益于前几轮的元训练,因此非常快速。

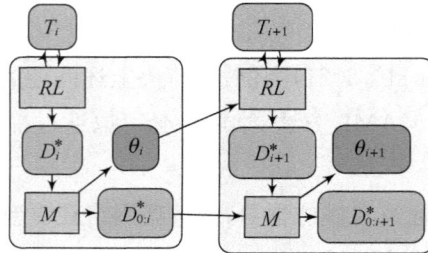

图 7.2　CoMPS 分为两个过程:强化学习步骤和元学习步骤("元"步骤)。元学习步骤使用迄今为止收集的数据集 $\mathcal{D}_{0:i}^*$ 来元训练参数 θ_i。强化学习步骤从这些参数 θ_i 开始,为下一个任务初始化策略

图片引自(Berseth,et al.,2021)

CoMPS 算法维护了两个数据集:

(1) 包含所有已见经验的数据集 $D_{0:i}$,用于估计内层策略梯度。

(2) 包含有技能的经验数据集 $D_{0:i}^*$,用于外层元模仿学习目标。

数据集的定义如下:假设 RL 的训练过程生成了一个轨迹数据集 $\mathcal{D}_i = \{\tau_0, \cdots, \tau_j\}$,其中 $\tau = \{(s_0, a_0, r_0), \cdots, (s_T, a_T, r_T)\}$。从该数据集中,任务上获得最高奖励的经验被收集为 $\mathcal{D}_i^* \leftarrow \max_{\tau \in \mathcal{D}_i} \sum_{(a_t, s_t) \in \tau} R_i(s_t, a_t)$,称为技能经验(Skilled experience)。注意,i 是任务标签,即数据集是按任务分离的。

在元训练过程中,CoMPS 使用两个数据集来进行训练:第一个数据集是技术经验 $\mathcal{D}_{0:i}^*$,它用于外部元模仿学习目标;第二个数据集是所有已观察的经验集合 $\mathcal{D}_{0:i}$,用于估计内部策略梯度。因此,CoMPS 中的"元"步骤与标准的持续强化学习方法不同,后者通常是对每个新任务进行盲目的微调。"元"步骤通过元训练优化参数,使得从这些参数开始,所有先前的任务能够以尽可能快的速度进行学习。当任务数量足够多时,这些元训练的参数能够提供前向迁移,并推广到新任务,使其能够比简单微调更高效地适应新任

第七章 增量强化学习

务。然而，要实现这一点，"元"步骤必须利用来自先前任务的离线数据进行训练，接下来，我们将描述如何实现这一过程。

通过策略梯度实现任务适应

在强化学习步骤中解决每个任务时，CoMPS 使用常见的策略梯度算法 PPO。PPO 使用随机策略梯度来确定如何根据与当前数据生成的最新版本参数 θ' 更新策略参数 θ，其分布比率为 $r_t(\theta) = \dfrac{\pi(a \mid s, \theta)}{\pi(a \mid s, \theta')}$。为了限制 r_t 在优化策略参数时的在线分布偏移，使用梯度裁剪项作为一阶约束。优化过程的目标是最大化以下目标函数：

$$\mathcal{L}_{\text{ppo}}(\theta) = \mathbb{E}\left[\min(r_t(\theta)\hat{A}_{\pi_{\theta'}}, \text{clip}(r_t(\theta), 1-\epsilon, 1+\epsilon)\hat{A}_{\pi_{\theta'}})\right],$$

其中，优势函数 $\hat{A}_{\pi_{\theta'}}$ 计算为：

$$\hat{A}_{\pi_{\theta'}} = r_{t+1} + \gamma V_{\pi_{\theta'}}(s_{t+1}) - V_{\pi_{\theta'}}(s_t).$$

该优势函数衡量某一动作相对于期望策略性能 $V_{\pi_{\theta'}}(s_t)$ 的提升。CoMPS 在强化学习步骤中通过使用来自"元"步骤的初始化参数 θ_i，有效地提高了 PPO 的样本效率。

外循环过程

CoMPS 中的"元"过程通过元自我模仿学习技术，利用技术经验对一组参数 θ_i 进行元训练。外部自我模仿学习目标利用技术经验 $\mathcal{D}_{0:i}^*$，训练智能体能够从一个或几个策略梯度步骤中重新学习这些技术行为，使用先前记录的离线经验，这些经验是从 $\mathcal{D}_{0:i}$ 中随机采样的。与关注遗忘的其他方法不同，这种元强化学习（Meta RL）训练生成的参数能够快速学习与先前任务中的高价值策略相似的新行为，并且如果积累了足够的先前经验，它们还能够进一步提高学习效率。

有研究表明，基于梯度的元学习方法比基于上下文的方法更有效地在轻度分布变化下对新任务进行泛化，使得它们非常适用于处理带有非平稳任务序列的持续元学习，其中新任务可能与先前任务的分布有所不同。然而，在持续学习的环境下，无法回访先前的任务，这就给这一过程带来了一个显著的挑战：元强化学习优化需要在内循环中估计每个已见任务的策略梯度 $\nabla_\theta J(\theta)$，而不能收集该任务的额外数据（因为任务不能被回访）。为了应对这一挑战，CoMPS 利用重要性采样更新，通过使用来自该任务的完整离线经验数据集 $\mathcal{D}_{0,i}$ 中的样本，来估计内循环的策略梯度。实际上，这一过程通过在 $\mathcal{D}_{0,i}$ 中对次优轨迹执行（离策略）策略梯度更新，训练模型学习接近于 $\mathcal{D}_{0,i}^*$ 中近似最优轨迹的策略。

异策略内循环梯度估计

为了处理高度离策略的数据，CoMPS 同时利用了基于重要性采样的策略梯度估计器和基于重要性采样的值估计器，用于估计策略梯度中的基线。前者通过裁剪的重要性

161

权重进行估计,后者则使用基于 V-trace(Schlegel, et al., 2019)的估计器来计算值估计,并将其作为基准。对于状态 s_m,给定轨迹 $(s_t,a_t,r_t)_{i=m}^{m+n}$,我们定义 n 步 V-trace 值目标 $V(s_m)=\sum_{t=0}^{n}\gamma^t r_t$ 为:

$$v_m = V(s_m) + \sum_{t=m}^{m+n=1} \gamma^{t-m}\Big(\prod_{i=m}^{t-1} c_i\Big)\rho_t(r_t + \gamma V(s_{t+1}) - V(s_t)), \tag{7.5}$$

其中,$\rho_t=\min(\bar{\rho},r_t(\theta))$ 和 $c_i=\min(\bar{c},r_i(\theta))$ 为截断的重要性权重,$\bar{\rho}$ 和 $\bar{c}$ 为超参数,$r_t(\theta)=\pi(a_t|s_t,\theta)/\pi(a_t|s_t,\theta')$,其中 θ' 表示采样轨迹的策略参数向量。值函数参数 ω 通过最小化 l_2 损失 $|v_m-V_\omega(s_m)|$ 来进行训练。V-trace 值估计随后用于估算策略梯度的优势值,给定:$\hat{A}_m=r_m+v_{m+1}-V_\omega(s_m)$ 然后,梯度估计为:

$$\nabla_\theta J(\theta) \approx \frac{1}{N}\sum_i \rho_i \nabla_\theta \log\pi_\theta(a_i|s_i)\hat{A}_i. \tag{7.6}$$

这一过程与 PPO 及其他基于重要性采样的策略梯度算法类似。

CoMPS 算法总结

整个 CoMPS 算法的框架,包括随着更多任务的解决数据如何累积,见图 7.3 所示。RL 过程跟踪那些达到最高奖励总和的轨迹集合 $\mathcal{D}_i^*$。强化学习步骤返回单独的技术经验 $\mathcal{D}_i^*$,并将所有在 RL 训练期间收集的经验保存在 $\mathcal{D}_i$ 中。"元"步骤利用这些经验通过元强化学习(Meta RL)进行训练,学习如何从先前任务中复制最佳策略。重要的是,这一元强化学习训练过程即便在完全离线的环境下,也能够加速 RL 过程,使智能体能够在不收集额外经验的情况下训练一个元强化学习模型。

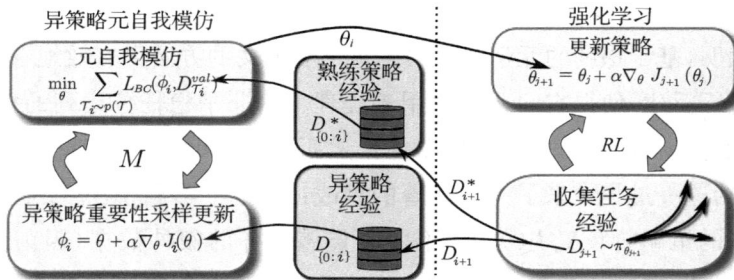

图 7.3 CoMPS 算法框架。左侧对应图 7.2 中的"元"过程块,右侧对应强化学习块
图片改编自(Berseth, et al., 2021)

7.4 深层强化学习

在计算机视觉和自然语言处理领域,增加模型容量的架构创新通常能带来性能的提

升。然而，与这一趋势形成鲜明对比的是，强化学习中的最先进算法往往使用小型的多层感知机（MLP），且性能的提升主要源自算法的创新。可以自然地假设，RL 中的小数据集需要简单的模型来避免过拟合。然而，通常情况下，增量元强化学习需要神经网络具备更强的性能，以满足不断累计的知识。本章节简要介绍在强化学习领域提升网络性能的方案，以便于适应增量学习以及元学习的需要①。

7.4.1　深层深度神经网络

当前在强化学习领域，关于深层深度神经网络（deeper deep neural network，DDNN）的使用尚未形成统一的解决方案。一些阶段性的研究表明，调整网络的结构和深度可以改善智能体策略的性能。其原因如下：

（1）RL 任务之间的差异较大，其输入输出形式及连续或离散的特征各不相同，不像计算机视觉中的目标检测或分类任务具有较高的相似性。因此，不同的 RL 任务需要不同的网络结构，这导致尚未提出一个统一的通用网络结构。

（2）在演员—评论家方法中，评论家网络的梯度通常不稳定。Bjorck 等人（Bjorck，et al.，2021）提出了一种解决方案——谱归一化（spectral normalization），通过该方法可以提升深层 RL 网络的稳定性。

（3）在某种意义上，一些简单的模拟任务（如 MuJoCo）并不需要复杂的策略网络来解决。因此，基于奥卡姆剃刀原则，简单的网络结构足以胜任此类任务。另一方面，增加模型的规模通常意味着需要更多的数据采样，因此在性能没有显著提升的情况下，人们不愿意通过增大模型来获得收益。

为什么当前 *RL* 研究开始关注增加网络深度？

（1）历史原因：大模型在许多任务中取得了巨大的成功，促使研究者重新审视模型架构的重要性。此外，算法创新逐渐接近瓶颈，自 SAC 算法以来，RL 领域没有出现特别创新的算法，再加上算力的提升等多重因素，人们开始转向模型架构的优化。

（2）有效训练技巧的提出：一些训练技巧，如目标网络（target network）、双 Q 网络（double Q network）等，已经被证明在 RL 训练中发挥了关键作用。此外，适配深度网络的技巧，如更频繁的重置（harder reset）、谱归一化（spectral normalization）、浅层更新（shallow update）等在近年来被引入到 RL 领域，并且取得了良好的效果。因此，研究者也开始更加关注如何在 RL 中使用更深的网络结构。

---

① 事实上，本节介绍的通过直接增大网络深度与参数来实现性能提升的方法和技巧，很快就被 Transform 等大模型替代，详细内容会在下一章介绍。

7.4.2 残差网络与残差策略学习

残差网络(residual network,ResNet)是深度学习中的一种重要神经网络架构,由 He 等人于 2015 年提出(He, et al. ,2016)。ResNet 的核心创新在于通过解决深度神经网络训练中的梯度消失和梯度爆炸问题,使得构建非常深的神经网络成为可能,从而实现更高的性能。

ResNet 的核心思想在于引入了"残差块"(residual block),这是一种特殊的神经网络层结构。在传统神经网络中,每一层都会将输入映射到一个新的特征空间,而在 ResNet 中,每个残差块将输入与一个学习到的残差函数相加,而不是简单地映射到新的特征空间。残差函数表示输入与输出之间的差异,它允许网络学习恒等映射(即输入等于输出)或更加复杂的变换。残差块的数学表达式如下:

$$F(x) = H(x) + x,$$

其中,$F(x)$ 表示残差块的输出,$H(x)$ 表示残差函数,x 表示输入。通过引入残差块,ResNet 使得神经网络能够更轻松地学习恒等映射,这使得深层网络的优化变得更加容易。

ResNet 的主要特点和优势包括:

(1)深度可扩展性:ResNet 允许构建非常深的神经网络,能够在图像识别、目标检测和语义分割等任务中取得显著成功。深层网络能够捕捉更高级的特征,显著提升性能。

(2)梯度流通:残差连接使得梯度在网络中能够顺畅流动,从而减轻了梯度消失和梯度爆炸问题,这有助于更稳定、更快速的训练过程。

(3)网络剪枝:残差连接还简化了网络剪枝操作,即在去除某些权重或层时仍能保持较高的性能。这对于在资源受限的环境(如移动设备)中部署深度神经网络特别有用。

ResNet 的不同版本(如 ResNet-18、ResNet-50、ResNet-101 等)以及它的多种变体,已经成为计算机视觉领域的标准架构,广泛应用于图像分类、目标检测和语义分割等任务中。

残差策略学习

在强化学习领域,残差策略学习(residual policy learning,RPL)(Silver, et al. , 2018)与计算机视觉中的残差网络有所不同,它是一种策略优化的技巧,旨在提高强化学习算法的训练效率和性能。残差策略学习借鉴了残差网络的思想,用于提升策略更新的稳定性和效率。

以下是残差策略学习的几个关键概念和技巧:

(1)残差策略学习:与传统的策略梯度方法不同,残差策略学习引入了一个残差网络,用于学习策略的增量变化,而不是直接学习新的策略。这类似于残差网络中的残差块,允许策略网络通过学习增量变化来改进策略,而无需完全重新训练整个策略网络。

(2)策略增量更新:在残差策略学习中,智能体不会直接更新整个策略网络,而是学习策略改进的残差。这个残差通过计算当前策略与参考策略之间的差异来得到。随后,将这个残差应用到当前策略上,以获得更新后的策略。

(3)参考策略:参考策略通常是一个已知的较优策略,或是先前训练过的策略快照。残差策略学习的目标是通过学习残差,使当前策略逐渐向参考策略靠拢,从而改进其性能。

(4)稳定性和效率:残差策略学习旨在通过减少训练中的方差和提高收敛速度,来提升策略更新的稳定性和效率。特别是在处理高维状态空间和复杂任务时,残差策略学习能够更快地训练强化学习智能体。

残差策略学习方法为强化学习的策略优化提供了一种新的视角,通过借鉴深度学习中的残差思想,它在提高训练稳定性、减少方差和加速收敛方面展现了巨大潜力。尤其在应对高维状态空间和复杂任务时,残差策略学习表现出显著的优势。

7.5　本章小结

本章系统地介绍了增量强化学习的核心理论与方法,重点讨论了其基础设定、算法框架及实际挑战。增量学习旨在使模型能够逐步学习新任务,同时保留对先前任务的知识,从而有效应对动态环境下的知识更新问题。

在增量强化学习部分,本章详细定义了相关问题,并梳理了当前主流方法,包括基于存储策略、正则化技术以及任务分解的方法。针对这一领域的关键挑战,特别是灾难性遗忘问题,本章分析了多种缓解策略及其适用场景,同时对增量学习算法的性能进行了对比分析。

此外,本章进一步扩展到元增量强化学习领域,探讨了在多任务环境中通过元策略优化实现快速适应的技术,包括增量元策略搜索方法。增量元强化学习结合了元学习的快速适应能力和增量学习的持续学习特性,特别适用于动态环境下的多任务场景,例如机器人控制中需要不断学习新任务的复杂控制器优化、推荐系统中针对用户行为变化的实时调整,以及自动驾驶中适应不同驾驶条件的策略更新。

尽管增量元强化学习已经取得了显著的成果,但该领域依然有诸多值得探索的内容:任务表示的统一性,以减少不同任务间的冲突并提升知识迁移的效率;灾难性遗忘的彻底解决,通过动态参数调整和强化记忆网络的结合,实现对历史任务的长期保留;计算效率的提升,以便在资源有限的设备上部署具有实时适应能力的强化学习模型;大规模应用场景的验证,通过更复杂的实验验证增量元强化学习在多领域环境中的鲁棒性与实用性。这些进展将推动增量元强化学习在高维动态环境中成为核心技术之一,为智能系统的广泛应用提供理论与技术支持。

第八章

大模型驱动下的强化学习

本章探讨了在大模型,尤其是大语言模型(large language model,LLM)驱动下的强化学习方法,分析了如何利用这些强大的模型来构建具备复杂决策和适应能力的智能体。随着深度学习和大规模预训练模型的发展,LLM 已经展示出卓越的语言理解与生成能力,为强化学习中的智能体设计带来了新的可能性。本章首先介绍了由大模型驱动的智能体系统架构,包括规划、记忆和工具使用三个核心组件。通过将大语言模型与规划相结合,智能体能够在复杂任务中制定合理的策略;记忆组件则赋予智能体在长期任务中保持信息连贯性的能力;工具使用组件进一步提升了智能体与环境互动的能力,使其能够灵活调用外部资源以完成更复杂的任务。

在理论框架之上,本章还综述了多篇前沿论文,展示了将大语言模型应用于强化学习中的创新进展。其中,ReAct 模型的引入标志着语言模型在协同推理与行动上的潜力,揭示了如何通过语言指令引导智能体实现更高效的任务执行。此外,本章还探讨了将语言理解与机器人操作结合的方法,使智能体能够在物理空间中执行复杂的指令与任务。这些研究不仅扩展了语言模型在强化学习中的应用边界,也为未来基于大模型的智能体发展提供了宝贵的参考。

通过本章的内容,读者将全面了解大模型驱动的强化学习方法的理论基础与应用实践,理解如何利用大模型的语言生成与推理能力来提升强化学习智能体的决策和交互水平,为后续探索大模型与强化学习的深度融合提供思路。

8.1 大语言模型驱动下的智能体

使用大语言模型(LLM)来指导智能体是一种不同于传统强化学习的新范式。这种方法高度依赖于语言模型,而不仅仅是 Transformer 架构。简单来说,可以将其理解为使用像 ChatGPT 这样的语言模型来进行智能体的决策。使用 LLM 作为核心控制器来构建智能体是一个非常酷的概念。许多概念验证的演示,例如 AutoGPT、GPT-Engineer 和 BabyAGI,展示了这一方向的潜力。LLM 的能力不仅仅局限于生成高质量的文案、故事、文章和代码,它也可以被框架化为一个强大的通用问题求解器。本章节部分内容参考 Weng 的研究(Weng,2023)。

8.1.1　智能体系统概述

在一个 LLM 驱动的自主智能体系统中,LLM 充当智能体的"大脑",并辅以几个关键的组件:

(1)规划

① 子目标与任务分解:智能体将大的任务分解为更小的、易于管理的子目标,从而能够高效地处理复杂的任务。

② 反思与改进:智能体可以进行自我批评与反思,分析过去的行为,从错误中学习并为后续步骤进行改进,从而提高最终结果的质量。

(2)记忆

① 短期记忆:所有在上下文中的学习(例如 prompt engineering)都可以视为模型利用其短期记忆进行学习的过程。

② 长期记忆:长期记忆赋予了智能体在较长时间内保留和调用(几乎无限的)信息的能力,通常通过外部向量存储和快速检索来实现。

(3)工具

智能体学习调用外部 API,以获取模型权重中缺失的额外信息(这些信息通常在预训练后难以改变),包括当前信息、代码执行能力、访问专有信息源等。

8.1.2　组件一:规划

复杂的任务通常包含多个步骤,智能体需要了解这些步骤并提前进行规划。

任务分解

(1)思维链(chain of thought,COT)已成为提升模型在复杂任务中表现的标准提示技术(Wei,et al.,2022)。通过指示模型"逐步思考",CoT 能够在测试时利用更多的计算资源,将难题分解为多个简单的小步骤。CoT 通过将大任务转换为多个可管理的子任务,使得模型的思维过程更加易于理解。

(2)思维树(tree of thoughts,TOT)进一步扩展了 CoT,通过在每个步骤中探索多个推理路径(Yao,et al.,2024)。它首先将问题分解为多个推理步骤,并为每个步骤生成多个想法,从而形成树形结构。搜索过程可以是广度优先搜索(breadth-first search,

BFS)或深度优先搜索(depth-first search,DFS),每个状态通过分类器(通过提示)或多数投票进行评估。

（3）大模型＋规划(LLM＋P)是另一种不同的任务分解方式,该方法依赖于外部经典规划器进行长视距规划(Liu,et al.,2023a)。这个方法使用计划域定义语言(planning domain definition language,PDDL)作为中间接口来描述规划问题。在这个过程中,LLM首先将问题翻译为"问题 PDDL",然后请求经典规划器基于现有的"域 PDDL"生成PDDL 计划,最后将 PDDL 计划翻译回自然语言。通过这种方法,规划步骤被外包给了外部工具,但前提是必须有领域特定的 PDDL 和合适的规划器,这在某些机器人系统中常见,但在许多其他领域并不通用。

自我反思

自我反思是一个关键方面,它使得自主智能体能够通过优化过去的决策并纠正错误来迭代改进。这在现实任务中至关重要,因为试错过程不可避免。

（1）ReAc(Yao,et al.,2022)通过扩展动作空间,将推理与行动集成到 LLM 中,动作空间结合了任务特定的离散动作与语言空间。前者允许 LLM 与环境交互(例如使用Wikipedia 搜索 API),后者通过生成自然语言的推理轨迹来引导 LLM 思考。ReAct 的提示模板明确规定了 LLM 的推理步骤,格式如图 8.1 所示。在知识密集型任务和决策任务的实验中,ReAct 的表现优于只执行操作、不进行推理的基线方法。

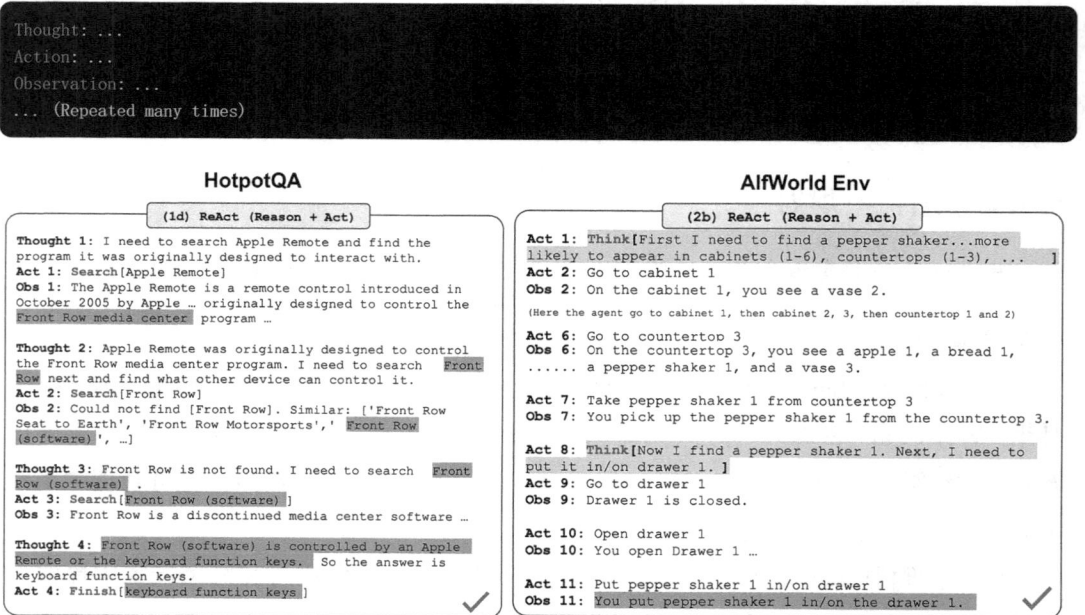

图 8.1 知识密集型任务和决策任务的推理轨迹示例

图片引自(Yao,et al.,2022)

（2）Reflexion(Shinn，et al.，2024)是一个为智能体提供动态记忆和自我反思能力的框架，以提升其推理能力，如图 8.2 所示。Reflexion 采用标准的 RL 设置，奖励模型提供简单的二元奖励，动作空间沿用了 ReAct 的设置，即任务特定的动作空间通过语言扩展，以支持复杂的推理步骤。在每个动作 a_t 之后，智能体计算一个启发式函数 h_t，并根据自我反思结果可能选择重置环境以启动新的尝试。启发式函数用于判断轨迹何时效率低下或出现幻觉（即重复无效的操作）并终止这些轨迹。效率低下的规划是指轨迹耗时过长且未成功，而幻觉是指在环境中遇到连续的相同操作却导致相同的观察结果。自我反思通过向 LLM 展示两个示例对（失败轨迹，指导未来计划变化的理想反思）来实现。反思内容会被添加到智能体的工作记忆中，最多可以使用三个作为上下文来查询 LLM。

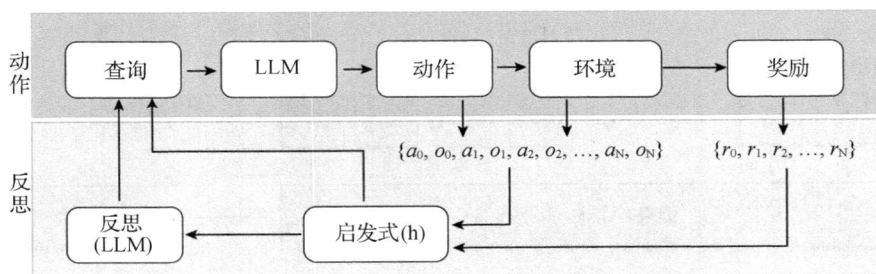

图 8.2　Reflexion 框架的示意图

图片改编自（Shinn，et al.，2024)

（3）后见链（chain of hindsight，COH）通过明确展示过去输出的序列并附加反馈，鼓励模型改进自身输出(Liu，et al.，2023b)。人类反馈数据集为 $D_h = \{(x, y_i, r_i, z_i)\}_{i=1}^n$，其中 x 是提示，y_i 是模型的输出，r_i 是人类对 y_i 的评分，z_i 是相应的人类提供的后见反馈。假设反馈数据按奖励排序 $r_n \geqslant r_{n-1} \geqslant \cdots \geqslant r_1$，过程是基于监督的微调，数据的形式为 $\tau_h = (x, z_i, y_i, z_j, y_j, \cdots, z_n, y_n)$，其中 $\leqslant i \leqslant j \leqslant n$。模型通过该序列进行微调，以便根据反馈序列自我反思并生成更好的输出。模型在测试时还可以接受多轮人类标注员的指令。

为了避免过拟合，后见链在预训练数据集中添加了正则化项，以最大化对数似然。为了避免"捷径"或复制问题（由于反馈序列中的常见词），训练过程中会随机屏蔽过去 0%—5% 的文本标记。

（4）算法蒸馏（algorithm distillation，AD）Laskin 等人（Laskin，et al.，2023)将同样的思想应用于强化学习任务中的跨回合轨迹，算法被封装在一个长历史条件的策略中。考虑到智能体与环境多次交互，在每个回合中智能体变得更好，AD 将这种学习历史串联起来输入到模型中。因此，我们可以期望下一个预测的动作在表现上优于之前的尝试。目标是学习 RL 的过程，而不是训练特定任务的策略，AD 结构如图 8.3 所示。AD 论文假设"任何生成学习历史的算法都可以通过行为克隆将其蒸馏到神经网络中"。历史数据由一组源策略生成,每个策略针对特定任务进行训练。在训练阶段,每次 RL 运行时,会随机采样一个任务,并使用多回合历史子序列进行训练,以使学到的策略不依赖具体任务。实际情况下,模型的上下文窗口长度有限,因此回合必须足够短,才能构建多回合历史。多回合上下文通常需要 2—4 个回合,才能学习接近最优的上下文 RL 算法。上下文 RL 的出现需要足够长的上下文。

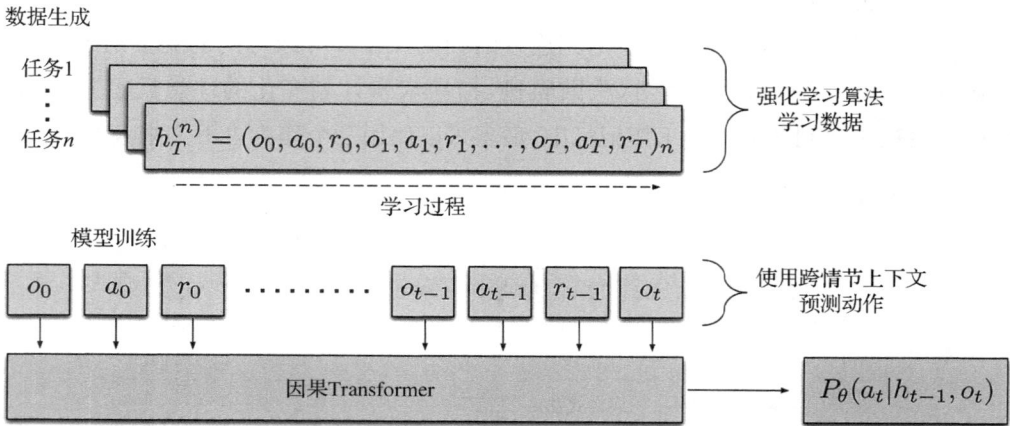

图 8.3　算法蒸馏(AD)的工作原理示意图

图片改编自(Laskin, et al. , 2023)

8.1.3　组件二:记忆

记忆可以定义为用于获取、存储、保留和之后提取信息的过程。人类大脑中有几种类型的记忆,我们可以粗略地将其映射为以下几种机制:

(1)感官记忆,可以对应于对原始输入(例如文本、图像或其他模态)的嵌入表示学习。

(2)短期记忆,相当于上下文中的学习。这是一种短暂且有限的记忆,受到 Transformer 有限上下文窗口长度的限制。

(3)长期记忆,可以视为智能体在查询时访问的外部向量存储库,该存储库通过快速检索机制进行访问。

最大内积搜索

在强化学习中,外部记忆机制提供了一种有效的方式来应对注意力范围有限的问题,特别是当涉及长序列决策或大规模状态空间时。通过将信息的嵌入表示存储在外部存储器中,我们能够突破模型自身计算能力和存储容量的限制,增强对历史信息或外部知识的检索能力。为了实现这一目标,通常采用的策略是将嵌入信息存储在一个支持最大内积搜索(maximum inner product search,MIPS)的向量数据库中。在这种方式下,给定一个查询向量,系统通过计算其与存储向量之间的内积来度量相似度,并返回具有最大内积值的向量。由于内积反映了向量之间的相似性(尤其是在高维空间中),最大内积搜索成为检索最相关记忆的有效手段。

然而,直接执行最大内积搜索的计算复杂度较高,尤其是在存储空间巨大、检索频率较高的场景中,计算效率会成为制约因素。为了提升检索效率,常用的方法是采用近似最近邻(approximate nearest neighbors,ANN)算法。该类算法能够在计算复杂度和准确性之间取得良好的平衡,通过允许一定程度的近似性,显著提升检索速度。具体而言,ANN算法能够返回 k 个近似的最近邻,相比于精确最近邻搜索而言,其检索时间得到了大幅优化。尽管这种近似会带来一定程度的精度损失,但在强化学习的实际应用场景中,特别是那些对实时性要求较高的任务中,这种精度与速度的权衡往往是可以接受的。常见的 ANN 算法包括基于哈希的局部敏感哈希(locality-sensitive hashing,LSH)和基于树结构的 KD 树(K-Dimension tree)等,它们通过不同的方式有效减少了计算量,同时维持了对高维数据的良好搜索性能。

设查询向量为 q,外部存储中的向量集合为 $\{v_1,v_2,\cdots,v_n\}$,其中 v_i 为嵌入向量。我们希望找到使得 $q^\top v_i$ 最大的向量 v_i,即:

$$v_{\max}=\arg\max_{v_i}q^\top v_i. \tag{8.1}$$

ANN算法通过引入近似性,将该问题转化为寻找一个满足条件的近似解,记为 v_{approx},其满足:

$$q^\top v_{\text{approx}}\approx\max_{v_i}q^\top v_i. \tag{8.2}$$

这种近似搜索可以通过划分空间或基于哈希函数的方式快速实现,并在高维空间中显著减少计算时间。通过引入外部记忆和最大内积搜索机制,我们能够有效扩展强化学习代理的记忆能力,尤其是在面对大规模、复杂的环境时。这一机制已经在许多实际应用中展现出卓越的效果。

8.1.4　组件三:工具使用

工具使用是人类行为的一个显著特点,体现了我们超越自身生理和认知极限的能力。人类通过创造、修改和利用外部物体来执行复杂任务,从而扩展了我们的操作范围和效率。同理,将外部工具整合进大型语言模型中,可以显著增强其功能和应用能力。

在这一背景下,MRKL(modular reasoning, knowledge and language)提出了一种神经—符号混合架构,用于自主智能体的设计(Karpas, et al.,2022)。MRKL 系统的核心思想是包含一组"专家"模块,而通用的 LLM 则作为路由器,将用户的查询定向到最合适的专家模块。这些模块可以是神经网络模型(例如,深度学习模型)或者符号系统(例如,数学计算器、货币转换器、天气 API 等)。通过这种模块化的设计,MRKL 实现了不同领域专家系统与 LLM 的无缝集成,大大扩展了模型的应用范围。MRKL 系统中的一个重要实验是在一个经过微调的 LLM 上调用外部计算器,使用算术作为测试场景。实验结果表明,解决文本描述的数学问题比解决显式陈述的数学问题要难得多,因为 LLM(如 7B Jurassic1-large 模型)在提取用于基本算术计算的参数时表现不稳定。此实验凸显了一个关键问题:外部符号工具在何时以及如何被可靠地调用是由 LLM 的能力决定的,当模型无法准确提取信息时,工具使用的效率便会大打折扣。

针对这一问题,TALM(tool augmented language model)(Parisi, et al. ,2022)则通过对语言模型进行微调,使其学习如何调用外部工具的 API。具体地,通过引入 API 调用注释,扩展了训练数据集,使模型能够学会何时调用外部工具以提高输出质量。这种策略有效提升了模型在特定任务场景中的表现,更多细节可以参考提示工程中的"外部 API"部分。在实践中,ChatGPT 插件和 OpenAIAPI 函数调用是 LLM 增强工具使用能力的典型例子。这些工具的 API 可以由其他开发者提供(如插件),也可以是用户自行定义的(如函数调用)。通过这些扩展,LLM 能够适应更广泛的应用场景,并在实际任务中表现出更高的效率和准确性。

另一个相关的框架是 HuggingGPT(Shen, et al. ,2024),该框架利用 ChatGPT 作为任务规划器,根据 HuggingFace 平台上可用模型的描述选择最合适的模型,并基于执行结果对响应进行总结。这种策略充分发挥了 LLM 在任务分配和模型选择中的优势,通过与 HuggingFace 平台的集成,进一步扩展了模型的应用场景和任务能力。

API-Bank(Li, et al. ,2023)则为工具增强的 LLM 提供了一个评估基准。API-Bank 包含 53 个常用的 API 工具,以及完整的工具增强 LLM 工作流,并且标注了 264 个涉及 568 次 API 调用的对话。这些 API 的选择非常多样化,包括搜索引擎、计算器、日历查询、智能家居控制、日程管理、健康数据管理、账户认证等工作流。由于涉及大量的 API,LLM 首先需要通过 API 搜索引擎找到合适的 API,然后根据相应的文档进行调用。设模型调用工具 API 的流程可以抽象为一个带有 API 搜索引擎的多步查询过程。假设模型面对任务 T,其中包含需要调用的 API 集合 $\mathcal{A}$,模型的目标是选择并调用合适的 API $a_i \in \mathcal{A}$ 来执行特定任务,具体过程可以表示为:

$$\text{SelectAPI}(T, \mathcal{A}) = \arg\max_{a_i \in \mathcal{A}} \text{Relevance}(T, a_i). \tag{8.3}$$

在这个过程中,API 选择的相关性 $\text{Relevance}(T, a_i)$ 是基于任务 T 与 API a_i 的描述相似度进行计算的。选择完合适 API 后,模型再进行实际调用:

$$\text{CallAPI}(a_i, T) = \text{Result}(a_i, T). \tag{8.4}$$

API-Bank 提供了这样的框架,通过多步骤的 API 搜索和调用,能够有效评估 LLM

在复杂任务中的工具使用能力。

通过整合外部工具，LLM 不仅突破了自身的计算和推理局限，也为解决实际复杂问题提供了更强的灵活性与适应性。这种工具增强的语言模型代表了当代人工智能技术的一个重要发展方向。

8.2　相关论文

8.2.1　算法讲解：在语言模型中协同推理与行动（ReAct）

本节介绍 ReAct：*Synergizing Reasoning and Acting in Language Models*。本书将论文名翻译为《ReAct：在语言模型中协同推理与行动》（Yao，et al.，2022）。ReAct 的核心目标是将大型语言模型的推理能力与智能体的行为能力相结合，提出了一种新的提示词工程（prompt engineering）方法。这一方法通过统一语言模型的推理过程（reasoning）和行动（acting）过程，显著提升了语言模型在处理复杂任务中的灵活性和鲁棒性。

为了更好地说明人类如何在推理和行动之间协同工作，本文举了一个实际的例子：在厨房中做菜。在这个过程中，人类往往会在每两个具体行动之间进行推理。例如，我们可能会通过语言思维跟踪任务的进展（"现在所有食材都切好了，我应该烧一锅水"），遇到意外情况时调整计划（"没有盐了，那就用酱油和胡椒代替"），或者在面对不确定性时寻求外部信息支持（"怎么做面团？让我查一下食谱"）。

这一过程中，推理和行动是紧密协同的。例如，我们可能会通过查看食谱（行动）来获取下一步指示，或通过打开冰箱检查食材情况来确定接下来的步骤。正是这种"行动"和"推理"之间的动态配合，使得人类能够在面对复杂或未知的任务时，灵活应对并做出合理决策。

ReAct 提出的核心方法即是通过提示词工程在 LLM 中模拟这一过程，统一语言生成与行动决策。具体而言，ReAct 方法将智能体的动作空间 $\mathcal{A}$ 与语言空间 $\mathcal{L}$ 结合，形成一个扩展的动作空间 $\hat{\mathcal{A}} = \mathcal{A} \cup \mathcal{L}$。这一扩展空间中的元素既可以是语言生成的结果，也可以是实际的行为决策。这种方式打破了传统语言模型仅限于语言生成的局限，使其能够在推理的同时执行行动，从而实现更具操作性的智能体行为。

假设智能体在任意时刻的状态为 s_t，其行为选择不仅依赖于环境中的可见信息，还需要推理出潜在的可能情况。ReAct 框架中的决策过程可以表示为：

$$a_t = \pi(s_t, R(s_{t-1}, a_{t-1}, o_t)), \tag{8.5}$$

其中，a_t 为智能体在 t 时刻采取的行动，π 表示智能体的策略，R 是推理过程的函数，它基于前一时刻的状态 s_{t-1}、前一动作 a_{t-1} 以及当前观察到的信息 o_t 进行推理。这一推理过程将指导智能体决定下一步行动。

通过这种方式,ReAct 框架有效融合了推理与行动,使得模型能够像人类一样,通过灵活的推理调整行动,并通过行动验证和修正推理过程。推理与行动的协同机制不仅提升了语言模型在复杂环境中的适应能力,还使其能够更好地解决那些需要多步骤执行或面对动态变化的任务。

ReAct 与强化学习

从强化学习的角度来看,ReAct 提供了一种有机结合推理与行动的新路径。在传统的强化学习框架中,智能体通过与环境的交互来学习最优策略,其中每个动作的选择都依赖于对未来回报的最大化预期。ReAct 的创新之处在于,它将语言生成纳入了智能体的动作空间中,使得推理过程不再是单纯的策略评估,而是直接成为决策过程的一部分。设环境的状态空间为 $\mathcal{S}$,动作空间为 $\mathcal{A}$,智能体的目标是通过策略 π 最大化期望回报:$\mathbb{E}\left[\sum_{t=0}^{T}\gamma r(s_t, a_t)\right]$。

在传统 RL 中,智能体的动作选择仅依赖于策略 π。而在 ReAct 框架下,动作空间扩展为 $\hat{\mathcal{A}} = \mathcal{A} \cup \mathcal{L}$,这意味着智能体不仅可以采取物理行动(如移动、执行任务等),还可以生成语言进行推理(如查询信息、验证假设等)。推理和行动相结合的策略可以表示为:

$$\pi(s_t) = \arg\max_{a_t \in \hat{\mathcal{A}}} \mathbb{E}\left[r(s_t, a_t) + \gamma V(s_{t+1})\right]. \tag{8.6}$$

这种推理与行动的结合使得智能体能够在面对复杂问题时,不仅基于当前状态采取最优行动,还能通过语言推理进一步获取必要的信息,或更新对环境的理解,从而提升决策的整体效率。通过 ReAct,强化学习中的智能体能够在动态环境中通过推理和行动协同工作,既能做出更明智的短期决策,也能够通过推理和验证确保长期策略的最优性。这种方法在需要多步骤推理或具备高信息不确定性的任务场景中尤其有效,体现了语言模型与强化学习的深度融合。

8.2.2 算法讲解:将语言与机器人可操作性相结合

在 *Do as i can, not as i say: Grounding language in robotic affordances*(Brohan, et al., 2023)一文中,作者探讨了如何通过提示词工程让大型语言模型将高级的自然语言指令分解为一系列可执行的子任务。尽管 LLM 在理解和生成复杂的语言指令方面表现出色,但其一个主要的局限在于:它并没有扎根于物理世界,也无法直接感知其生成的指令是否能够在现实环境中实际执行。因此,机器人在执行这些指令时,需要明确自身的状态和能力,以判断 LLM 生成的任务是否可行。

这一问题源于 LLM 和物理世界之间存在的脱节:LLM 可以理解和生成语言,但无法观察其生成结果对物理过程的影响。正因为如此,本文旨在弥合这两者之间的鸿沟——即不仅让 LLM 能够正确理解用户的语言输入,还要使机器人智能体能够根据

LLM 的生成内容,真正执行用户要求的任务。在更具体的层面上,这意味着将自然语言转换为机器人实际的行动,并通过与物理环境的交互获得反馈,以调整后续行为。

为了实现这一目标,该文章提出了一种方法,利用基于时序差分的强化学习技术,结合语言指令来学习价值函数。该价值函数能够在特定状态下评估是否能够成功执行给定的指令。具体来说,机器人智能体通过强化学习的方法,估计每个潜在行动在当前状态下的成功概率,并将这一信息与 LLM 生成的语言信息相结合,从而决定下一步行动。

假设给定一条高级指令 I,机器人智能体的目标是在状态空间 $\mathcal{S}$ 和动作空间 $\mathcal{A}$ 中选择最优行动序列 $\{a_1, a_2, \cdots, a_n\}$,使得其能够完成指令 I。我们引入两个概率值:

(1) $P_{\text{LLM}}(a|I)$:表示动作 a 在完成指令 I 时的适用性概率,由 LLM 生成。

(2) $P_{\text{RL}}(a|s)$:表示机器人在当前状态 s 下成功执行动作 a 的概率,由价值函数估计。因此,机器人智能体选择的最优行动可以通过以下公式表示:

$$a^* = \arg\max_{a \in \mathcal{A}} P_{\text{LLM}}(a|I) \cdot P_{\text{RL}}(a|s), \tag{8.7}$$

其中,$P_{\text{LLM}}(a|I)$ 是 LLM 评估动作 a 对完成高级指令 I 的有用性,而 $P_{\text{RL}}(a|s)$ 是强化学习模型对动作 a 在当前状态下成功执行的可能性估计。通过这种方式,机器人能够在物理世界中执行 LLM 所生成的语言指令,并根据物理反馈不断调整行动选择。

图 8.4 详细说明了 SayCan 的运行逻辑。通过这种方法,机器人不仅能够根据 LLM

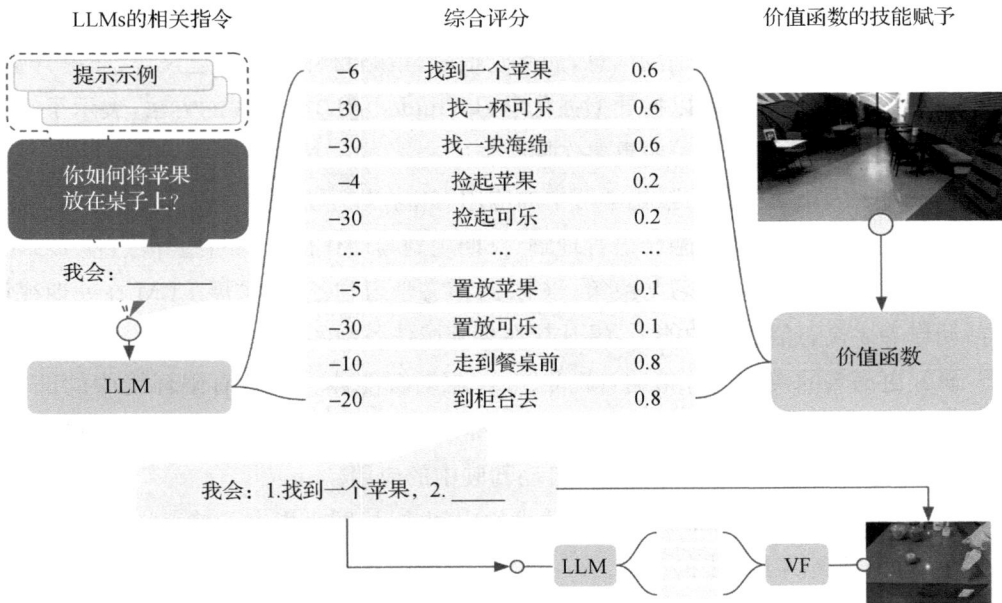

图 8.4　SayCan 的工作流程,给定一个高级指令,**SayCan** 结合来自 **LLM** 的概率与来自价值函数的概率,选择要执行的技能,该过程会在执行每一步操作后不断重复,直到达到输出终止的条件

图片改编自(Brohan, et al., 2023)

的语言生成能力解析高级指令,还能结合自身的物理执行能力做出实际可行的决策。更为重要的是,机器人可以通过物理交互过程中的反馈,不断更新和优化其行动选择,从而实现更为鲁棒的指令执行。

8.3　本章小结

本章围绕大语言模型(LLM)驱动下的强化学习展开,探讨了 LLM 在强化学习和智能体系统中的核心作用,重点分析了其在规划、记忆、工具使用等方面的潜力,以及与强化学习框架的结合方式。本章通过调研相关研究成果,为理解 LLM 如何增强强化学习智能体的决策能力提供了系统性的理论基础和应用实例。

首先,LLM 展现出一定的因果推理与自主决策能力,使其可以作为智能体的核心组件,直接生成自然语言形式的决策输出,并通过接口将语言转化为可操作的动作。例如,ReAct 算法采用了语言生成与行为选择相结合的方式,而 SayCan 等研究进一步探索了将语言与机器人操作结合的可能性。这些技术不仅提升了智能体的灵活性,还为复杂任务的处理提供了直观且高效的方案。

其次,LLM 与强化学习的结合主要体现在两种路径:(1)将马尔可夫决策过程(MDP)的序列视作语言,通过监督学习训练模型,使其能够在输入完整轨迹后预测下一步动作;(2)利用 LLM 生成辅助信息,如奖励信号、策略目标或探索建议,从而提升强化学习算法的效率与适应性。以指导型强化学习(Guided RL)为代表的方法,展示了 LLM 在动态环境中支持智能体学习的重要作用。

展望未来,大语言模型在强化学习中的应用有望在以下几个方面取得突破:(1)深度集成 LLM 与 RL 框架,开发融合语言理解、长期规划与动作优化的新型算法,使 LLM 与强化学习智能体能够协同学习与决策。(2)跨模态学习与泛化,扩展 LLM 在处理视觉、语言、动作等多模态信息中的能力,提升其在多领域任务中的泛化性能。(3)高效训练与部署,研究更高效的模型训练策略,降低 LLM 驱动智能体在资源有限环境中的部署成本。(4)解释性与安全性,提升模型决策的可解释性,同时确保其在复杂任务中的可靠性与安全性,特别是在关键领域如医疗和自动驾驶中的应用。

本章揭示了 LLM 驱动的强化学习技术的广阔前景,同时指出了其面临的挑战,为未来的研究与开发提供了清晰的方向。

第九章

Transformer 与强化学习

本章深入探讨了 Transformer 结构在强化学习中的应用,重点分析如何利用 Transformer 模型的强大表征能力来应对复杂的决策任务。近年来,Transformer 模型在自然语言处理中的成功激发了其在强化学习领域的广泛应用,尤其是在策略学习和行为建模中展现出巨大潜力。本章首先介绍了 Decision Transformer,通过将决策问题转换为序列建模任务,使得智能体能够基于历史观测直接预测行动。该方法的模型结构、训练及推理过程、训练技巧等内容,展示了 Transformer 在决策场景中的适应性和灵活性。

接着,本章探讨了 Trajectory Transformer 和 Behavior Transformer 等扩展模型,探索如何在路径建模与行为生成中进一步提升策略表现,并通过算法蒸馏简化了模型训练的复杂度。随后,本章介绍了在线 Decision Transformer,将其扩展至在线学习场景中,强化了模型在实时决策中的应用能力。此外,还探讨了评论家指导下的 Decision Transformer,这种方法在引入正则化与风险控制后,进一步提升了模型的鲁棒性。

本章还涉及了决策预训练 Transformer 的模型架构与任务泛化能力,展示了预训练在决策学习中的潜力,支持在未见任务中的快速适应。最后,本章对大模型在决策中的广泛应用进行总结,并引入 Mamba 结构化状态空间模型作为最新的拓展,分析其在状态空间表达和推理效率方面的优势。

通过本章内容,读者将全面了解 Transformer 及其变体在强化学习中的最新应用进展,掌握将序列建模优势转化为强化学习决策能力的具体方法,为理解和探索大模型在强化学习中的未来发展提供了扎实的理论和实践指导。

9.1 Decision Transformer

Decision Transformer(DT)(Chen,et al.,2021)是第一个将强化学习问题视为序列建模问题的算法,它通过 Transformer 架构直接对马尔可夫决策过程的轨迹进行建模。

这一创新方法的核心在于将轨迹中的奖励替换为"待实现回报"(Return-to-Go,RTG)作为输入。轨迹被定义为序列:$\tau=(\hat{R}_1,s_1,a_1,\hat{R}_2,s_2,a_2,\cdots,\hat{R}_T,s_T,a_T)$,其中$\hat{R}_t=\sum_{t'=t}^{T}r_{t'}$表示从时间步$t$到终点的累积回报。

这种表征方法通过将τ作为输入序列传递给 Transformer,并以自回归损失(Autoregressive loss)进行训练。在推理(测试)阶段,RTG 被设定为一个目标值,通常是专家策略应达到的期望回报值。Transformer 通过这种输入生成策略,该策略可以促使智能体执行能够实现该目标 RTG 的动作。智能体在与环境交互时,根据环境反馈得到新的状态和奖励,并更新 RTG 为$\hat{R}_{t+1}=\hat{R}_t-r$,从而使得生成的序列可以在推理阶段持续进行。

提示 9.1.1 在推理过程中,RTG 可以被视为一个超参数,需要通过经验进行调整。例如,在只有到达目标时才获得奖励的任务中,通常将初始 RTG $\hat{R}_{t=1}$设置为 1。虽然 RTG 在某些任务中可能需要调试,但其设置的复杂度相对较低,只需在轨迹起点设置一次,随后序列的生成将根据强化学习策略自动调整。

9.1.1 模型结构

序列$\tau=(\hat{R}_1,s_1,a_1,\hat{R}_2,s_2,a_2,\cdots,$ $\hat{R}_T,s_T,a_T)$中的每个元素首先通过一个多层感知机(MLP)嵌入,生成输入词元(tokens)。为了保留时序信息,嵌入后的词元会与位置编码(position encoding)相加。位置编码用于区分不同时间步的元素,同一时间步的元素$(\hat{R}_t,s_t,a_t)$共享相同的时间步位置编码。这些嵌入的词元被传入 Transformer 的自注意力(selfattention)模块,经过多层处理后,生成输出词元。最终,经过解码器(通常也是MLP 结构)的处理,输出对应于动作预测,如图 9.1 所示。

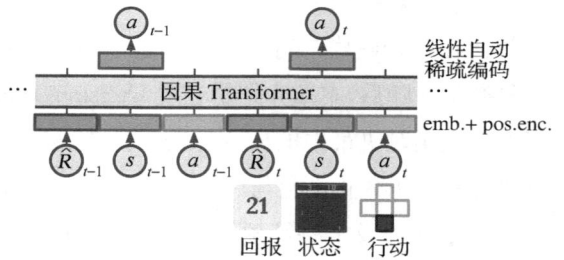

图 9.1 状态、动作和回报输入特定模态的线性嵌入中,位置编码与时间步结合。词元被输入到 GPT 架构中,使用因果自注意力掩码(causal self-attention mask)自回归地预测动作。

图片改编自(Chen, et al. ,2021)

提示 9.1.2 由于 Transformer 的结构,每个输入词元都会产生一个输出,但在实际训练中,我们只关注状态对应的输出词元,其余的输出可以忽略。即,模型通过状态-动作对(而非单独的状态或动作)来训练,目的是学习如何为每个状态生成能够实现特定 RTG 的动作。

与行为克隆(imitation learning,IL)不同,DT 的训练目标不是简单地学习状态到动作的映射,而是学习在给定的状态下,为实现指定 RTG 所需采取的最佳动作。换句话说,DT 不仅仅是拟合历史行为数据,而是通过历史数据学习如何为达到期望的回报而制定动作策略。

9.1.2　训练过程

在训练过程中,DT 通过最大化条件似然来进行优化。其损失函数基于自回归损失,也称为交叉熵损失。具体来说,给定一个输入序列 $(\hat{R}_t, s_t, a_t)$,DT 模型预测下一个动作 $\hat{a}_t$,并将其与真实的动作 a_t 进行比较。损失函数可以表示为:

$$\mathcal{L}(\theta_\pi) = -\sum_{t=1}^{T} \log \pi(a_t \mid \hat{R}_1, s_1, a_1, \cdots, \hat{R}_t, s_t; \theta_\pi). \tag{9.1}$$

该损失函数衡量的是模型对每个时间步动作的预测准确度。通过不断最小化该损失函数,模型逐渐学习如何从输入的历史轨迹生成与目标 RTG 匹配的策略。模型的更新方式类似于语言模型中的序列生成,即基于过去的输入,预测当前时间步的输出。

9.1.3　推理过程

在推理阶段,DT 模型的动作选择过程与训练时有一些关键的不同。具体推理步骤如下:

(1)初始输入设置:在推理开始时,RTG 通常被设置为目标回报(例如,对于到达终点的任务,初始 $\hat{R}_1 = 1$),而状态 s_1 为初始环境状态,动作 a_1 可能通过随机初始化或通过先前策略生成。

(2)递归生成动作:基于初始的 $(\hat{R}_1, s_1, a_1)$,DT 模型生成第一个动作 $\hat{a}_1$。随后,该动作被用于环境交互,生成新的状态 s_2 和奖励 r_1。

(3)RTG 更新:在生成新的状态和奖励后,RTG 被更新为 $\hat{R}_{t+1} = \hat{R}_t - r_t$,此时的 RTG 反映了智能体到终点所需实现的剩余回报。

(4)动作生成与环境交互循环:上述步骤不断重复,直到智能体达到预定目标(例如,达到终点或执行完 T 步操作)。每一步,DT 根据当前的 $(\hat{R}_t, s_t, a_t)$ 生成动作,与环境交互并调整 RTG,确保模型生成的策略与期望回报保持一致。

这种推理机制与传统的强化学习不同,因为它依赖于 RTG 的动态调整,而非直接使用环境反馈的回报信号进行优化。DT 将未来的目标嵌入序列预测中,使得模型在推理过程中能够生成符合长远目标的动作,而不仅仅是局部最优的行为。

问题 9.1.1　推断阶段的具体过程是什么? 例如,最初几步是随机采样还是使用"0"填充? 中途是否会修正 RTG? 每次与环境交互时是否使用最新生成的动作 a?

答:(1)最初几步的处理:在推断开始时,由于没有足够的历史数据,通常使用零填充或随机采样进行初始化。这是因为 Transformer 模型需要一段序列作为输入。如果没有足够的历史序列信息,模型通常会通过填充(例如将状态、动作、return-to-go,RTG 等填充为 0)来开始。

(2) RTG 是否修正:在推断阶段,RTG(即剩余回报)会根据当前的推断情况不断更新。推断时,DT 算法会根据实际的奖励情况对 RTG 进行调整。例如,如果在一个时间步上获得了奖励,那么下一步的 RTG 会从原来计划的 RTG 中减去已经获得的奖励。

(3) 动作选择:在每次与环境交互时,DT 会根据当前的输入(状态、过去的动作和 RTG 等)来生成新的动作 a。这些动作是根据 Transformer 模型的输出生成的。在推断过程中,每次生成的动作都基于模型对当前序列的预测,并与环境交互使用最新生成的动作。换句话说,每次生成动作 a 后,都会立刻用于与环境交互,而不是等到序列结束后再执行。

DT 与 IL 比较

DT 与模仿学习(IL)有着很强的关联,两者都是通过有监督学习的方式进行模型优化,本小节简要讨论二者之间的相似点与不同点。

(1) 相似点

① 基于历史数据进行训练:DT 与 IL 都属于离线训练方法,两者都依赖于历史轨迹数据(即状态-动作对)来进行策略学习。无论是模仿学习中的专家数据还是 DT 中的带有回报信息的轨迹,训练都基于固定的、离线采集的交互数据集,而不是实时与环境交互。

② 监督学习范式:IL 和 DT 都可以被看作是基于监督学习的强化学习算法。它们通过最小化预测动作和真实轨迹中动作的差异来进行学习。这种方式类似于经典的监督学习,其中模型通过拟合专家的决策(在 IL 中)或匹配历史轨迹的动作选择(在 DT 中)来进行优化。

(2) 不同点

① 决策依据与信息处理方式

a. DT 的长序列依赖性:DT 通过 Transformer 模型处理长序列信息,这使得它可以在决策时依赖历史的长时间步信息。IL 中的行为克隆方法往往依赖短期的状态-动作对,即每次决策仅依赖当前状态,忽略了长期的序列信息。DT 则通过注意力机制能够同时处理多个时间步的信息,使得它在面对复杂任务时可以更好地捕捉长期依赖关系。

b. 时间一致性与 MDP 假设:IL 假设在每个状态下的动作选择遵循 MDP 的时间一致性,即每次决策仅依赖当前的状态。而 DT 打破了这一假设,通过将轨迹视为整体序列进行建模,从而不严格遵守 MDP 的时间一致性。它可以通过对整个轨迹的理解来推导出当前的最佳决策,这种方式在长时间依赖的任务中具有优势。

② RTG 与奖励信息的使用

a. RTG 的引入:DT 引入了 RTG 作为模型的输入,使其能够基于未来目标(期望的累积回报)进行动作选择。在 IL 中,传统的行为克隆通常并不明确引入未来的奖励信息。DT 通过注意力机制可以利用 RTG 指导策略生成,而在 IL 中,模型更倾向于模仿历史数据中动作的直接映射,而不考虑未来回报。

b. 目标导向性:IL 通常仅模仿专家的动作,目标是尽可能拟合专家的决策模式。而 DT 通过引入 RTG 使得其在训练时不仅考虑如何模仿历史动作,还关注如何在达到目标回报的同时生成最优策略。RTG 作为先验目标,允许 DT 生成更具目标导向的策略,这在涉及长期目标的任务中尤为重要。

③ 推理机制的差异

a. IL 推理的局部性:IL 在推理阶段的动作生成通常仅基于当前状态,不涉及未来目标或累积回报。因此,推理时的每一步决策是局部的,未能显式考虑长远目标。

b. DT 推理中的全局性:DT 在推理阶段基于全局的轨迹信息做出决策,RTG 作为指导信号贯穿始终,使得智能体在每一步决策时能够兼顾当前状态和未来目标。这种全局性推理机制使得 DT 在目标导向任务中展现出更好的性能,尤其是当任务的奖励稀疏或长远时。

总的来说,DT 与 IL 的核心区别在于信息处理的方式和策略生成的目标。DT 不仅在架构上通过 Transformer 的注意力机制处理长序列信息,还通过引入 RTG 来指导策略生成,使得其能够为实现特定回报目标而优化动作选择;而 IL 更加关注短期的状态-动作对映射,通常没有明确的未来目标。在此基础上,DT 更适用于需要全局规划、未来奖励稀疏且存在长期依赖关系的任务。

9.1.4 Transformer 训练技巧

在 DT 的训练中,Transformer 模型的使用至关重要,尤其是当其处理长时间依赖的序列信息时。为了提高训练效率和模型性能,一些经典的训练技巧被广泛应用。下面我们介绍几种常见的技巧与方法:

(1)因果掩码(Causal mask):在序列建模任务中,Transformer 的自注意力机制允许每个输出词元(token)能够访问整个输入序列。然而,为了保证时间步之间的因果关系(即"因"不能看到"果"),必须对未来时间步的输入进行掩码处理。这种机制被称为因果掩码(Causal mask)。具体来说,在训练过程中,每个时间步 t 只能看到其之前的输入序列,不能访问未来的输入,确保了序列的因果一致性。数学上,因果掩码确保在时间步 t

的注意力权重只基于时间步 1 到 t 的输入信息：

$$\text{Attention}(Q,K,V)=\text{softmax}\left(\frac{QK^{\mathrm{T}}}{\sqrt{d_k}}+M\right)V,$$

其中，M 是一个掩码矩阵，用于防止未来的时间步被访问。$M_{ij}=-\infty$ 当 $j>i$ 时，以确保模型无法获取未来信息。

（2）教师强迫（teacher forcing）：教师强迫是一种在序列生成任务中的常用训练技巧。它通过在训练阶段强制模型在时间步 t 使用真实的目标输出（ground truth）作为下一步输入，而非模型的预测值。具体来说，在训练时间步 t 时，解码器接收的是时间步 $t-1$ 的真实标签，而非时间步 $t-1$ 模型的预测结果。这种方式的优点是可以加快模型的训练收敛，因为在每个时间步，模型都使用了最优输入。教师强迫的目标是使模型在训练过程中尽可能地拟合数据分布：

$$\mathcal{L}_{\text{teacher forcing}}=-\sum_{t=1}^{T}\log P(a_t|\hat{R}_1,s_1,a_1,\cdots,\hat{R}_t,s_t).$$

虽然教师强迫有助于模型快速学习，但在推理阶段，模型必须依赖自身生成的预测，因此可能会引入累积误差（error accumulation）。

（3）自回归模式（autoregressive）：自回归模式是在序列生成任务中的另一种常用技巧。在这种模式下，模型在时间步 t 的输入是时间步 $t-1$ 的预测结果，而非真实标签。与教师强迫不同，自回归模式更接近推理阶段的实际情况，因为推理时模型需要基于自身的预测结果生成接下来的输出。因此，自回归训练可以帮助模型适应推理阶段的行为，减少训练与推理之间的分布差异。自回归模式的损失函数可以表示为：

$$\mathcal{L}_{\text{autoregressive}}=-\sum_{t=1}^{T}\log P(a_t|\hat{R}_1,s_1,\hat{a}_1,\cdots,\hat{R}_t,s_t,\hat{a}_{t-1}),$$

其中，$\hat{a}_{t-1}$ 表示模型在时间步 $t-1$ 的预测动作。自回归训练虽然更符合推理时的实际，但其训练收敛速度可能较慢，并且在序列较长时，累积误差问题会变得更加明显。

总结来说，因果掩码确保了模型的时间一致性，教师强迫加快了模型的训练，而自回归模式则为模型的推理阶段提供了更加真实的训练环境。结合这些技巧，可以有效提升 Transformer 模型在 DT 中的表现。在实际应用中，常常需要权衡教师强迫和自回归训练，确保模型在训练和推理阶段都能够保持较好的性能表现。

9.1.5 实验及结论

DT 算法是一种完全离线的强化学习算法，其训练过程与模仿学习非常相似。因此，在实验中选择了离线强化学习和 IL 算法作为基准对比方法。下面就原文给出的结论进行整理：

（1）DT、TD 学习与 IL 在稀疏奖励（sparse reward）场景下的表现：DT 在稀疏奖励问题上表现尤为出色。IL 无论是否有奖励，其性能不受影响，而 TD 学习在这种环境下表现不佳。这展示了 DT 相对于 IL 的优势：尽管 IL 完全不依赖奖励信号，DT 可以充分利用奖励，依靠其注意力机制发现输入之间的更多关联。

（2）DT 特别适合稀疏奖励和延迟奖励（delayed reward）问题。直观来看，对于这些问题，TD 学习很难逼近真实的价值函数，而 DT 这种类似模仿学习的方式没有这种问题。正如论文中所述："序列建模可以在没有直接奖励的情况下有效进行行为建模（behavior modeling）。"

（3）DT 的性能超过了 IL。通常情况下，IL 得到的策略无法超过行为策略（behavior policy），但 DT 引入了回报至今（RTG），使其在行为策略的基础上进一步提升性能。

（4）与传统强化学习方法（例如基于价值、策略梯度、演员—评论家方法）的对比

① DT 能够避免"致命三角"（Deadly triad）问题；

② DT 避免了由于折扣累计回报（discounted returns）带来的短视行为（short-sighted behaviors）；

③ Transformer 架构通过注意力机制直接进行"奖励分配"（Credit assignment），而传统强化学习方法则需要通过贝尔曼更新缓慢传递奖励，容易受到"干扰信号"的影响。

提示 9.1.3　［致命三角（Deadly triad）］在强化学习中，"致命三角"指的是三种要素的组合，它们可能导致学习过程不稳定甚至不收敛。这三种要素是：

（1）函数逼近（function approximation）：使用函数逼近方法（例如神经网络）来估计值函数或策略函数，而非表格型方法。这使得学习过程更加灵活，但也增加了复杂性。

（2）延迟奖励（delayed reward）：强化学习中的奖励通常是延迟的，一个动作的效果可能在未来才会显现，这使得学习变得更加困难，因为智能体必须考虑长期的奖励规划。

（3）自举（bootstrapping）：自举指的是使用自身的估计值来更新值函数或策略函数。这虽然可以提高学习效率，但也容易导致不稳定性和过度估计。

这三者的结合可能导致学习不稳定，甚至出现发散的情况，因此在设计强化学习算法时需要特别注意。

提示 9.1.4　［奖励分配（credit assignment）］在强化学习和相关领域中，奖励分配指的是将奖励或惩罚正确归因于导致这些结果的动作或决策的过程。这个过程确保了系统能够识别哪些动作或决策是促成当前结果的关键因素，从而为优化策略提供基础。

9.1.6　RTG 相关问题

问题 9.1.2　RTG 如何设置？

答：在推理阶段，RTG 的设置依赖经验。如果设置一个非常高的 RTG，模型可能会由于未见过这种输入而做出错误的决策，这被称为"协变量漂移（covariate shift）"。通常可以将 RTG 设置为数据集中最大的 RTG，或者理论上计算出的最大 RTG。

9.1.7 讨论

在原文的"讨论"章节中,作者探讨了以下几个关键问题:

(1)"DT 是否相当于在部分数据集上进行行为克隆(behavior cloning,BC)?"换句话说,DT 与 BC 相比表现如何(虽然原文的本意是比较 DT 与在部分数据集上训练的 BC 算法,但实验结果可能并不能完全支持这一点)。实验方法:将 DT 与使用从优到劣不同百分比数据集的 BC 算法(%BC)进行对比。结论:即使在非专家数据集的情况下,DT 的性能仍超过了仅使用专家数据集的 BC 算法。

(2)"DT 能否有效建模回报的分布?"换句话说,选用不同的回报至今(RTG)作为先验时,DT 能否生成对应的轨迹? 实验方法:选取不同的 RTG,比较生成的轨迹的 RTG 是否与所选的 RTG 一致。结论:DT 生成的轨迹与所选 RTG 高度相关,这进一步表明,选取专家级别的 RTG 可以生成专家级别的轨迹。

(3)"DT 是否能有效进行长期奖励分配(long-term credit assignment)?"换句话说,DT 在稀疏奖励环境中的表现如何? 实验方法:选取 key to door 环境(一个只有在成功打开门时奖励为 1,其他时刻奖励为 0 的任务),测试 DT 的表现。结论:由于 DT 将整条轨迹作为输入,因此在该环境中表现良好,而 TD 类算法在这种情况下则很难进行处理。

(4)"Transformers 在稀疏奖励环境中能否作为准确的评判者(Critic)?"换句话说,DT 能否用于估计价值函数? 实验方法:同样使用 key to door 环境,测试 DT 在动作词元对应的位置上是否给了"拿起钥匙"动作较高的分数(此实验与上一个实验本质相同,只是从另一个角度佐证 DT 在奖励分配中的能力)。结论:DT 能够有效进行奖励分配。

(5)"DT 在稀疏奖励环境中的表现如何?"实验方法:选取一个具有稀疏奖励的环境,测试 DT 的表现。结论:DT 的效果与 BC 类似,但远远超越了 TD 类算法。

DT 是 Transformer 的解码器

本节讨论一个关键问题:"为什么 DT 仅使用了 Transformer 的解码器(decoder)部分,而不使用编码器(encoder)部分?"这不仅涉及 Transformer 架构的设计,还与强化学习任务的性质紧密相关。

首先,我们需要明确,DT、Trajectory Transformer(TT)等基于 GPT 架构的生成式大模型都只使用了 Transformer 的解码器部分,而非编码器。这种选择源自于生成任务与序列到序列任务的根本区别。

Transformer 最初是为序列到序列(seq2seq)任务设计的,如机器翻译。在此类任务中,Transformer 分为编码器和解码器两部分。二者的主要区别在于:

（1）Encoder 在处理输入序列时，可以同时看到整个序列的所有信息，即它能够对输入句子的所有词进行全局编码，包括上文和下文的信息。这种全局视野使得编码器擅长于抽取上下文相关的特征。

（2）Decoder 则由于具有掩码机制，在生成目标序列时，每个时间步的预测只能基于当前词及其之前的序列信息。这种因果约束确保了模型的生成过程是自回归的，逐步生成每个词，而不能预先知道后续的词。

在生成式任务中，模型需要根据当前已知的信息逐步推断出接下来的输出。这与序列到序列任务中的输入—输出映射过程不同。因此，生成任务通常不需要编码器部分，而仅依赖解码器来进行自回归的序列生成。DT 的设计遵循这一思想。

强化学习任务中的策略生成过程天然是自回归的。具体来说，在 DT 中，智能体需要根据当前的历史信息（包括状态、动作和回报等）来生成接下来的动作。这意味着，DT 的推理过程只能依赖于已有的轨迹信息，而不能提前获取未来的状态或动作。因此，使用仅含解码器的架构是合理的选择，因为：

（1）序列的时间一致性：强化学习问题中的决策是逐步进行的。模型在每个时间步只能访问当前和之前的状态、动作和回报，而不能访问未来信息。因此，像生成任务一样，DT 只能根据过去的信息预测未来的动作，而不能提前访问整个序列。解码器的自回归结构正好满足这一要求。

（2）自注意力机制的优势：虽然 DT 仅使用解码器部分，但其基于自注意力机制的设计允许模型捕捉到输入序列中各个时间步之间的长期依赖关系。传统的强化学习算法（如 Q-learning 和策略梯度法）在建模长时间依赖时表现较差，而 Transformer 的自注意力结构可以同时处理整个轨迹的所有历史信息，使得它在处理长时间步的任务时具有优势。

（3）自回归训练与推理一致性：在 DT 中，模型的训练和推理都是自回归的。在训练过程中，模型通过自回归方式生成动作，依赖于已知的状态、动作和回报信息；而在推理过程中，模型也依赖于过去的动作生成当前动作。这种一致性使得 DT 能够较好地适应强化学习中的决策过程，避免了传统强化学习中探索和利用的分离问题。

9.1.8　总结

总结来看，DT 选择仅使用 Transformer 的解码器部分，主要是因为强化学习任务的自回归特性与生成式任务的自然契合。在序列决策任务中，模型需要逐步生成策略，而不是像 seq2seq 任务那样可以同时访问整个输入序列。因此，DT 的设计抛弃了编码器，专注于基于历史信息的动作生成过程，这与 GPT 等生成模型的设计理念一致。

9.2 Trajectory Transformer

Trajectory Transformer(TT)(Janner, et al., 2021)是与 DT 同期提出的一种算法,它同样基于将强化学习问题转化为序列建模的思想。TT 和 DT 的核心思想在于将离线强化学习看作是从数据中学习生成策略,而不需要在线探索环境。虽然两者的高层次设计理念类似,但在具体实现细节上有显著差异。正如论文指出的那样,DT 通过奖励条件(reward conditioning)来生成策略,而 TT 则借助基于束搜索的规划方法实现策略优化。

9.2.1 模型结构

TT 的算法框架如图 9.2 所示,核心思想是通过对状态、动作和奖励的序列进行自回归训练,类似于语言模型生成句子时的过程。在 TT 中,每个状态 s_t 的各个维度(如 s_t^1, s_t^2, s_t^3)会被独立地建模和预测。换句话说,TT 的基本单元是状态和动作的各个维度,它逐步预测每个维度的值。可以用语言模型来类比:DT 更像是在预测完整的单词,而 TT 则像是在预测每个单词的字母。因此,TT 的生成过程更加细粒度,每一步都需要预测状态和动作各个维度的值,而这使得它对高维数据的处理更加灵活。

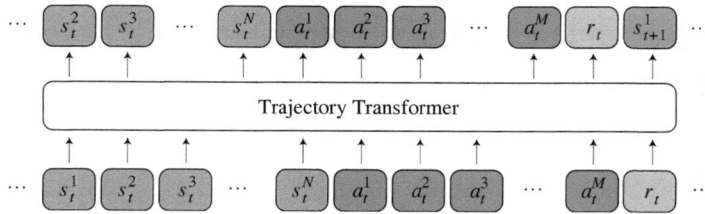

图 9.2 **Trajectory Transformer** 通过对状态、动作和奖励的自回归序列进行训练。

TT 的规划过程类似于语言模型中通过采样生成序列的过程。

图片引自(Janner, et al., 2021)

9.2.2 训练阶段

TT 的训练损失函数如下:

$$\mathcal{L}(\tau) = \sum_{t=1}^{T}\sum_{i=1}^{N}\log P_\theta(s_t^i \mid s_t^{<i}, \tau_{<t}) + \sum_{t=1}^{T}\sum_{j=1}^{M}\log P_\theta(a_t^j \mid a_t^{<j}, s_t, \tau_{<t}) +$$
$$\log P_\theta(r_t \mid a_t, s_t, \tau_{<t}). \tag{9.2}$$

从上式可以看出,TT 通过维护一个概率模型来学习状态、动作和奖励的联合分布。每个时间步 t 的状态、动作、奖励被建模为条件概率分布,且状态和动作的每个维度都独立建模。由于 TT 的输出是状态或动作在给定输入条件下的概率,因此需要一个有限的状态和动作空间作为词汇表(vocabulary)。对于连续的状态和动作空间,TT 引入了均匀离散化和分位数离散化两种方法,这些离散化方案使得 TT 能够处理连续空间,同时也与其束搜索规划方法紧密相关。

9.2.3 推理阶段

在推理阶段,TT 使用束搜索来生成策略。具体来说,生成下一个状态或动作时,TT 不会仅选择最有可能的单个词汇(即状态或动作的一个维度),而是会保留 B 个最有可能的候选值,形成一个候选集合。通过这种方式,TT 能够在生成过程中保持多个候选路径的可能性,并根据每个路径的累计概率选择最终的生成序列。该过程如算法 10 所示。

在生成过程中,模型每次计算 $P_\theta(\cdot \mid x)$ 的概率时,已经经过了训练,因此这些概率可以直接用于评估当前生成的路径。通过束搜索,TT 可以在不同的生成路径中进行探索,使得其决策生成不仅仅是基于单一的最优预测,而是考虑多个可能性,从而提高策略的灵活性和稳定性。

Algorithm 10:束搜索

Input:输入序列 x,词汇表 $\mathcal{V}$,序列长度 T,束宽 B

初始化 $Y_0 \leftarrow \{()\}$;

for $t=1$ **到** T **do**

$\quad \mathcal{C}_t \leftarrow \{y_{t-1} \circ y \mid y_{t-1} \in Y_{t-1} \text{且} y \in \mathcal{V}\}$ //候选单词扩展

$\quad Y_t \leftarrow \underset{Y \subseteq \mathcal{C}_t, |Y|=B}{\operatorname{argmax}} \log P_\theta(Y \mid \boldsymbol{x})$ //从候选中选择概率最大的 B 个序列

end

return $\underset{\boldsymbol{y} \in Y_T}{\operatorname{argmax}} \log P_\theta(\boldsymbol{y} \mid \boldsymbol{x})$

不同场景下的推断调整

TT 在不同任务场景下的推理机制会有所调整,以适应具体的强化学习需求:

(1)模仿学习:在模仿学习场景中,TT 可以直接模仿离线数据中的策略,不需要进一步优化或调整。其生成的策略完全依赖于已知的轨迹序列,因此推理时只需按照训练时的生成过程进行操作即可。

(2)基于目标条件的强化学习(goal conditioned RL):在目标条件强化学习中,模型需要根据预设的目标状态生成相应的策略。通常在训练阶段,Transformer 使用因果掩码防止看到未来的结果,而在目标条件强化学习中,TT 将未来的目标状态视为条件,从而允许模型在生成序列时不仅基于历史观测,还可以基于某些特定的目标状态。这与DT 中的回报条件(RTG)思想类似,后者也是通过提前设定的回报目标引导模型生成

策略。

（3）离线强化学习：在离线强化学习任务中，TT通过条件化的生成方式来优化策略。具体来说，模型在生成状态和动作时，会结合奖励信号以及对应的Q值进行优化。在这种情况下，TT不仅依赖于轨迹中的历史信息，还会结合预估的Q值对未来回报进行评估，从而生成更优的策略。

9.2.4 拓展与思考

束搜索(beam search)

备注9.2.1 在大型预训练语言模型(如GPT)中，束搜索是一种用于生成文本序列的搜索算法，广泛应用于生成式任务中。其通过在每一步预测中保留多个最有可能的候选路径，逐步生成完整的序列，从而增加生成结果的多样性。这种技术在复杂的序列生成任务中尤为有效，如自然语言处理和轨迹规划问题。TT的推理过程就依赖于类似的生成机制，以便更好地应对高维和复杂的轨迹序列生成。束搜索的工作流程可以描述如下：

（1）初始阶段：模型根据当前输入的序列预测若干个最有可能的后续单词或词元。对于每个可能的预测，计算其概率得分。

（2）扩展阶段：对于每一个预测出的词元，继续预测其后续的若干个词元，形成多个扩展的候选序列。这样逐步构建出不同的候选轨迹或文本。

（3）剪枝：根据设定的束宽(beam size)，选择得分最高的B个候选序列，并舍弃得分较低的序列。该步骤可以防止生成的候选序列数量过多，同时确保序列的质量。

（4）重复扩展和剪枝：重复执行扩展和剪枝操作，直到生成的序列达到预设长度或满足某个停止条件。

（5）结束：最终保留得分最高的序列，作为模型生成的输出。这个序列就是在给定输入条件下生成的最佳或次优的完整轨迹或文本。

思考与问题

提示9.2.1 回顾一下，在大型语言模型如GPT中，预训练过程实际上也是逐词生成并训练的。模型根据输入句子的上下文生成下一个词元，并且在训练时通常使用教师强迫策略，即将真实的词元作为输入，确保模型能够有效学习语言序列中的依赖关系。

相较于DT，TT与语言模型(LLM)有着更为紧密的联系。TT通过Transformer对轨迹中的所有元素进行建模，包括状态、动作和奖励，并且在应用于离线强化学习时，TT也使用回报条件(RTG)作为输入词元的一部分。这一设计使得TT在处理复杂轨迹生成任务时具备与LLM相似的能力。TT可被视为DT思想的扩展，探讨了更多可能的变种及应用场景。

问题 9.2.1 TT 如何使用束搜索进行规划？

答：束搜索是生成序列的一种方法，在 TT 中，束搜索用于生成下一个状态或动作的多个候选值。与直接选择单一最优预测值的贪心搜索不同，束搜索在每一步保留了 B 个最有可能的候选词元。通过这种方式，TT 可以在生成未来轨迹时探索多个可能的路径，从而提高策略的多样性和鲁棒性。

问题 9.2.2 TT 在网络结构上与 DT 有什么不同？TT 是基于 GPT 的网络结构吗？

答：TT 和 DT 都使用了 Transformer 的解码器架构，TT 是基于 GPT 的网络结构，类似于 DT。然而，二者在具体实现上有显著区别：

（1）训练损失：TT 使用对数似然（log likelihood）进行训练，旨在学习轨迹中每个状态和动作的条件概率分布；而 DT 则使用均方误差（MSE）损失，直接预测状态和动作的连续值。

（2）推断方法：TT 在推断阶段使用了束搜索，生成多个可能的候选路径；DT 则不使用束搜索，而是直接生成下一个动作。

问题 9.2.3 为什么需要进行离散化？如果不进行离散化是否可行？DT 为什么不需要离散化？

答：TT 使用离散化是因为其建模的是概率分布，并且在推断过程中需要依赖束搜索来生成序列。具体来说，TT 的生成过程基于离散化的状态和动作空间，将连续空间离散化为有限的词汇表（vocabulary），以便能够使用概率模型进行序列生成。这样，模型可以通过计算每个离散状态或动作的概率，从而确定最优轨迹路径。如果不进行离散化，TT 将无法进行概率建模和束搜索的操作。相比之下，DT 则直接在连续空间中生成状态和动作的估计值，因此不需要对连续空间进行离散化。DT 通过直接回归的方式输出预测值，避免了离散化引入的近似误差。

9.2.5 总结

总的来说，TT 通过将轨迹规划问题转化为自回归序列生成问题，巧妙地结合了语言模型中的生成机制和强化学习中的决策问题。在 TT 中，束搜索作为核心推断方法，极大地增强了生成策略的多样性和灵活性。此外，TT 的离散化处理和对概率分布的建模为其提供了强大的序列生成能力。与 DT 相比，TT 在生成轨迹的过程中引入了更多的探索和规划机制，特别是在高维空间中，TT 表现出更好的轨迹生成效果。在未来的强化学习研究中，TT 为解决复杂的规划任务提供了一个重要的工具和框架。

9.3　Behavior Transformer

Behavior Transformer(BeT)(Shafiullah, et al., 2022)是一种使用 Transformer 架构实现多模态行为克隆(Behavior cloning, BC)的强化学习算法。这里的"多模态"特性主要指的是动作空间中的多模态分布。在许多复杂的任务中,动作空间可能包含多个不同的模式,即在同一状态下可以有多个合理的动作选择。BeT 旨在通过 Transformer 的强大序列生成能力来处理这些多模态动作生成问题。与传统的行为克隆一样,BeT 依然依赖监督学习进行训练,但其创新在于能够处理连续动作空间中的多模态性。

9.3.1　算法讲解

该研究采用了聚类方法对动作空间进行离散化,并通过残差优化策略应对离散化带来的误差,从而有效生成和优化多模态的连续动作。其核心步骤如下:

动作空间离散化

在面对连续的动作空间时,直接操作和生成连续动作存在困难,因此本文采用了一种离散化策略。通过聚类算法,将动作空间 A 中的所有动作聚成 k 类,形成离散的动作中心 $\{A_1, A_2, \cdots, A_k\} \subset A$。这一离散化过程将连续空间转换为离散空间,便于 Transformer 进行处理。每一个动作 a 都被分解为两部分:

(1)动作中心标签:对于一个动作 a,定义其所属的动作中心标签为 $\lfloor a \rfloor := \mathrm{argmin}_i \|a - A_i\|_2$,即该动作与最近的动作中心的距离最小。

(2)残差部分:动作的残差部分定义为 $\langle a \rangle := a - A_{\lfloor a \rfloor}$,表示动作与其最近动作中心的差异。

故而最终动作可以表示为 $a := A_{\lfloor a \rfloor} + \langle a \rangle$,即动作中心加上残差。这种分解方式将复杂的连续动作空间通过离散化处理成动作中心与残差的组合,既便于模型处理,也保留了动作的连续性特征。

使用 Transformer 进行行为克隆

在离散化处理后,接下来的任务是使用 Transformer 模型进行行为克隆。Transformer 的输入是一个轨迹序列 $(o_i, o_{i+1}, \cdots, o_{i+h-1})$,每个观测 o_t 是一个状态。模型的输出是基于这些观测的动作中心的概率分布。Transformer 模型通过监督学习的方式进行训练,其优化目标是最小化与真实标签之间的误差。给定轨迹序列的真实动作中心标签为 $(\lfloor a_i \rfloor, \lfloor a_{i+1} \rfloor, \cdots, \lfloor a_{i+h-1} \rfloor)$,损失函数为负对数似然损失:

$$\mathcal{L}_{\mathrm{focal}}(p_t) = -(1-p_t)^\gamma \log(p_t),$$

其中，$p_t = p(\lfloor a_t \rceil | o_t)$ 表示给定状态 o_t 下，预测的动作中心 $\lfloor a_t \rceil$ 的概率。γ 是调节因子的超参数，用于调节置信度较高的样本和置信度较低的样本在损失中的贡献。通过这个过程，BeT 能够从轨迹数据中学习多模态动作分布，并通过 Transformer 的序列建模能力生成符合观测序列的多模态动作。

进一步优化动作生成

由于动作空间的离散化会引入一定的误差，且可能导致分布漂移问题，本文进一步通过对残差部分的优化来提高生成动作的精度。具体方法是在 Transformer 的解码器 (decoder) 上增加一个额外的网络头，用于预测动作的残差项。对于每一个输入观测 o_t，网络不仅输出动作中心的概率分布，还会输出一个 $k \times \dim(\mathcal{A})$ 的矩阵 $(\langle \hat{a}_i^{(j)} \rangle)_{j=1}^{k}$，其中每个元素表示对应动作中心的残差项。残差项的优化目标为：

$$\mathrm{MT-Loss}(a, (\langle \hat{a}_i^{(j)} \rangle)_{j=1}^{k}) = \sum_{j=1}^{k} \mathbb{I}[\lfloor a \rceil = j] \cdot \| \langle a \rangle - \langle \hat{a}^{(j)} \rangle \|_2^2,$$

其中，a 表示真实动作，$\langle a \rangle$ 是真实动作的残差，$\mathbb{I}[\lfloor a \rceil = j]$ 是指示函数，表示该动作是否属于某个特定的动作中心。通过这一加权 MSE 损失，模型能够进一步优化生成的残差项，从而生成更精确的动作。

9.3.2　总结

BeT 通过聚类离散化和残差修正策略解决了多模态动作生成的问题。首先，BeT 通过将连续动作空间离散化为有限的动作中心集合，并结合残差建模，既能够捕捉动作的多模态性，又能够保持动作的精细化表示。其次，Transformer 通过监督学习实现对轨迹序列的建模，从而生成基于上下文的多模态动作。最后，通过残差项的进一步优化，BeT 在处理连续动作空间中的多模态生成问题时展现出了良好的性能，特别是在面对复杂任务和高维动作空间时，BeT 为强化学习中的多模态行为克隆提供了一种有效的方法。

9.4　算法蒸馏

算法蒸馏 (algorithm distillation, AD) (Laskin, et al., 2023) 是一种通过因果序列模型对强化学习算法的学习过程进行建模，将这些算法的学习过程蒸馏为神经网络的方法。与传统的强化学习方法不同，算法蒸馏将强化学习算法的训练视为一种跨回合 (across-episode) 的序列预测问题。具体而言，AD 通过生成源 RL 算法的学习历史数据集，利用自回归方式将这些历史作为上下文输入，训练一个因果 Transformer 来预测策略中的动作。这种方法不仅能够通过历史数据提高策略的表现,而且无需更新神经网络参数,便能通过上下文信息进行推断,从而提升策略的执行效率。

不同于基于专家策略蒸馏或训练后策略的序列预测架构,AD能够完全依赖上下文中的信息进行策略改进,无需通过在线交互优化参数。AD能够在稀疏奖励任务、组合任务结构以及基于像素的观察环境中展示其在上下文强化学习(In-context reinforcement learning,ICL)中的能力。实验表明,AD学到的强化学习算法在多个任务上表现出了比生成源数据的RL算法更高的数据效率。

备注 9.4.1 离线策略蒸馏(offline policy distillation,PD)是一种将强化学习问题转化为序列预测问题的策略提取方法,与传统的基于值函数的RL不同,PD通过序列模型从离线数据中预测动作(行为克隆)。此外,PD方法还可以使用回报调节或通过过滤次优数据来提取策略,这使其在多任务强化学习中同样适用。

备注 9.4.2 上下文学习(ICL)则是指通过上下文信息推断任务的能力。与基于梯度的策略优化不同,ICL通过提示(prompt)让模型推断出当前任务需求,从而执行相应的动作。在AD的设定下,所有策略都可以通过行为克隆蒸馏为神经网络。

9.4.1 算法讲解

策略蒸馏将多个任务的策略通过模型学习进行提取,已有的研究表明,Transformers能够用于学习多任务策略,尤其是在离线强化学习(offline RL)场景下,通过模仿学习(imitation learning)从离线数据集中蒸馏策略。然而,PD方法存在一个显著的局限性:它无法通过与环境的进一步交互来改进策略,即无法通过试错(trial and error)进行优化。因此,PD类方法的局限在于它缺乏像传统RL算法那样的探索与优化机制,AD旨在改进PD的缺点。

评述 9.4.1 PD无法通过试错优化策略,应该归因于离线RL的设定,而非算法本身。因此,离线数据训练后并非无法微调。

最新的研究表明,Transformer可以将离线强化学习问题视为序列预测问题来学习策略。Chen等人(Chen,2021)展示了Transformer能够通过模仿学习从单任务离线数据中学习策略,后续研究表明,Transformer同样能够在单任务和多任务强化学习中提取多任务策略。我们将这种从离线RL数据中通过序列建模提取策略的方法称为离线策略蒸馏(PD)(Laskin,et al.,2023)。

AD文章提出,数据集的结构对于策略的改进过程至关重要。问题的核心在于:数据需要包含足够长的学习历史(以便涵盖策略的改进过程),同时Transformer的上下文窗口也需要足够大,才能从数据中学到这些改进过程。基于这一假设,该研究提出了算法蒸馏(AD),通过对更长的学习历史进行建模,AD能够学到RL算法的改进过程,因此其被称为算法蒸馏。

假设智能体的学习历史由某个源 RL 算法 P^{source} 针对多个任务 $\{\mathcal{M}_n\}_{n=1}^{N}$ 生成,形成一个数据集 $\mathcal{D}$:

$$\mathcal{D} := \{(o_0^{(n)}, a_0^{(n)}, r_0^{(n)}, \cdots, o_T^{(n)}, a_T^{(n)}, r_T^{(n)}) \sim P_{\mathcal{M}_n}^{\text{source}}\}_{n=1}^{N},$$

接着,我们将源算法的学习过程蒸馏为一个序列模型,通过负对数似然(NLL)损失映射长时间的历史信息到动作概率。我们将这一过程称为算法蒸馏(AD)。在该过程中,具有参数 θ 的神经网络模型 P_θ 通过以下损失函数进行训练:

$$\mathcal{L}(\theta) := -\sum_{n=1}^{N} \sum_{t=1}^{T-1} \log P_\theta(A = a_t^{(n)} \mid h_{t-1}^{(n)}, o_t^{(n)}). \tag{9.3}$$

该损失函数是算法蒸馏进行模仿学习的核心。在公式 9.3 中,$P(a \mid h, o)$ 使用的是离线数据,只有当训练模型 θ 与被模仿的策略接近时,$P(a \mid h, o)$ 的值才会接近 1,从而使得负对数似然损失较小。这与传统的行为克隆(BC)损失函数类似,不同之处在于这里的输入是历史信息,反映了策略改进的过程。

9.4.2 总结

AD 方法通过两个主要步骤实现:(1)数据生成,通过源 RL 算法生成包含多个任务的学习历史数据集;(2)训练序列模型,使用生成的数据集训练一个序列预测模型,通过模仿学习提取策略,所用的损失函数如图 9.3 所示。AD 使用的模型为 GPT 因果 Transformer(Radford,et al.,2018),该模型能够处理长时间依赖的序列,并在跨回合的任务结构中表现出色。

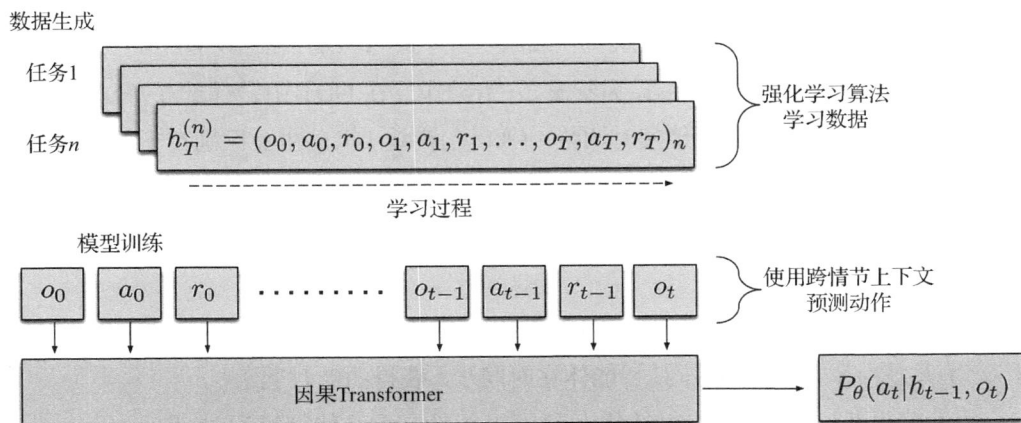

图 9.3 算法蒸馏(AD)的过程包括两个主要步骤:(1)通过源 RL 算法解决任务,收集学习历史数据集;(2)因果 Transformer 通过跨回合的上下文信息从这些历史中预测动作。AD 主要建模状态—动作—奖励(state-action-reward)序列,不依赖回报条件。

总之，算法蒸馏（AD）提供了一种创新的方法，将 RL 算法的学习过程通过上下文强化学习蒸馏为神经网络。AD 的优势在于能够有效提取多任务强化学习中的策略，同时通过上下文信息实现 RL 算法的改进。这种方法在具有稀疏奖励和复杂任务结构的环境中展示了优异的性能，拓展了 RL 算法在离线和多任务学习中的应用范围。

9.5 在线 Decision Transformer

在强化学习领域中，传统的 DT 算法主要针对离线强化学习（offline RL）问题进行了建模。其通过利用轨迹数据进行训练，并基于回报条件（return-to-go，RTG）生成动作序列。然而，现实中的许多强化学习任务涉及与环境的持续交互，即在线强化学习（online RL）。在这种场景下，智能体需要根据实时的反馈进行动态调整和学习，依赖于历史轨迹进行策略生成的离线方法难以满足这一需求。为了解决这一问题，在线 Decision Transformer（online decision transformer，ODT）（Zheng，et al.，2022）应运而生。

ODT 扩展了原有的 DT 架构，使其能够在在线交互的环境中生成策略，同时具备在与环境交互中进行不断更新的能力。与离线版本不同，在线版本不仅依赖历史轨迹的回报信息，还能够动态更新策略以适应实时的环境反馈。这种能力使得 ODT 能够在探索与利用之间进行有效的平衡，从而在复杂的强化学习任务中表现优异。

9.5.1 基本框架

在 ODT 中，核心思想依然是将强化学习任务转化为序列建模问题，并通过 Transformer 结构进行序列的自回归生成。与离线 DT 类似，ODT 使用轨迹信息 $(\hat{R}_1,s_1,a_1,\cdots,\hat{R}_T,s_T,a_T)$ 作为输入，其中 $\hat{R}_t$ 为回报条件，s_t 为状态，a_t 为动作。在 ODT 中，智能体的策略不仅仅依赖历史数据，还会根据环境反馈实时调整。ODT 与离线 DT 的主要区别在于如何利用环境的实时反馈。在每个时间步，ODT 通过以下步骤进行更新：

（1）轨迹生成：智能体根据当前的策略生成动作，并与环境交互，得到新的状态和奖励信息。

（2）回报条件更新：实时更新 RTG，调整未来的策略生成。每个时间步 t 的回报条件更新为：$\hat{R}_{t+1}=\hat{R}_t-r_t$，其中 r_t 是智能体在时间步 t 获得的即时奖励。

（3）策略更新：根据实时获得的状态和回报条件，ODT 的策略通过 Transformer 结构进行调整，以适应环境的动态变化。

（4）探索与利用的平衡：为了避免过度依赖历史数据，ODT 在在线阶段需要引入一定的探索机制，确保策略不仅能利用已有信息，还能探索新的策略空间。

这种动态调整与在线更新机制使得 ODT 能够在强化学习的在线场景中具备更强的适应性和鲁棒性。

9.5.2　ODT 损失函数

在在线训练过程中，ODT 的损失函数不仅需要考虑历史轨迹的拟合，还需要结合实时反馈的策略更新。因此，ODT 的损失函数可以被定义为：

$$\mathcal{L}_{\text{ODT}}(\pi) = \sum_{t=1}^{T} \left(\log \pi(a_t \mid \hat{R}_1, s_1, a_1, \cdots, \hat{R}_t, s_t) + \alpha \cdot \mathcal{L}_{\text{exploration}} \right), \tag{9.4}$$

其中，α 是探索损失的权重系数，$\mathcal{L}_{\text{exploration}}$ 代表探索损失，用以鼓励智能体探索新的策略空间，在 ODT 中这一项由策略函数的熵代替。通过这种方式，ODT 可以在在线环境中保持策略的多样性，避免陷入局部最优解。

9.5.3　推理机制

与离线 DT 相比，ODT 的推理过程需要考虑到环境的动态变化。ODT 通过自回归的方式，逐步生成每个时间步的动作，并根据新的状态和奖励信息实时调整未来的策略生成。具体步骤如下：

（1）初始输入设置：在推理初始阶段，ODT 与离线 DT 类似，设定初始回报条件 $\hat{R}_1$ 和初始状态 s_1。

（2）动作生成与环境交互：根据当前的轨迹信息 $(\hat{R}_t, s_t, a_t)$，ODT 生成新的动作 a_{t+1}，并与环境交互，获取新的状态 s_{t+1} 和奖励 r_t。

（3）RTG 更新：根据即时奖励 r_t，更新回报条件 $\hat{R}_{t+1} = \hat{R}_t - r_t$，并将其用于生成下一个时间步的策略。

（4）策略动态调整：ODT 通过实时更新的回报条件和状态信息，动态调整策略生成的方向，使得智能体能够更好地适应当前环境。

9.5.4　思考与问题

ODT 借鉴了 SAC 算法中使用的最大策略熵原则，同时保持算法主干与 DT 相似，本节主要对几者进行比较。

ODT 与 SAC 的比较

ODT 与传统的强化学习算法，如 SAC，在策略学习和探索性上存在显著的差异。ODT 通过优化带有熵正则化项的回归损失来实现策略学习，其目标是平衡策略的准确性与探索性：

$$\max_{\lambda \geq 0} \min_{\theta} L(\theta,\lambda), \quad \text{s. t.} \quad L(\theta,\lambda) = J(\theta) + \lambda(\beta - \mathcal{H}_\theta^T[a|s,g]),$$

其中,$L(\theta,\lambda)$是策略的损失函数,$J(\theta)$是轨迹回归损失,而λ是用于权衡正则化项的参数,β是控制熵正则化的权重。熵正则化项$\mathcal{H}_\theta^T[a|s,g]$用于确保策略的随机性,从而促进探索。

在 ODT 中,损失函数的核心是离线轨迹的回归损失,同时通过熵正则化来控制策略的多样性。在策略生成过程中,ODT 不仅通过自回归生成动作的精确预测,还通过正则化项保持策略的随机性。这种方法在在线阶段能够确保策略在采集的轨迹中保持足够的探索性,以便发现更优的策略。

ODT 的探索行为主要体现在轨迹层面,即模型生成完整轨迹后,通过这些轨迹进行策略的调整和优化;而 SAC 的探索性体现在 MDP 的转移层面,模型可以在每次采集到一定量的状态-动作转移后立即进行策略更新。SAC 通过熵正则项直接在每次转移中保持探索性,从而在更细粒度的时间步上实现策略的动态调整。

ODT 与 DT 的比较

ODT 在算法架构和应用场景上与 DT 存在显著的差异。ODT 被设计为一个真正的在线强化学习算法,其在线学习的基本单位是整条轨迹,而不是单个状态-动作转移。这与传统的在线强化学习算法不同,使得 ODT 能够处理复杂的长时间依赖任务。

在 ODT 的在线推理过程中,面临的一个核心挑战是:策略展开的实际回报与预期的回报目标(RTG)可能存在不一致。这种不一致性在在线设定下尤为显著,因为智能体的行为会直接影响实时采集的轨迹。在这种情况下,ODT 需要使用实际获得的回报更新 RTG,并在策略调整阶段使用真实的 RTG 进行策略微调。这一问题是在线强化学习中特有的挑战,要求模型具有良好的鲁棒性,以应对策略执行中的不确定性。

问题 9.5.1 ODT 通过熵正则项,CGDT 通过评论家做正则,在测试时真的能生成比 DT 更优秀的轨迹吗?

答:这是一个需要通过实验进行验证的问题。从传统强化学习中的探索与利用平衡角度来看,动态调整温度参数(例如,在训练后期逐步减小熵正则项的影响)可以使策略逐渐趋于确定性,从而在测试阶段生成更高质量的轨迹。由于 ODT 引入了在线更新和熵正则化,理论上应当能生成比纯粹基于离线数据训练的 DT 更具泛化性的轨迹,尤其是在环境动态变化较大的情况下。

问题 9.5.2 探索与利用的平衡在 ODT 这种范式下仍然重要吗?

答:是的,探索与利用的平衡在 ODT 中仍然至关重要。虽然 ODT 的强化学习范式与传统的逐步更新策略不同,但在线学习环境中,探索与利用的冲突依然存在。DT 虽然声称在次优轨迹上训练时可以表现出优于模仿学习的效果,但如果测试环境与训练数据分布差异过大,模型仍然会遇到协变量漂移问题。因此,DT 关于模型泛化能力的主张更多是启发式的。在在线设定下,探索与利用问题并未消失,而是从单次转移更新的粒度转移到了整条轨迹的粒度,如何在轨迹采集中维持足够的探索性仍是 ODT 面临的挑战。

9.5.5　总结

ODT 的架构为强化学习领域提供了一种新的在线学习范式,它将 Transformer 的序列建模能力与强化学习的策略优化结合起来,不仅能够基于历史轨迹生成策略,还能够根据环境的实时反馈进行动态调整。这使得 ODT 能够在高维度、长期规划任务中表现出色。

与传统的在线强化学习算法(如 SAC 和 A3C)相比,ODT 的核心优势在于其能够通过 Transformer 捕捉长时间依赖关系。传统算法在处理长期依赖时需要依赖折扣因子 γ,通过平滑未来回报的影响;而 ODT 通过显式引入预期回报(RTG),将未来回报直接嵌入到策略生成中。这种方法在需要长期规划和复杂依赖的任务中具有显著优势。

总的来说,ODT 在探索与利用之间保持了良好的平衡,通过引入熵正则化有效控制策略的多样性,并通过在线学习的机制不断调整策略,使得模型能够在复杂的实时强化学习环境中表现优异。ODT 将 Transformer 架构的强大序列建模能力与在线强化学习的动态反馈机制相结合,显著扩展了 DT 的应用范围,尤其在需要长期规划和高维度决策的任务中,展示了优越的性能。

9.6　评论家指导下的 Decision Transformer

Critic-guided decision transformer(CGDT)(Wang, et al. ,2024)是对传统 DT 的改进,通过引入学习到的评论家函数(Critic),CGDT 确保策略生成的动作与目标回报(RTG)的预期回报直接对齐。这种方法在完全离线强化学习环境下运作,专注于增强DT 在复杂环境中的表现,特别是在高随机性的任务中。

这项研究的动机是:在强化学习中,基于回报条件的监督学习(RCSL)方法通常能够在确定性环境下表现良好,但在高随机性环境中效果较差。本文指出了这一不足并解释,RCSL 和序列建模方法在随机环境中的性能可能受到轨迹的高波动性影响。为了增强 DT 在此类环境中的表现,CGDT 通过引入 Critic 来建模价值函数的期望回报,进而辅助策略训练。在高随机性环境中,状态转移的随机性导致轨迹中的 RTG 无法准确反映真实的未来累计回报。同样的策略在不同的轨迹下可能会产生不同的 RTG,而传统的 DT 模型将整个轨迹的累积奖励直接用作 RTG 进行策略学习,可能会引入偏差。CGDT 通过使用 Critic 来估计价值函数的期望,更为准确地评估动作的长期回报,以改进策略学习过程。

9.6.1 算法讲解

CGDT 网络结构如图 9.4 所示,算法伪代码如算法 11 所示,其伪代码展示了 CGDT 的两个主要阶段:Critic 训练阶段和策略训练阶段。

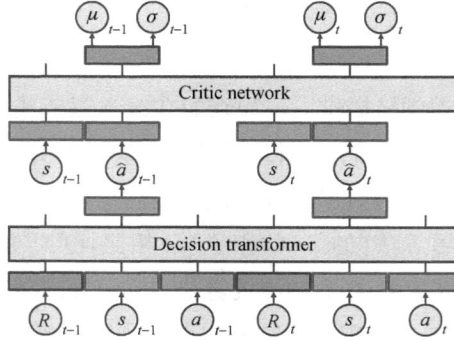

图 9.4 CGDT 框架。下半部分为标准的 Decision Transformer,接受状态 s、动作 a 和目标回报 R 作为输入,预测每个状态 s_t 对应的下一步动作 $\hat{a}_t$。预测出的动作传递给 Critic,该 Critic 是一个高斯分布,均值 μ_t 和方差 σ_t 从离线数据中学习得出。通过最小化预测动作的预期回报与目标回报之间的距离,Critic 引导策略生成与目标回报一致的动作。

图片引自(Wang, et al. ,2024)

Algorithm 11:CGDT 伪代码

Input:离线数据集 $\mathcal{D}$,评价函数 Q_ϕ ,策略 π_θ ,迭代次数 M, N ,不对称评价系数 τ_c ,期望回归参数 τ_p ,平衡权重 α

//不对称评价器训练

for $i=1$ **到** M **do**

  从 $\mathcal{D}$ 中采样一批轨迹 (s_t, a_t, r_t);

  计算子轨迹 $\tau_{t:T}$ 的回报, $R_t = \sum\limits_{t}^{T} r_t$;

  使用梯度更新 Q_ϕ: $\mathbb{E}_{(s_t, a_t, R_t)} [\nabla_\phi \mathcal{L}_Q(\phi)]$;

end

//基于评价的策略训练

$\alpha' \leftarrow 0$;

for $j=1$ **到** N **do**

  $\alpha' \leftarrow \alpha' + \alpha/N$;

  从 $\mathcal{D}$ 中采样一批轨迹 (s_t, a_t, r_t);

  计算子轨迹 $\tau_{t:T}$ 的回报, $R_t = \sum\limits_{t}^{T} r_t$;

  预测动作 $\hat{a}_t \sim \pi_\theta(\cdot \mid \tau_{0:t-1}, s_t, R_t)$;

  预测回报 $(\mu_t, \sigma_t) \sim Q_\phi(\cdot \mid \tau_{0:t-1}, s_t, \hat{a}_t)$;

  计算期望回归损失: $\mathcal{L}_2^{\tau_p}\left(\dfrac{R_t - \mu_t}{\sigma_t}\right)$;

  使用梯度更新 π_θ: $\mathbb{E}_{(s_t, a_t, \hat{a}_t, R_t)} \left[\nabla_\theta \mathcal{L}_2(a_t, \hat{a}_t) + \alpha' \nabla_\theta \mathcal{L}_2^{\tau_p}\left(\dfrac{R_t - \mu_t}{\sigma_t}\right) \right]$;

end

return π_θ

Critic 训练阶段

在 Critic 训练阶段,CGDT 首先使用离线数据集来训练一个 Transformer 模型,以建模轨迹中的 RTG 值,形成 Critic。Critic 通过预测轨迹中的状态-动作对的期望回报,从而提供对策略的引导。Critic 的损失函数为负对数似然损失,目标是最小化预测回报与真实回报之间的差距:

$$\mathcal{L}_Q(\phi) = -|\tau_c - \mathbb{I}(u>0)|\log Q_\phi(R_t|\tau_{0:t-1}, s_t, a_t),$$

其中,$u = (R_t - \mu_t)/\sigma_t$,$(\mu_t, \sigma_t) \sim Q_\phi(\cdot|\tau_{0:t-1}, s_t, a_t)$。这里,$Q_\phi$ 是通过 Transformer 学习得到的回报分布模型,μ_t 和 σ_t 分别表示高斯分布的期望和方差。

CGDT 采用 Transformer 作为 Critic 的模型是因为它能够有效处理长时间的轨迹输入 $(\tau_{0:t-1}, s_t, a_t)$,这种结构对复杂任务的长期依赖建模具有优势。

策略训练阶段

在策略训练阶段,策略网络使用 DT 架构,但不同的是,CGDT 的输入为 (RTG, s, a) 而非 (r, s, a),这意味着策略生成过程基于目标回报而非即时奖励。策略网络的损失函数结合了 DT 的标准回归损失和 Critic 提供的正则项:

$$\mathcal{L}_\pi(\theta; \alpha) = \mathcal{L}_2(a_t, \hat{a}_t) + \alpha \cdot \mathcal{L}_2^{\tau_p}\left(\frac{R_t - \mu_t}{\sigma_t}\right),$$

其中,$\hat{a}_t \sim \pi_\theta(\cdot|\tau_{0:t-1}, s_t, R_t)$,$\mu_t$ 和 σ_t 由 Critic Q_ϕ 提供。这里的 α 是权重系数,用于平衡策略损失和 Critic 正则项的影响。

正则项 $\mathcal{L}_2^{\tau_p}(u)$ 的具体形式为:

$$\mathcal{L}_2^{\tau_p}(u) = |\tau_p - \mathbb{I}(u<0)|u^2,$$

其中,$u = (R_t - \mu_t)/\sigma_t$,$(\mu_t, \sigma_t) \sim Q_\phi(\cdot|\tau_{0:t-1}, s_t, \hat{a}_t)$。该正则项通过控制 u 值,使得策略生成的动作符合 Critic 对回报的预期。

通过结合 DT 的回归损失和 Critic 的指导,CGDT 能够在策略生成过程中动态调整动作选择,使策略生成与长期回报的预期更加一致。Critic 为策略提供了一种基于价值函数的反馈机制,帮助策略在高随机性环境中更好地应对不确定性。

9.6.2　CGDT 中的正则项与风险控制

相比于传统 DT,CGDT 引入了一个正则项 $\mathcal{L}_2^{\tau_p}\left(\frac{R_t - \mu_t}{\sigma_t}\right)$,这一正则项允许通过调节超参数 τ_p 来控制策略的风险偏好。具体来说,τ_p 类似于一种基于风险测量的效用函数。通过设置不同的 τ_p 可以调整策略对于不同风险水平的敏感度,从而在探索与利用之间实现动态平衡。当 τ_p 较小时,策略会更偏向于选择那些回报与预期值接近的动作,体现出更强的保守性;而当 τ_p 较大时,策略则会更倾向于选择那些回报可能偏离预期的高风险动作,体现出更强的探索性。因此,CGDT 通过 Critic 指导和正则项的协同作用,在策略优化过程中实现了风险控制与长期回报最大化的结合。

9.6.3 总结

CGDT 通过将 Critic 引入到 DT 的策略生成过程中,成功地解决了传统 DT 在高随机性环境中表现不佳的问题。CGDT 不仅保留了 Transformer 结构的长序列建模能力,还通过 Critic 的回报期望引导策略生成,使得策略更加符合目标回报的预期。此外,CGDT 引入的正则化项为策略提供了风险控制机制,从而在高维度、高随机性的强化学习任务中表现出色。

相较于 DT,CGDT 更加注重策略生成过程中对未来回报的动态评估,尤其是在随机性较高的任务中,CGDT 通过 Critic 的辅助显著提升了策略的稳定性和鲁棒性。这种方法为离线强化学习提供了新的思路,也为高风险任务的策略优化带来了更强大的工具。

9.7 决策预训练 Transformer

决策预训练 Transformer(decision-pretrained transformer,DPT)探讨了 Transformer 在强化学习任务中作为决策网络的应用能力(Lee, et al. ,2024),并提出了一种监督预训练方法。通过使用给定的查询状态以及来自多个任务的上下文交互数据集,DPT 旨在预测最优动作。DPT 能够适应在线(online)和离线(offline)强化学习的不同设定,并在新任务中展示出一定的适应性能。本文的探讨主要集中在简单任务的泛化性上,如 bandit 问题,尚未扩展到复杂任务,如持续强化学习(continual reinforcement learning,CRL)和元强化学习(meta reinforcement learning,Meta RL)[①]。

DPT 是一种通过预训练获取策略的强化学习模型。在模型训练完成后,DPT 能够用于新任务中的在线或离线强化学习。在这些任务中,智能体通过上下文交互数据集进行学习,并根据不同状态查询最优动作。例如,在在线场景中,初始上下文数据集可能是空的,因为新任务尚未知晓,此时 DPT 的预测可能不确定;随着交互的不断进行,数据集逐步填充,DPT 的预测变得更加自信,并更接近最优动作。

DPT 的上下文交互基于 MDP 的转移序列。具体而言,DPT 的上下文(context)或提示(prompt)是由一个 MDP τ 及其交互生成的数据集 $D \sim D_{\mathrm{pre}}(\cdot;\tau)$,这个数据集包含了智能体与 MDP 之间的交互记录。$D = \{s_j, a_j, s_j', r_j\}_{j \in n}$ 表示的是该 MDP 中的状态-动作转移数

---

① 本文极大程度上聚焦于 bandit 问题。

据。上下文数据集提供了关于 MDP τ 的背景信息，指导 DPT 在新的任务中进行策略推断。

9.7.1　模型架构

我们定义任务、上下文数据集、查询状态和动作标签的联合预训练分布为 P_{pre}，则有：

$$P_{\mathrm{pre}}(\tau,D,s_{\mathrm{query}},a^*)=\mathcal{T}_{\mathrm{pre}}(\tau)\mathcal{D}_{\mathrm{pre}}(D;\tau)\mathcal{D}_{\mathrm{query}}(s_{\mathrm{query}})\pi_\tau^*(a^*\mid s_{\mathrm{query}}).$$

在给定上下文数据集 D 和查询状态 s_{query} 的情况下，DPT 通过监督学习进行训练，以预测响应的最优动作 a^*。具体而言，假设 $D_j=\{(s_1,a_1,s_1',r_1),\cdots,(s_j,a_j,s_j',r_j)\}$ 为采样到的部分数据集，目标是训练一个由 θ 参数化的 GPT-2 因果 Transformer 模型 M，该模型输出关于动作 $\mathcal{A}$ 的分布。训练的目标是最小化来自预训练分布样本的期望损失：

$$\min_\theta \mathbb{E}_{P_{\mathrm{pre}}}\sum_{j\in[n]}\ell(M_\theta(\cdot\mid s_{\mathrm{query}},D_j),a^*).$$

损失函数设定为负对数似然：

$$\ell(M_\theta(\cdot\mid s_{\mathrm{query}},D_j),a^*):=-\log M_\theta(a^*\mid s_{\mathrm{query}},D_j).$$

该框架既适用于离散动作空间 $\mathcal{A}$，也适用于连续动作空间 $\mathcal{A}$。对于离散的动作空间，使用 softmax 对动作分布进行参数化，使其成为一个分类问题。最终输出模型 M_θ 即为 DPT，它接受上下文交互数据集 D，并通过前向传递预测在查询状态 s_{query} 下的最优动作。

9.7.2　上下文学习与任务泛化

DPT 的上下文学习方式与 RL2 或算法蒸馏（AD）有一定相似性，然而 DPT 并未通过模仿现有 RL 算法的学习过程来生成策略，而是训练一个模型直接预测特定任务下的最优动作。与 AD 通过监督学习蒸馏 RL 算法的学习过程不同，DPT 旨在学习一个能够适应不同任务上下文的决策模型。

DPT 的预训练方法与模仿学习有一定的相似之处，它通过离线数据集进行训练，并通过负对数损失逼近最优策略。这一框架使得 DPT 能够学到数据集中的转移模式，并根据上下文提供有效的策略预测，尤其是在简单的 bandit 问题中，DPT 表现出了良好的适应性。

DPT 在 bandit 问题中的表现与轨迹的结构密切相关。本文的假设是，DPT 通过从大量的多任务数据集中学习策略，能够通过上下文的更新不断改进决策。尽管没有使用专家数据集，DPT 依然能够从丰富的任务上下文中提取有效的策略，类似于模仿学习中的行为克隆。关于微调，本文的关注点是通过上下文信息自动调整策略，而非通过参数更新来适应新任务，因此未提及微调过程。

9.7.3　总结

DPT 展示了 Transformer 在强化学习任务中作为决策网络的潜力。它的核心思想在于,DPT 通过学习上下文中的任务结构,能够在新的任务环境中生成近似最优的策略。不同于传统 RL 方法,DPT 并不通过与环境的交互进行参数更新,而是通过上下文的扩展来不断改善决策质量,这一特点使其在特定任务中具有一定的优势。由于 Transformer 的强大序列建模能力,DPT 具有在处理多任务和复杂任务时的潜力,尤其是在持续强化学习(CRL)和安全强化学习(safe RL)等领域。DPT 的成功表明,将监督学习方法与上下文强化学习结合能够有效扩展强化学习的适应性和任务泛化能力,尤其是在多任务学习和元学习场景下。

9.8　总结:用于决策的大模型

传统的强化学习(RL)主要有两条技术路径:(1) 基于策略梯度(policy gradient);(2) 基于 Q-learning 的价值函数方法。这些 RL 方法的训练特点是,模型学习高度依赖特定任务相关的数据集(不论是在线或离线)。与此不同的是,基于大模型的决策方法则依赖大规模的预训练,通常在广泛的多模态数据集上进行训练,之后再应用到任务相关的场景。

以下是关于大模型在决策问题中的使用方式的分类总结:

(1) 大模型作为条件生成模型

大模型可以作为行为的条件生成模型(即动作)或作为底层世界模型(即奖励、环境动态)的条件生成模型。见图 9.5。

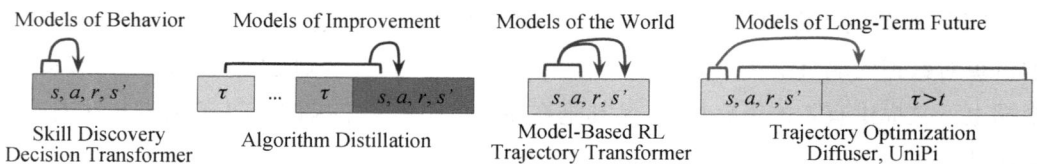

图 9.5　展示了条件生成模型如何基于轨迹 $\tau \sim D_{RL}$ 模拟行为、自我提升、环境以及长期未来。深蓝色表示具有较高奖励的转移。建模行为(**Decision transformer**)和建模提升(**Algorithm distillation**)需要接近专家的数据;而建模环境(**Trajectory transformer**)和建模长期未来模型(**UniPi**)通常需要数据的良好覆盖性。

① 行为的生成模型

a. 大模型作为行为模型(或先验,例如技能或选项):一类研究假设智能体可以从大量的离线经验数据中获得信息,而对在线环境的访问非常有限(Ajay, et al.,2020)。这些"无方向的离线经验数据"可以提供通用的技能和目标相关信息。常见的方法是将轨迹信息输入到 Transformer 中作为编码器,从中提取轨迹对应的任务、技能等信息。然后,将这些信息作为动作的先验,基于该先验和动作生成动作。典型的损失函数形式为 VAE 损失:

$$\mathcal{L}_{\text{VAE}}(\pi,q) = \mathbb{E}_{\tau\sim\mathcal{D}_{RL},z\sim q(z|\tau)}\Big[\sum_{t=0}^{H}-\log\pi(a_t|s_t,z)\Big] + \mathbb{E}_{\tau\sim\mathcal{D}_{RL}}\big[D_{\text{KL}}(q(z|\tau)\|p(z|s_0))\big].$$

(9.5)

提示:这种方法可以处理多任务问题(Multi-task RL),并可以扩展到持续强化学习(CRL)和元强化学习(Meta RL)。其思想与 CEMRL 和 PEARL 类似。

另一种用法是行为克隆(BC),常见的损失函数形式为:

$$\mathcal{L}_{\text{LM}}(\pi) = \mathbb{E}_{\tau\sim\mathcal{D}_{RL}^*}\Big[\sum_{t=0}^{H}-\log\pi(a_t|\tau_{<t,s_t})\Big],$$

(9.6)

其中 $\mathcal{D}_{RL}$ 是专家数据集(被模仿的数据集)。这是基于 Transformer 的行为克隆的一般损失形式。虽然这种方法与 VAE 方法看似相似,但它们的核心思想不同。前者主要旨在提取轨迹对应的隐空间特征,而后者则直接通过大模型进行模仿学习,前者更侧重于隐空间特征提取,后者则更适合预训练。

b. 基于大规模行为数据集训练的通用智能体(预训练):这类研究旨在通过在大规模多样化数据集上进行预训练,从而训练通用的强化学习智能体。其核心思想源自大模型在图像和 NLP 领域的成功,如 Policy distillation(PD)、Algorithm distillation(AD)(Laskin, et al., 2023)、多任务决策 Transformer(Lee, et al., 2022)等。其主要研究方向是如何使用庞大、种类繁多的数据集进行预训练。典型的损失函数形式为式(9.6)中的自回归损失。

在这种方式下进行预训练后的模型,已经具备了较强的决策能力,并具有一定的元强化学习能力。举例来说,AD 算法的损失函数为(详见前面章节):

$$\mathcal{L}(\theta) := -\sum_{n=1}^{N}\sum_{t=1}^{T-1}\log P_\theta(A=a_t^{(n)}|h_{t-1}^{(n)},o_t^{(n)}).$$

(9.7)

AD 算法能学会策略提升的过程,因此被认为在新任务上可以自动适应并不断改进,而不需要进一步更新网络参数。这类研究还常常涉及离散化技巧的处理。

② 世界模型的生成模型

奖励和动态的预测。这类文章使用 Transformer 来建模环境的状态转移,其思想源自基于模型的强化学习(model-based RL)。大模型的训练方式可以使用前面提到的 VAE 或自回归损失,代表性工作如 Janner 等人的研究(Janner, et al., 2021)。当模型训练完成后,可以使用基于模型的强化学习方法优化策略,如蒙特卡洛树搜索。另外,模型在学会了环境动态后,还可以生成新数据。除了使用自回归损失外,还可以将环境建模为扩散模型(diffusion model),以实现包括 Model-based RL 和数据生成在内的一系列功能。

(2)大模型作为表示学习者

大模型可以用于通过表示学习来压缩知识。与直接生成动作或下一个状态的生成模型不同,作为表示学习者的大模型只用于提取状态、动作和动态的表示,因此它们需要进一步的微调或基于模型的策略优化,才能在决策过程中表现出色。

备注 9.8.1 所谓表示学习(representation learning),是指将原始信息转换成智能体更容易理解和利用的形式。这类需求主要来源于智能体需要从多模态数据集中学习(例如图像、文本等)。

① 顺序决策表示学习。图 9.6 展示了四种典型的表示学习应用,ϕ 表示对其进行表示学习(即对其做映射)。使用 Transformer 进行表示学习的需求并没有作为生成器那样直观。这里回答两个问题:为什么要进行表示学习?如何进行?

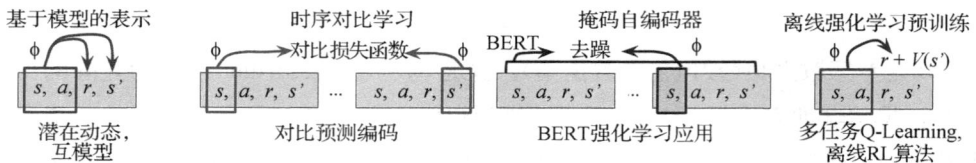

图 9.6 展示了不同表示学习目标在轨迹 $\tau \sim D_{RL}$ 上的应用,这些目标专门用于顺序决策问题,包括基于模型的表示学习、时间对比学习、掩码自编码器以及离线强化学习。

在 Ball 等人(2023)的研究中,通过在离线数据集上进行预训练,增强在线 RL 的性能。离线数据集与目标任务可能存在如下区别:任务相似但并非完全相同;数据集中包含非专家数据,甚至是完全次优的轨迹;状态空间可能存在巨大差异(例如从视频中学习雅达利游戏)。由于这些数据集上的差异,直接让模型进行预训练或模仿学习并不能快速适应下游任务。然而,任务之间的相似性允许大模型学习这些任务在隐状态和隐动作空间上的关系。

例如,可以使用对比学习方法,让同一轨迹的状态映射后距离较近,不同轨迹映射后距离较远。这类方法类似于 Gupta 等人(2016)的研究,其跨领域模仿学习通过 pair 数据集实现 latent space 的映射。

② 即插即用的预训练模型。另一类研究通过在 internet-scale 数据集上进行预训练,然后在具体任务中微调模型。这类方法类似于预训练决策模型,虽然模型具有一定的决策能力,但由于 internet-scale 数据集通常包含多模态信息,需要进一步微调以适应特定任务。

(3)大语言模型作为智能体与环境

大模型可以在决策问题中充当各个关键部分的模型,例如智能体行为(A)、世界动态(T)、任务描述(R)和状态及动作表示等。当前最流行的应用是大语言模型(LLM),可以直接作为智能体决策者,或者视为能够给出反馈的环境。这里介绍 LLM 在决策中的几种应用:

① 带有人类反馈的强化学习（RLHF）。实际上，RLHF 包括以下几个阶段：首先，预训练的语言模型在对话数据上进行微调，提供初始策略 π；接着，由人工评分员对模型输出进行排序，训练偏好（奖励）模型 R；最后，使用策略梯度方法（或其他 RL 目标如 Q-learning 或演员—评论家）进一步微调语言模型，以最大化偏好模型提供的奖励。这类技术常被用于具体任务，如对话智能体在任务型对话中的应用。

② 链式思维（chain of thought，COT）。COT 方法让 LLM 将复杂任务分解为简单步骤，并逐步推导出结果。工程化研究表明，将 COT 提示词输入大模型（例如"Let's think step by step"），其生成的结果表现会显著提升。这类提示设计不仅能提升生成文本的质量，也可以应用于 RL 问题，例如提示"what should be done next?"。

9.9　大模型拓展：Mamba

Mamba（Gu，Dao，2023）是一种与 Transformer 架构具有竞争力的新型网络结构，其核心基于状态空间模型（state space model，SSM），旨在处理长序列建模问题。Mamba 架构通过对状态空间模型的创新使用，能够有效解决序列建模中的计算效率问题。如图 9.7 所示，Mamba 结构中的绿色框表示线性层，梯形边长则表示模型中参数量的大小。

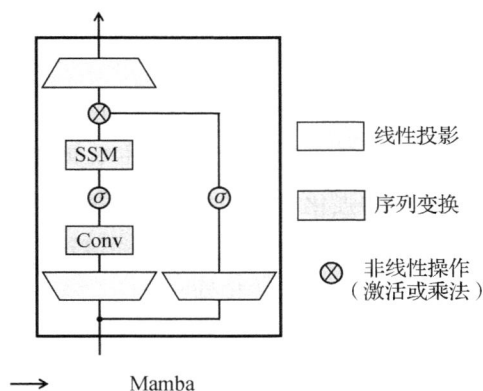

图 9.7　Mamba 网络结构

9.9.1　状态空间模型（SSM）

为了深入理解 Mamba 的架构，首先需要了解状态空间模型（SSM）的基本原理及其在序列建模中的作用。状态空间模型（SSM）是控制论中的经典线性系统模型，该模型最早提出于 1960 年，广泛应用于控制工程、系统辨识等领域。SSM 通过状态变量、输入变量和输出变量之间的关系，描述系统的动态行为。

SSM 由以下两个方程组成：
$$h'(t) = Ah(t) + Bx(t), \quad y(t) = Ch(t) + Dx(t),$$
其中 $h(t)$ 是系统的隐藏状态，描述系统的内部状态随时间的变化；$x(t)$ 是输入，$y(t)$ 是输出；矩阵 A 控制状态的动态演变，B 将输入映射到状态，C 将状态映射到输出，D 将输入直接映射到输出。

简而言之，SSM 可以看作是一个线性时不变系统（linear time-invariant，LTI），通过状态的变化和输入的作用,决定系统的输出。该模型的结构如图 9.8 所示。在 Mamba 架构中,SSM 的作用是高效地捕捉长时间序列中的依赖关系。图 9.9 展示了 Mamba 中使用的 SSM 框图,其中矩阵 A 负责存储系统的历史信息,形成循环结构,能够捕捉序列中的长依赖关系。矩阵 D 则作为旁路,将输入直接映射到输出,在后续讨论中可以忽略旁路的影响。

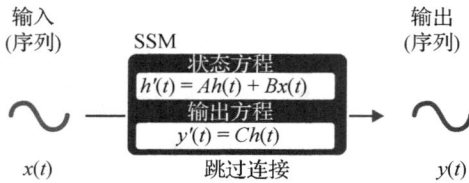

图 9.8　状态空间模型(SSM)结构

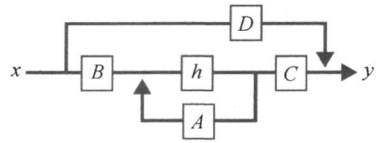

图 9.9　Mamba 架构中的状态空间框图

9.9.2　结构化状态空间模型

Mamba 架构的核心理论基础之一是 S4 模型(structured state spaces model)(Gu, et al.,2022),它首次提出使用状态空间模型(SSM)来高效处理长序列建模问题。由于自然语言处理和强化学习任务中常见的数据离散性问题,S4 采用了零阶保持技术(zero-order hold technique),将离散输入信号转化为连续输入,从而使得 SSM 能够处理自然语言和序列数据中的时间依赖性。

零阶保持技术的核心思想是:当系统接收到离散信号时,会保持该信号的值,直到下一个信号到来,这样便生成了连续输入信号,从而使得 SSM 可以使用连续时间模型进行计算。这一连续信号的保持时间由一个可学习参数 Δ 控制,称为输入分辨率。见图 9.10。

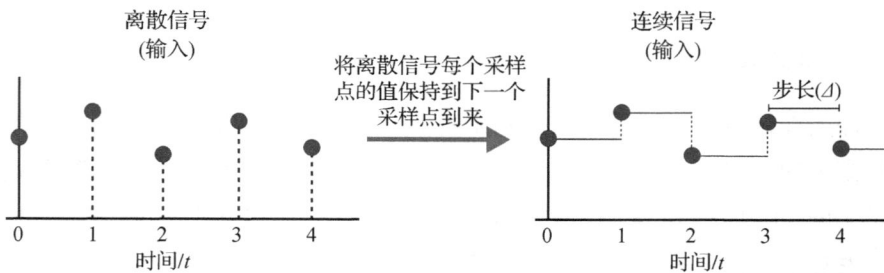

图 9.10　零阶保持技术(Zero-order hold technique)

通过零阶保持技术,离散的输入信号可以转化为连续信号。接下来,系统可以根据这个连续输入生成相应的连续输出,并根据分辨率对输出进行采样。离散化后的状态空间模型的矩阵形式可以通过特定的推导过程得到,如下所示:

$$\overline{A} = \exp(\Delta A),$$

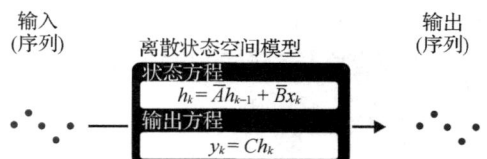

图 9.11　离散化后的状态空间模型

$$\overline{B}=(\Delta A)^{-1}(\exp(\Delta A)-I)\cdot\Delta B.$$

离散化后的状态空间模型如图 9.11 所示。此模型可以在长时间依赖的序列数据中高效计算输出，并且通过卷积操作实现并行计算。

9.9.3 输出推导与卷积实现

通过状态空间模型的离散化，可以推导出输出的具体表达形式。首先，系统的输出序列 y_t 可以通过输入序列 x_t 和状态转移矩阵 A、B、C 进行计算。推导过程具体形式为：

$$y_0=C\overline{B}x_0$$
$$y_1=C\overline{AB}x_0+C\overline{B}x_1$$
$$y_2=C\overline{A}^2\overline{B}x_0+C\overline{AB}x_1+C\overline{B}x_2$$
$$y_3=C\overline{AAAB}x_0+C\overline{AAB}x_1+C\overline{AB}x_2+C\overline{B}x_3$$

$$y_3=(C\overline{AAAB}\quad C\overline{AAB}\quad C\overline{AB}\quad C\overline{B})\begin{pmatrix}x_0\\x_1\\x_2\\x_3\end{pmatrix}.$$

最终输出形式为：

$$y=\overline{K}*x,$$

其中，$\overline{K}=(C\overline{B},C\overline{AB},\cdots,C\overline{A}^k\overline{B})$ 是常数卷积核，$*$ 表示卷积运算，k 表示输入序列的长度。由于矩阵 A、B、C 是常数矩阵，我们可以提前计算并存储这些卷积核，从而大幅提高计算效率。

基于此推导，Mamba 架构通过卷积操作实现了高效的序列建模能力，并且能够利用预计算的卷积核加速推理过程。图 9.12 展示了 S4 模型的整体结构，它是 Mamba 高效处理长序列的关键。

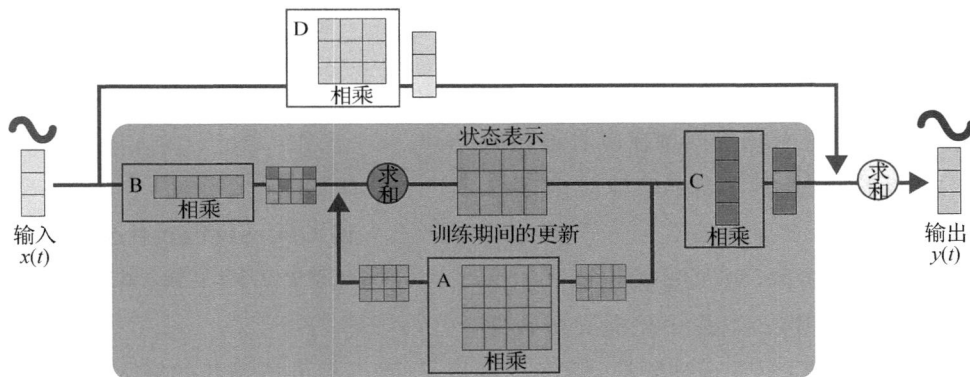

图 9.12 S4 模型结构

将 HiPPO 矩阵用于 A 矩阵

在状态空间模型(SSM)中,A 矩阵起着至关重要的作用,它负责对系统的历史信息进行融合和管理,从而帮助当前的输出可以有效利用过去的输入。因此,A 矩阵需要具备长时记忆能力,以便在序列建模中处理长时间的依赖问题。为此,S4 模型引入了 HiPPO 矩阵作为 A 矩阵的具体实现。HiPPO 矩阵的引入是为了更好地捕捉长距离依赖,其结构如图 9.13 所示。

HiPPO 矩阵是一种特殊设计的矩阵,用于实现有效的长时记忆存储。通过构造具有特定属性的矩阵,HiPPO 能够动态地更新隐藏状态,捕捉随时间演变的依赖关系。这

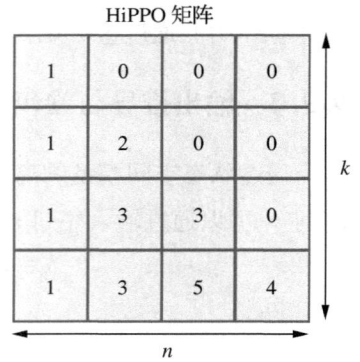

图 9.13

一设计得到了相关研究的支持,表明它在长时间序列建模中具有显著优势。HiPPO 矩阵有如下形式:

$$A_{nk} = \begin{cases} \sqrt{(2n+1)(2k+1)}, & \text{若 } n>k\text{(对角线以下的所有元素)} \\ n+1, & \text{若 } n=k\text{(对角线上的元素)} \\ 0, & \text{若 } n<k\text{(对角线以上的所有元素)}. \end{cases}$$

一个 HiPPO 矩阵的例子如图 9.13 所示。

9.9.4 Mamba 架构

尽管 S4 模型在处理长序列问题上有显著的优势,但其架构中的矩阵 A、B、C 固定不变这一设计也带来了一定的局限性。具体来说,S4 模型在推理过程中无法根据输入数据的变化做出有针对性的推理调整,这限制了模型的灵活性。正如图 9.14 所示,S4 在推理时的矩阵结构是固定的,不随输入变化而调整。这一不变性意味着模型在应对不同输入时,无法动态调整其内部状态来适应多样化的数据模式。

虽然在训练阶段,S4 通过优化算法如梯度下降调整矩阵参数,以最小化损失函数并

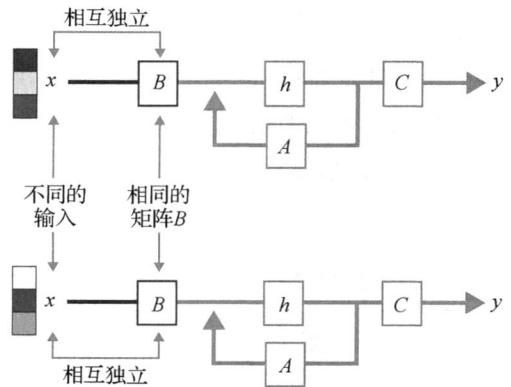

图 9.14 S4 模型的缺点:
推理过程中矩阵不随输入数据变化

提高模型预测精度,但在推理阶段,矩阵一旦确定,就不会再根据新的输入数据进行更

新。这种设计在一定程度上限制了 S4 在处理复杂和动态变化的序列数据时的表现。

Mamba 模型对 S4 进行了重要的改进，主要体现在以下几个方面：

（1）选择性处理输入信息的机制（selection mechanism）：通过这一机制，Mamba 能够根据输入数据进行选择性的信息处理，使得模型可以专注于与任务相关的输入，并忽略无关信息。这使得 Mamba 在面对复杂任务时，能够动态调整其行为。

（2）硬件感知的算法（hardware-aware algorithm）：Mamba 引入了一种并行扫描算法，替代了卷积操作，从而实现了高效的并行计算。通过这一创新，Mamba 不仅提高了训练和推理的速度，还减少了 GPU 内存中的 I/O 操作，优化了硬件资源的使用。

（3）简化的架构：Mamba 将 SSM 架构与 Transformer 中的多层感知机（MLP）模块结合，形成了一种包含选择性状态空间的简化设计。这种架构设计不仅提高了模型的计算效率，还增强了其适应性。

与 Transformer 的比较

与 Transformer 架构相比，Mamba 在多个方面展现出显著的优势：

（1）选择性信息处理：Mamba 的选择性机制使得模型能够有效过滤无关信息，集中处理重要的输入信息。这一机制在应对高维度和复杂序列数据时尤为关键。

（2）长序列处理能力：传统的 Transformer 由于其注意力机制的设计，在处理长序列时的计算复杂度为二次增长。而 Mamba 通过状态空间模型和选择性机制，将这一复杂度降为线性，从而能够处理长度高达百万的序列数据。

（3）动态调整能力：Mamba 能够根据输入数据动态调整内部状态，这使得模型在处理动态变化的数据时具备更强的适应性，而 Transformer 的输入依赖固定窗口，限制了其对长时依赖的建模能力。

选择性机制（selection mechanism）

Mamba 中的选择性机制使得矩阵 A、B 和 C 可以根据输入数据进行动态调整。具体来说，通过参数化状态空间模型（parameterized SSM），Mamba 可以使得矩阵 B 和 C 成为输入的函数。最简单的实现方式是在输入数据与矩阵之间加入一个线性层，通过这一层的变换，矩阵 B 和 C 的值可以根据输入数据发生变化，从而实现对不同输入的选择性处理。假设我们选择将矩阵 B 和 C 表示为输入 x 的线性变换：

$$s_B(x) = \text{Linear}_N(x), \quad s_C(x) = \text{Linear}_N(x), \quad s_\Delta(x) = \text{Broadcast}_D(\text{Linear}_1(x)),$$

其中，Linear_d 表示投射到维度 d 的线性变换。通过这样的变换，Mamba 可以在推理阶段根据输入数据实时调整矩阵的值，使得模型在处理不同类型的数据时具备更强的灵活性和适应性。

在 S4 模型中，矩阵 A、B、C 与输入数据无关，因此这些矩阵的维度在推理阶段是静态的,如图 9.15 所示。而在 Mamba 中,由于矩阵 B 和 C 是输入的函数,因此它们的维度会随着输入序列长度的变化而变化,从而实现对不同序列长度和复杂度的适应,如图 9.15 所示。这种设计使得 Mamba 在处理具有高度动态性的数据时表现出色。

从算法角度看,无论是 S4 还是 Mamba(即 S6),它们都通过存储矩阵 A、B、C 和 Δ 并进行离散化操作来实现序列建模。但在 Mamba 中,这些矩阵的离散化和计算过程变得更加灵活,能够应对更为复杂的序列数据。伪代码见算法 12 与算法 13。

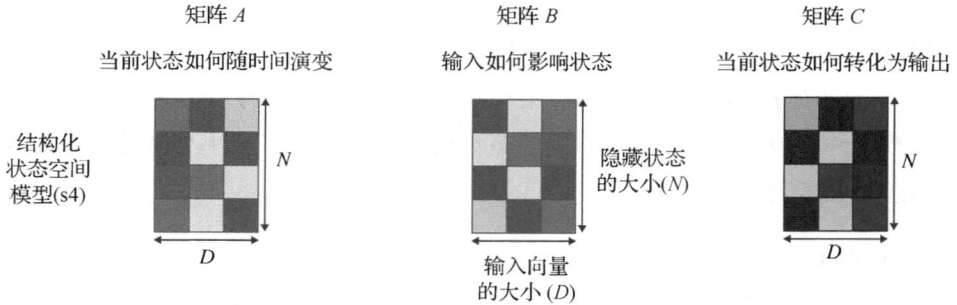

图 9.15

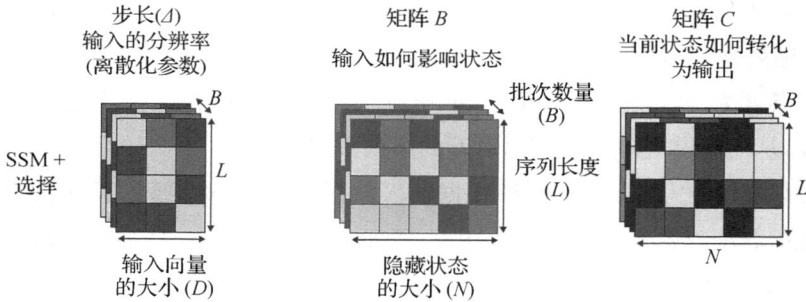

图 9.16

Algorithm 12:SSM+选择(S4)

Input:x:(B,L,D)
Output:y:(B,L,D)
A:(D,N)←参数;　　　　　　　//表示结构化的 $N\times N$ 矩阵
B:(D,N)←参数;
C:(D,N)←参数;
Δ:(D)←τ_Δ(参数);
$\overline{A},\overline{B}$:(D,N)←离散化($\Delta$,$A$,$B$);
y←SSM($\overline{A}$,$\overline{B}$,C)(x)　　　　//时间不变:递归或卷积
return y

Algorithm 13：SSM＋选择（S6）

Input：x：(B,L,D)
Output：y：(B,L,D)
A：(D,N)←参数；　　　　　　　　　　　//表示结构化的 $N \times N$ 矩阵
B：(B,L,N)←$s_B(x)$；
C：(B,L,N)←$s_C(x)$；
Δ：(B,L,D)←τ_Δ（参数＋$s_\Delta(x)$）；
$\overline{A},\overline{B}$：(B,L,D,N)←离散化$(\Delta,A,B)$；
y←SSM$(\overline{A},\overline{B},C)(x)$　　　　　　　　//时间变化:仅限递归(扫描)
return y

硬件感知的算法（hardware-aware algorithm）

在 Mamba 中，尽管矩阵(B)和(C)已经实现了与输入数据相关的动态调整，但这带来了一定的并行化训练困难。S4 模型的成功部分依赖于卷积操作的并行计算能力，而在 Mamba 中，由于卷积核现在依赖于输入数据，因此无法像在 S4 中那样进行预先计算。这意味着必须找到一种替代方案来实现高效并行计算。

为此，Mamba 引入了一种并行扫描算法（parallel scan algorithm），使并行化成为可能。该算法的核心思想是，执行操作的顺序与关联属性无关。因此，我们可以将序列划分为多个片段，并通过迭代的方式组合这些片段的结果。这种机制与动态矩阵(B)和(C)相结合，构成了选择性扫描算法（selective scan algorithm），如图 9.17 所示。

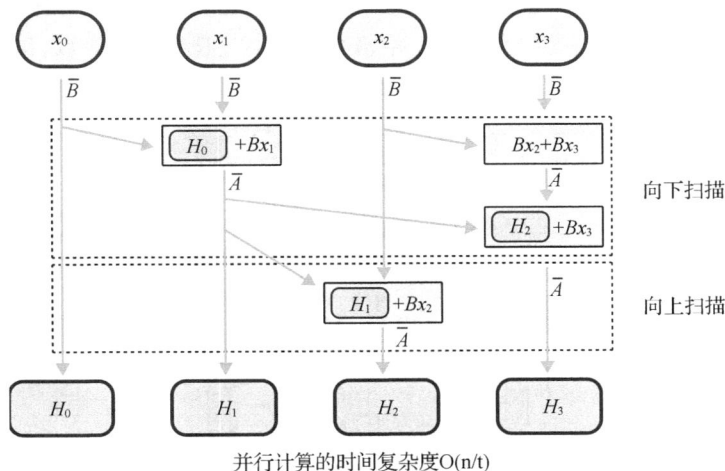

图 9.17　并行扫描算法示意图

硬件优化与内存操作中，另一个关键优化点是 GPU 的存储层次结构，尤其是 DRAM（动态随机存取存储器）和 SRAM（静态随机存取存储器）之间的瓶颈。GPU 的计算性能往往受限于在这两种内存之间的 I/O 操作，因为 DRAM 的容量较大但速度较慢，

而 SRAM 虽然速度快但容量有限。频繁的数据拷贝会显著拖累计算效率。

为了解决这一问题，Mamba 引入了核融合（kernel fusion）技术，减少中间结果的写入，并尽可能保持计算在 SRAM 中进行。核融合允许连续的操作在不写入中间结果的情况下执行，直到最终的输出被计算完毕，这大大减少了 DRAM 与 SRAM 之间的切换。图 9.18 和 9.19 对比了传统模型与 Mamba 在内存操作上的差异，展示了如何减少低效的数据传输。

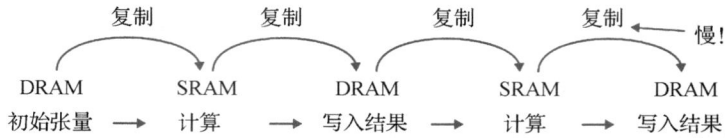

图 9.18 **Transformer 模型频繁的数据拷贝问题，因其参数较多，SRAM 无法完全容纳。**

图片引自文献（Gu，Dao，2023）

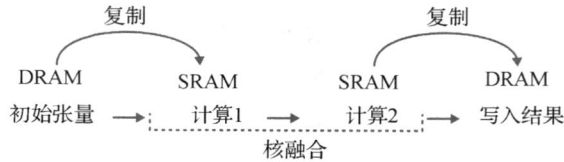

图 9.19 **S6 模型减少了 DRAM 与 SRAM 之间的数据拷贝。**

图片引自文献（Gu，Dao，2023）

Mamba 的整体架构被划分为两个部分，分别负责在不同层次内存中的数据操作。上层部分主要处理隐藏状态（h）的更新，并始终保持在 SRAM 中计算，以避免频繁的数据转移，最大限度提高了计算效率。

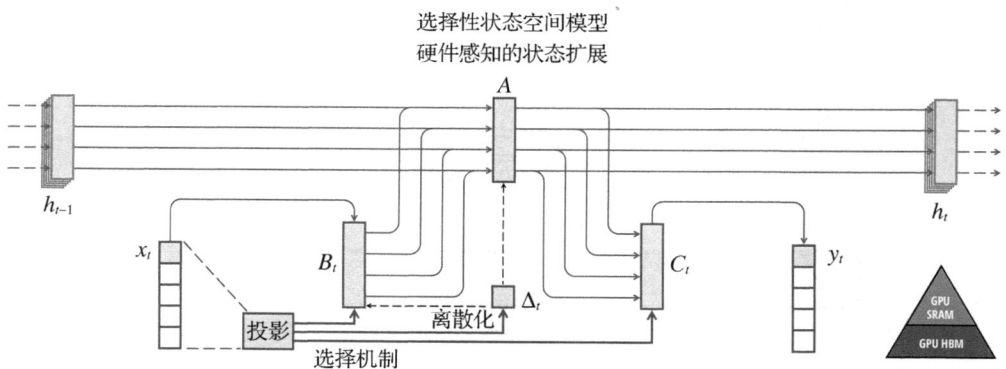

图 9.20 **Mamba 的 SSM 架构在隐藏状态更新时优化了内存操作。**

图片引自文献（Gu，Dao，2023）

并行扫描操作的优化流程

在实现上述优化时,Mamba 的并行扫描流程可以分为以下几个步骤,见图 9.21:

(1) 从 HBM 加载 SSM 参数到 SRAM:与传统模型不同,Mamba 并不会直接将完整的大小为 (B,L,D,N) 的扫描输入预载入 HBM(高带宽内存),而是将状态空间模型的核心参数 (Δ, A, B, C) 从 HBM 加载到更快速的 SRAM 中。中间状态不需要保存,而是在反向传播过程中重新计算。

(2) 在 SRAM 中进行离散化操作:在 SRAM 中,Mamba 对矩阵 A 和 B 进行离散化,得到大小为 (B,L,D,N) 的 $\overline{A}$ 和 $\overline{B}$。

(3) 并行扫描操作:然后在 SRAM 中执行并行扫描,得到相同大小的扫描输出。

(4) 矩阵 C 的乘法操作:最终,进行矩阵 C 的乘法和求和操作,生成大小为 (B, L, D) 的输出结果,并将其写回 HBM。

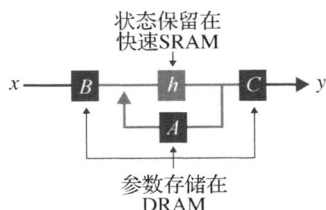

图 9.21　Mamba 的 SSM 架构(细节)

网络模块化设计

在设计 Mamba 的网络架构时,Mamba 对现有的 H3 网络结构进行了优化。图 9.22 显示了 Mamba 针对 H3 网络结构所做的关键修改,以进一步提升网络在强化学习任务中的表现。

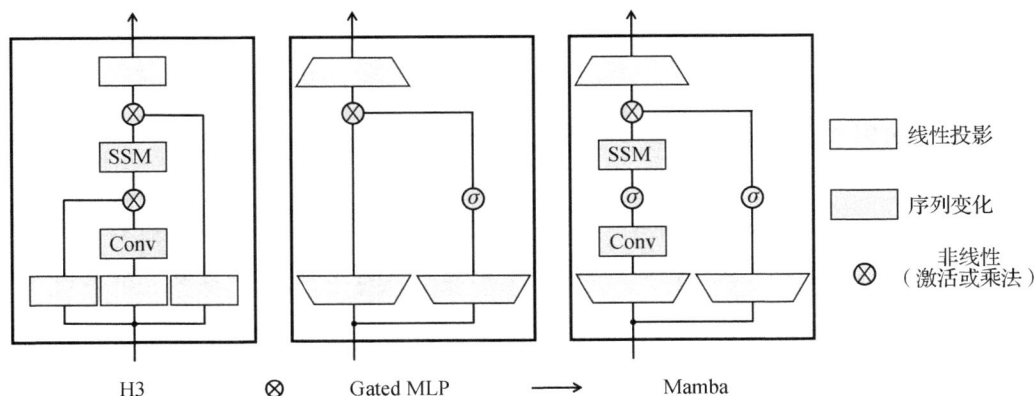

图 9.22　Mamba 对 H3 网络结构的修改

Mamba 的架构设计旨在通过将线性投影(linear projection)和卷积操作结合在一起,以获得更高效的特征提取能力。首先,Mamba 使用线性投影将原始输入映射到高维特征空间,从而获得输入嵌入。接着,在应用选择性状态空间模型(SSM)之前,使用卷积操作处理输入数据,以确保序列中每个 token 的局部上下文信息得到良好的捕捉。见图 9.23。

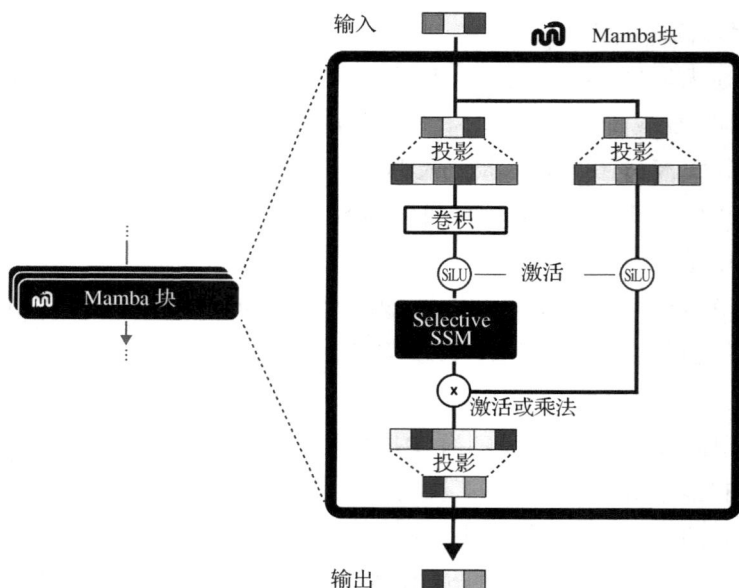

图 9.23　Mamba 网络结构

Mamba 的选择性 SSM 模块有以下几个关键特性:

(1) 循环状态空间模型:通过离散化操作构建循环 SSM,捕捉序列中的动态特征。

(2) HiPPO 初始化:矩阵 A 的 HiPPO 初始化确保模型能够捕捉长程依赖。

(3) 选择性扫描算法:该算法能够压缩输入信息,提取重要特征。

(4) 硬件感知算法:通过优化数据流实现硬件加速,提升模型计算效率。

9.9.5　问题与总结

在这一架构下,提出了两个核心问题:

问题 9.9.1　为何要进行线性投影?

答:ANS:线性投影用于将输入映射到更高维度,以便模型能够在高维特征空间中工作,从而捕捉输入数据的复杂特征。这提高了模型的表达能力,尤其是在处理高维度输入数据时。

问题 9.9.2　为什么在 SSM 之前需要卷积操作?

答:ANS:卷积操作擅长捕捉局部上下文特征,弥补 SSM 在处理短距离依赖上的不足。通过卷积操作,模型能够在输入序列中的邻近 token 之间建立关联,确保在后续 SSM 处理时,不会丢失局部上下文信息。这使得 Mamba 既能够捕捉短期特征,又能通过 SSM 捕捉长期依赖。

Mamba 的优势与总结

Mamba 架构不仅在计算效率上实现了显著提升,还能够有效处理长时间依赖序列数据。其并行化设计和硬件感知优化使得它能够以线性复杂度扩展,同时在处理长序列时具有显著的计算优势。与其他网络结构相比,Mamba 通过选择性信息处理和硬件优化,实现了性能的全面提升,尤其在强化学习等需要处理长时依赖的任务中表现突出。

图 9.24 展示了 Mamba 与其他主流架构的对比结果,进一步展示了其优越性。

	训练	推理
Transformers	快! (可并行)	慢… (随序列长度呈平方级扩展)
RNNs	慢… (不可并行)	快! (随序列长度线性扩展)
Ⓜ Mamba	快! (可并行)	快! (随序列长度线性扩展+无界上下文支持)

图 9.24　Mamba 与其他网络结构相比的优势

备注 9.9.1　$SiLU(x)=x \cdot \sigma(x)$,其中 $\sigma(x)$ 是 Sigmoid 函数,即 $\sigma(x)=\dfrac{1}{1+e^{-x}}$。该激活函数常被用于神经网络中的激活操作,它结合了线性和非线性特性,能够更好地捕捉复杂特征。

Mamba 模型是在 S4 架构基础上的一次重要改进,通过引入选择性扫描算法、硬件感知的优化设计以及对矩阵 A、B、C 的动态调整,使得 Mamba 在长序列处理和计算效率上实现了显著提升。相较于传统的 Transformer 架构,Mamba 的主要优势体现在以下几个方面:

(1) 动态调整能力:Mamba 通过选择性机制使得模型能够根据输入数据的变化动态调整矩阵 A、B、C 的值,确保模型在处理不同任务时具有更好的适应性。

(2) 硬件感知优化:Mamba 的硬件优化算法通过核融合和减少 DRAM-SRAM 之间的切换,提高了计算效率,特别是在 GPU 上处理大规模数据时性能表现突出。

(3) 长序列处理能力:通过结合 SSM 和 HiPPO 初始化,Mamba 在处理长时间依赖问题上展现了优异的能力,能够高效处理超过百万长度的序列数据,并以线性复杂度扩展。

(4) 并行化训练与推理:通过并行扫描算法,Mamba 实现了高效的并行化训练和推理过程,打破了传统模型在长序列上性能下降的瓶颈。

Mamba 的这些优势使得它成为一种非常强大的序列建模工具,特别是在需要处理复杂长期依赖的任务中,如强化学习、自然语言处理等。Mamba 的设计不仅在理论上有深刻的创新意义,同时在实际应用中也展现出极强的实践价值。在未来的研究中,

Mamba 可以进一步优化其选择性机制,探索在更复杂的任务和多模态数据上的应用。同时,随着硬件技术的进步,Mamba 的硬件感知优化方法也可能进一步提升,使得这一模型在大规模分布式计算中具有更广泛的应用前景[①]。

9.10　本章小结

本章深入探讨了 Transformer 模型在强化学习中的应用,系统梳理了从 Decision Transformer 到 Behavior Transformer 的主要模型及其变体,重点分析了这些模型如何通过序列建模的方式处理决策问题,为强化学习带来了新的研究视角。

在模型方面,Decision Transformer 以强化学习问题为序列建模任务,通过回报条件(RTG)与状态、动作序列的嵌入学习,直接预测最优动作,开创了强化学习与 Transformer 结合的先河。进一步的工作,如 Trajectory Transformer 和 Behavior Transformer,在轨迹生成、策略学习与泛化能力方面进行了优化,展示了 Transformer 结构在强化学习中的强大潜力。在线 Decision Transformer 和评论家指导的变体则结合了在线学习与风险控制,为动态环境中的应用奠定了基础。本章还介绍了决策预训练 Transformer,旨在通过上下文学习增强模型的任务泛化能力。本章最后介绍了 Mamba 架构,其通过结合结构化状态空间模型,扩展了 Transformer 在高维状态空间和复杂任务中的适用性。

未来,Transformer 在强化学习中的应用有望沿以下方向发展:(1)更高效的模型结构,结合状态空间模型与轻量化设计,开发计算与内存效率更高的 Transformer 变体。(2)增强的上下文理解与长期规划,通过改进上下文建模能力,使模型在任务泛化和长期依赖处理上更加鲁棒。(3)跨模态学习与应用扩展,探索 Transformer 在多模态任务(如语言、视觉与动作结合)中的表现,并扩展其在自动驾驶、机器人与金融优化中的实际应用。(4)结合在线学习与风险管理,开发更稳定且高效的在线学习算法,平衡探索效率与决策安全性。

本章总结了 Transformer 在强化学习中的核心应用与技术进展,展望了其在复杂任务中的发展潜力,为进一步研究奠定了坚实的理论与实践基础。

---

① 本章节部分内容参考博客 v_JULY_v, 2023,感兴趣的读者可移步原文或互联网以获取更多讲解。

附　录

在附录中,我们回顾一些与本书相关的基础数学知识,内容涉及线性代数、概率论、微积分与集中不等式。

附录一:线性代数

范数

定义 1.1 (范数)映射 $\Phi: \mathrm{H} \to \mathbb{R}_+$ 被称为在 H 上定义了一个范数,若其满足以下公理:

- 确定性: $\forall \boldsymbol{x} \in \mathrm{H}, \Phi(\boldsymbol{x}) = 0 \Leftrightarrow \boldsymbol{x} = \boldsymbol{0}$.
- 齐次性: $\forall \boldsymbol{x} \in \mathrm{H}, \forall \alpha \in \mathbb{R}, \Phi(\alpha \boldsymbol{x}) = |\alpha| \Phi(\boldsymbol{x})$.
- 三角不等式: $\forall \boldsymbol{x}, \boldsymbol{y} \in \mathrm{H}, \Phi(\boldsymbol{x} + \boldsymbol{y}) \leqslant \Phi(\boldsymbol{x}) + \Phi(\boldsymbol{y})$.

范数通常记作 $\|\cdot\|$。向量范数的示例包括定义在实数集 $\mathbb{R}$ 上的绝对值范数以及定义在 $\mathbb{R}^N$ 上的欧几里得(或 L_2)范数。更一般地,对于任意 $p \geqslant 1, L_p$ 范数定义在 $\mathbb{R}^N$ 上为

$$\forall \boldsymbol{x} \in \mathbb{R}^N, \quad \|\boldsymbol{x}\|_p = \Big(\sum_{j=1}^{N} |x_j|^p \Big)^{1/p}.$$

常用的范数包括 L_1, L_2 和 L_∞ 范数,其中 $\|\boldsymbol{x}\|_\infty = \max\limits_{j \in [N]} |x_j|$。若存在常数 $\alpha, \beta > 0$ 使得对于所有 $x \in \mathrm{H}$,均满足

$$\alpha \|\boldsymbol{x}\| \leqslant \|\boldsymbol{x}\|' \leqslant \beta \|\boldsymbol{x}\|,$$

则称两个范数 $\|\cdot\|$ 和 $\|\cdot\|'$ 是等价的。

下列为范数的一般不等式:

$$\|\boldsymbol{x}\|_2 \leqslant \|\boldsymbol{x}\|_1 \leqslant \sqrt{N} \|\boldsymbol{x}\|_2,$$

$$\|\boldsymbol{x}\|_\infty \leqslant \|\boldsymbol{x}\|_2 \leqslant \sqrt{N} \|\boldsymbol{x}\|_\infty,$$

$$\|x\|_\infty \leqslant \|x\|_1 \leqslant N\|x\|_\infty.$$

以下是关于 L_∞ 范数的附加性质:对于所有 $x \in \mathbb{H}$,

$$\forall p \geqslant 1, \quad \|x\|_\infty \leqslant \|x\|_p \leqslant N^{1/p}\|x\|_\infty,$$

$$\lim_{p \to +\infty} \|x\|_p = \|x\|_\infty.$$

第一行的不等式是显然的,并且推导出第二行的极限性质。

矩阵

对于一个 m 行 n 列的矩阵 $M \in \mathbb{R}^{m \times n}$,其第 i 行 j 列的元素记为 M_{ij} ,其中 $i \in [m]$ 且 $j \in [n]$ 。对于任意 $m \geqslant 1$,我们用 I_m 表示 m 维的单位矩阵,在上下文明确时可简称为 I 。

M 的转置记作 M^{T} ,定义为 $(M^{\mathrm{T}})_{ij} = M_{ji}$,其中 (i,j) 为任意指标。对于任意两个矩阵 $M \in \mathbb{R}^{m \times n}$ 和 $N \in \mathbb{R}^{n \times p}$,有 $(MN)^{\mathrm{T}} = N^{\mathrm{T}} M^{\mathrm{T}}$ 。若矩阵 M 满足 $M_{ij} = M_{ji}$,则称 M 为对称矩阵,即 $M = M^{\mathrm{T}}$ 。

矩阵 M 的迹记为 $\mathrm{tr}[M]$,定义为 $\mathrm{tr}[M] = \sum_{i=1}^{N} M_{ii}$ 。对于任意两个矩阵 $M \in \mathbb{R}^{m \times n}$ 和 $N \in \mathbb{R}^{n \times m}$,有以下等式成立: $\mathrm{tr}[MN] = \mathrm{tr}[NM]$ 。更一般地,以下循环性质对适当维度的矩阵 M 、 N 和 P 成立:

$$\mathrm{tr}[MNP] = \mathrm{tr}[PMN] = \mathrm{tr}[NPM].$$

当矩阵 M 满秩时,其逆矩阵记为 M^{-1} ,且唯一满足 $MM^{-1} = M^{-1}M = I$ 。

矩阵范数

矩阵范数是在 $\mathbb{R}^{m \times n}$ 上定义的范数,其中 m 和 n 为所考虑矩阵的维度。许多矩阵范数,包括下述讨论的范数,满足以下次乘法性(submultiplicative)性质:

$$\|MN\| \leqslant \|M\|\|N\|.$$

由向量范数 $\|\cdot\|_p$ 或由该范数诱导的算子范数(operator norm)所诱导的矩阵范数也记为 $\|\cdot\|_p$,其定义为:

$$\|M\|_p = \sup_{\|x\|_p \leqslant 1} \|Mx\|_p.$$

当 $p = 2$ 时诱导的范数被称为谱范数(spectral norm),其等于 M 的最大奇异值,或 $M^{\mathrm{T}}M$ 的最大特征值的平方根:

$$\|M\|_2 = \sigma_1(M) = \sqrt{\lambda_{\max}(M^{\mathrm{T}}M)}.$$

并非所有矩阵范数都是由向量范数诱导的。最为著名的非诱导范数为 Frobenius 范数,记为 $\|\cdot\|_F$,其定义如下:

$$\|M\|_F = \left(\sum_{i=1}^{m} \sum_{j=1}^{n} M_{ij}^2 \right)^{1/2}.$$

Frobenius 范数可以理解为将 $\boldsymbol{M}$ 视作一个大小为 mn 的向量时的 L_2 范数。它还等价于由 Frobenius 内积所诱导的范数,对于所有 $\boldsymbol{M},\boldsymbol{N} \in \mathbb{R}^{m \times n}$,Frobenius 内积定义为

$$\langle \boldsymbol{M},\boldsymbol{N} \rangle_F = \mathrm{tr}[\boldsymbol{M}^{\mathrm{T}}\boldsymbol{N}].$$

这将 Frobenius 范数与 $\boldsymbol{M}$ 的奇异值联系起来:

$$\|\boldsymbol{M}\|_F^2 = \mathrm{tr}[\boldsymbol{M}^{\mathrm{T}}\boldsymbol{M}] = \sum_{i=1}^{r} \sigma_i(\boldsymbol{M})^2,$$

其中 $r = \mathrm{rank}(\boldsymbol{M})$。第二个等式由对称正定半正定矩阵的性质得出。

对于任意 $j \in [n]$,设 $\boldsymbol{M}_j$ 表示 $\boldsymbol{M}$ 的第 j 列,即 $\boldsymbol{M} = [\boldsymbol{M}_1 \cdots \boldsymbol{M}_n]$。则对于任意 $p,r \geqslant 1$,$\boldsymbol{M}$ 的 $L_{p,r}$ 组范数定义为:

$$\|\boldsymbol{M}\|_{p,r} = \left(\sum_{j=1}^{n} \|\boldsymbol{M}_i\|_p^r \right)^{1/r}.$$

最常用的组范数之一为 $L_{2,1}$ 范数,其定义为

$$\|\boldsymbol{M}\|_{2,1} = \sum_{i=1}^{n} \|\boldsymbol{M}_i\|_2.$$

附录二:概率论

一个概率空间是由以下三个组成部分构成的三元组:样本空间、事件集合和概率分布:

- **样本空间** Ω:Ω 是在一次试验中所有可能的基本事件或结果的集合,例如,掷骰子时的六种可能结果 $\{1,\cdots,6\}$。

- **事件集合** $\mathcal{F}$:$\mathcal{F}$ 是一个 σ 代数,即包含 Ω 的 Ω 的子集的集合,并且在补集运算和可数并运算下闭合(因此也在可数交运算下闭合)。一个事件的示例可以是"骰子结果为奇数"。

- **概率分布** $\mathbb{P}$:$\mathbb{P}$ 是一个从事件集合 $\mathcal{F}$ 到 $[0,1]$ 的映射,满足 $\mathbb{P}[\Omega] = 1$、$\mathbb{P}[\varnothing] = 0$,并且对于所有互斥事件 $A_1,\cdots,A_n$,满足

$$\mathbb{P}[A_1 \bigcup \cdots \bigcup A_n] = \sum_{i=1}^{n} \mathbb{P}[A_i].$$

随机变量

定义 2.1 (随机变量)随机变量 X 是一个从样本空间到实数集的可测映射,即对于任意区间 I,集合 $\{\omega \in \Omega : X(\omega) \in I\}$ 是一个事件。

离散随机变量 X 的概率质量函数定义为函数 $x \to \mathbb{P}[X = x]$。离散随机变量 X 和 Y 的联合概率质量函数定义为函数 $(x,y) \to \mathbb{P}[X = x \wedge Y = y]$。

当一个概率分布存在概率密度函数时,称其为绝对连续分布。对于一个实值随机变量 X,概率密度函数 f 满足对于任意 $a,b \in \mathbb{R}$,

$$\mathbb{P}[a \leqslant X \leqslant b] = \int_a^b f(x) \mathrm{d}x.$$

定义 2.2 (正态分布)随机变量 X 若服从正态分布(或高斯分布) $N(\mu, \sigma^2)$,其中 $\mu \in \mathbb{R}$ 且 $\sigma > 0$,则其概率密度函数为:

$$f(x) = \frac{1}{\sqrt{2\pi\sigma^2}} \exp\left(-\frac{(x-\mu)^2}{2\sigma^2}\right).$$

标准正态分布 $N(0,1)$ 是均值为零且方差为一的正态分布。

条件概率

定义 2.3 (条件概率)给定事件 B,事件 A 的条件概率定义为:

$$\mathbb{P}[A \mid B] = \frac{\mathbb{P}[A \cap B]}{\mathbb{P}[B]},$$

其中 $\mathbb{P}[B] \neq 0$。

定义 2.4 (独立性)如果两个事件 A 和 B 满足:

$$\mathbb{P}[A \cap B] = \mathbb{P}[A]\mathbb{P}[B],$$

则称 A 和 B 是独立的。

等价地,当 $\mathbb{P}[B] \neq 0$ 时,若 $\mathbb{P}[A \mid B] = \mathbb{P}[A]$,则 A 和 B 独立。若一系列随机变量是相互独立且服从相同的分布,则称其为独立同分布。

以下是一些与条件概率概念相关的基本概率公式。对于任意事件 A, B 以及 $A_1, \cdots, A_n$,这些公式均成立,其中贝叶斯公式的定义需要 $\mathbb{P}[B] \neq 0$ 的额外条件:

$$\mathbb{P}[A \cup B] = \mathbb{P}[A] + \mathbb{P}[B] - \mathbb{P}[A \cap B]. \qquad \text{(加法规则)}$$

$$\mathbb{P}[\cup_{i=1}^n A_i] \leqslant \sum_{i=1}^n \mathbb{P}[A_i]. \qquad \text{(并集界)}$$

$$\mathbb{P}[A \mid B] = \frac{\mathbb{P}[B \mid A]\mathbb{P}[A]}{\mathbb{P}[B]}. \qquad \text{(贝叶斯公式)}$$

$$\mathbb{P}[\cap_{i=1}^n A_i] = \mathbb{P}[A_1]\mathbb{P}[A_2 \mid A_1] \cdots \mathbb{P}[A_n \mid \cap_{i=1}^{n-1} A_i]. \qquad \text{(链式法则)}$$

加法规则是通过将 $A \cup B$ 分解为不相交集合 A 和 $(B - A \cap B)$ 的并集直接得出的。并集界是加法规则的直接推论。贝叶斯公式则根据条件概率的定义以及以下观察结果得出:$\mathbb{P}[A \mid B]\mathbb{P}[B] = \mathbb{P}[B \mid A]\mathbb{P}[A] = \mathbb{P}[A \cap B]$。类似地,链式法则基于以下观察结果:$\mathbb{P}[A_1]\mathbb{P}[A_2 \mid A_1] = \mathbb{P}[A_1 \cap A_2]$;采用相同的推理递归地表明,右侧前 k 项的乘积等于 $\mathbb{P}[\cap_{i=1}^k A_i]$。

最后,假设 $\Omega = A_1 \cup A_2 \cup \cdots \cup A_n$,其中 $A_i \cap A_j = \varnothing$,当 $i \neq j$ 时,即 A_i 是两两互不相

交的。那么,对于任意事件 B,以下公式成立:

$$\mathbb{P}[B] = \sum_{i=1}^{n} \mathbb{P}[B|A_i]\mathbb{P}[A_i].\quad（全概率定理）$$

此公式基于以下观察结果得出:根据条件概率的定义 $\mathbb{P}[B|A_i]\mathbb{P}[A_i]=\mathbb{P}[B\bigcap A_i]$,并且事件 $B\bigcap A_i$ 是两两互不相交的。

期望

定义 2.5　(期望)随机变量 X 的期望或均值记作 $\mathbb{E}[X]$,定义如下:

$$\mathbb{E}[X] = \sum_x x\,\mathbb{P}[X=x].$$

当 X 服从概率分布 $\mathcal{D}$ 时,我们也可以写作 $\mathbb{E}_{x\sim\mathcal{D}}[x]$,以显式地表明分布。期望的一个基本性质是其线性性,即对于任意两个随机变量 X 和 Y 以及任意 $a,b\in\mathbb{R}$,有:

$$\mathbb{E}[aX+bY]=a\,\mathbb{E}[X]+b\,\mathbb{E}[Y].$$

此外,当 X 和 Y 为相互独立的随机变量时,以下恒等式成立:

$$\mathbb{E}[XY]=\mathbb{E}[X]\mathbb{E}[Y].$$

实际上,根据期望和独立性的定义,我们可以写为

$$\mathbb{E}[XY] = \sum_{x,y} xy\,\mathbb{P}[X=x \land Y=y] = \sum_{x,y} xy\,\mathbb{P}[X=x]\mathbb{P}[Y=y] =$$
$$\Big(\sum_x x\mathbb{P}[X=x]\Big)\Big(\sum_y y\mathbb{P}[Y=y]\Big),$$

以下定理提供了一个关于非负随机变量的简单上界,称为 Markov 不等式:

定理 2.1　(Markov 不等式)设 X 为非负随机变量,且满足 $\mathbb{E}[X]<\infty$。则对于所有 $t>0$,有

$$\mathbb{P}[X\geqslant t\,\mathbb{E}[X]]\leqslant\frac{1}{t}.$$

方差-标准差

定义 2.6　(方差)随机变量 X 的方差记作 $\mathrm{Var}[X]$,定义如下:

$$\mathrm{Var}[X]=\mathbb{E}[(X-\mathbb{E}[X])^2].$$

定义 2.7　(标准差)随机变量 X 的标准差记作 σ_X,定义为:

$$\sigma_X=\sqrt{\mathrm{Var}[X]}.$$

对于任意随机变量 X 和任意 $a\in\mathbb{R}$,以下为方差的基本性质:

$$\mathrm{Var}[X]=\mathbb{E}[X^2]-\mathbb{E}[X]^2,$$
$$\mathrm{Var}[aX]=a^2\mathrm{Var}[X].$$

此外,当 X 和 Y 是独立的随机变量时,有

$$\text{Var}[X+Y]=\text{Var}[X]+\text{Var}[Y].$$

事实上,利用期望的线性性以及独立性带来的恒等式 $\mathbb{E}[X]\mathbb{E}[Y]-\mathbb{E}[XY]=0$,我们可以得到:

$$\begin{aligned}\text{Var}[X+Y]&=\mathbb{E}[(X+Y)^2]-\mathbb{E}[X+Y]^2=\\&\mathbb{E}[X^2+Y^2+2XY]-(\mathbb{E}[X]^2+\mathbb{E}[Y]^2+2\mathbb{E}[XY])=\\&(\mathbb{E}[X^2]-\mathbb{E}[X]^2)+(\mathbb{E}[Y^2]-\mathbb{E}[Y]^2)+2(\mathbb{E}[X]\mathbb{E}[Y]-\mathbb{E}[XY])=\\&\text{Var}[X]+\text{Var}[Y].\end{aligned}$$

定理 2.2 (切比雪夫不等式)设 X 为一个满足 $\text{Var}[X]<+\infty$ 的随机变量。那么对于所有 $t>0$,有以下不等式成立:

$$\mathbb{P}[|X-\mathbb{E}[X]|\geqslant t\sigma_X]\leqslant\frac{1}{t^2}.$$

定理 2.3 (弱大数定理)设 $(X_n)_{n\in\mathbb{N}}$ 是一组具有相同均值 μ 和方差 $\sigma^2<\infty$ 的独立随机变量序列。设 $\overline{X}_n=\frac{1}{n}\sum_{i=1}^{n}X_i$,则对于任意 $\epsilon>0$,

$$\lim_{n\to\infty}\mathbb{P}[|\overline{X}_n-\mu|\geqslant\epsilon]=0.$$

定理 2.4 (中心极限定理)设 $X_1,\cdots,X_n$ 是一组均值为 μ 和标准差为 σ 的独立同分布随机变量。设 $\overline{X}_n=\frac{1}{n}\sum_{i=1}^{n}X_i$ 且 $\bar{\sigma}_n{}^2=\sigma^2/n$。则 $(\overline{X}_n-\mu)/\bar{\sigma}_n$ 依分布收敛于 $N(0,1)$,即对于任意 $t\in\mathbb{R}$,

$$\lim_{n\to\infty}\mathbb{P}[(\overline{X}_n-\mu)/\bar{\sigma}_n\leqslant t]=\int_{-\infty}^{t}\frac{1}{\sqrt{2\pi}}e^{-\frac{x^2}{2}}dx.$$

附录三:微积分

定理 3.1 (Leibniz 积分法则)Leibniz 积分法则指出,对于如下形式的积分 $\int_{a(x)}^{b(x)}f(x,t)dt$,其中 $-\infty<a(x),b(x)<\infty$ 且被积函数依赖于 x,该积分的导数可以表示为:

$$\begin{aligned}\frac{d}{dx}\left(\int_{a(x)}^{b(x)}f(x,t)dt\right)=&f(x,b(x))\cdot\frac{d}{dx}b(x)-f(x,a(x))\cdot\frac{d}{dx}a(x)+\\&\int_{a(x)}^{b(x)}\frac{\partial}{\partial x}f(x,t)dt.\end{aligned}$$

当函数 $a(x)$ 和 $b(x)$ 是常数 $a(x)=a$ 和 $b(x)=b$ 时,Leibniz 积分法则简化为:

$$\frac{d}{dx}\left(\int_{a}^{b}f(x,t)dt\right)=\int_{a}^{b}\frac{\partial}{\partial x}f(x,t)dt.$$

如果 $a(x)=a$ 是常数且 $b(x)=x$，Leibniz 积分法则变为：

$$\frac{\mathrm{d}}{\mathrm{d}x}\Big(\int_a^x f(x,t)\mathrm{d}t\Big)=f(x,x)+\int_a^x \frac{\partial}{\partial x}f(x,t)\mathrm{d}t,$$

$$\frac{\mathrm{d}}{\mathrm{d}x}\Big(\int_x^b f(x,t)\mathrm{d}t\Big)=-f(x,x)+\int_x^b \frac{\partial}{\partial x}f(x,t)\mathrm{d}t.$$

附录四：集中不等式

定理 4.1　（Hoeffding 不等式）设 $X_1,\cdots,X_m$ 为独立随机变量，且对于所有 $i\in[m]$，X_i 的取值范围在区间 $[a_i,b_i]$ 内。则对于任意 $\epsilon>0$，定义 $S_m=\sum_{i=1}^m X_i$，以下不等式成立：

$$\mathbb{P}[S_m-\mathbb{E}[S_m]\geqslant\epsilon]\leqslant e^{-2\epsilon^2/\sum_{i=1}^m (b_i-a_i)^2},$$

$$\mathbb{P}[S_m-\mathbb{E}[S_m]\leqslant-\epsilon]\leqslant e^{-2\epsilon^2/\sum_{i=1}^m (b_i-a_i)^2}.$$

定理 4.2　（Sanov 定理）设 $X_1,\cdots,X_m$ 为独立随机变量，服从均值为 p 且取值范围包含于 $[0,1]$ 的分布 $\mathcal{D}$。则对于任意 $q\in[0,1]$，定义 $\hat{p}=\frac{1}{m}\sum_{i=1}^m X_i$，以下不等式成立：

$$\mathbb{P}[\hat{p}\geqslant q]\leqslant e^{-m\mathrm{D}(q\|p)},$$

其中 $\mathrm{D}(q\|p)=q\log\frac{q}{p}+(1-q)\log\frac{1-q}{1-p}$ 为 p 和 q 的二元相对熵。

参考文献

Acerbi C, Tasche D, 2002. On the coherence of expected shortfall[J]. Journal of banking & finance, 26(7): 1487 – 1503.

Agarwal A, Kakade S, Krishnamurthy A, et al, 2020. FLAMBE: Structural complexity and representation learning of low rank MDPs[J]. Neural information processing systems, 33: 20095 – 20107.

Ajay A, Gupta A, Ghosh D, et al, 2022. Distributionally adaptive meta reinforcement learning[J]. Neural information processing systems, 35: 25856 – 25869.

Ajay A, Kumar A, Agrawal P, et al, 2020. OPAL: Offline primitive discovery for accelerating offline reinforcement learning[J]. International conference on learning representations.

Agarwal A, Jiang N, Kakade S M, 2022. Reinforcement learning: Theory and algorithms [M]. CS Dept. , UW Seattle, Seattle, WA, USA, Tech. Rep.

Altman E, 2021. Constrained Markov Decision Processes[M]. Boca Raton: Routledge.

Ammar H B, Eaton E, Ruvolo P, et al, 2014. Online multi-task learning for policy gradient methods]J]. International conference on machine learning, 1206 – 1214.

Argall B D, Chernova S, Veloso M, et al, 2009. A survey of robot learning from demonstration [J]. Robotics and autonomous systems, 57(5): 469 – 483.

Arjovsky M, Bottou L, 2017. Towards principled methods for training generative adversarial networks[J]. ArXiv e-Prints, 1701. 04862.

Arora S, Doshi P, 2021. A survey of inverse reinforcement learning: Challenges, methods and progress[J]. Artificial intelligence, 297: 103500.

Attia A, Dayan S, 2018. Global overview of imitation learning[J]. ArXiv e-Prints, 1801. 06503.

Aude G, Cuturi M, Peyré G, et al, 2016. Stochastic optimization for large-scale optimal transport[J]. Neural information processing systems, 29.

Bain M，Sammut C，1995. A framework for behavioural cloning［M］//Machine intelligence 15. Oxford：Oxford University Press，2000：103 – 129.

Ball P J，Smith L，Kostrikov I，et al，2023. Efficient online reinforcement learning with offline data［J］. International conference on machine learning.

Bellemare M G，Dabney W，Munos R，2017. A distributional perspective on reinforcement learning［J］. International conference on machine learning，449 – 458.

Berseth G，Zhang Z，Zhang G，et al，2021. Comps：Continual meta policy search［M］// International conference on learning representations.

Bing Z S，Lerch D，Huang K，et al，2022. Meta-reinforcement learning in non-stationary and dynamic environments［J］. IEEE transactions on pattern analysis and machine intelligence，1 – 17.

Bjorck N，Gomes C P，Weinberger K Q，2021. Towards deeper deep reinforcement learning with spectral normalization［J］. Neural information processing systems，34：8242 – 8255.

Bloem M，Bambos N，2014. Infinite time horizon maximum causal entropy inverse reinforcement learning［C］//53rd IEEE Conference on Decision and Control. Los Angeles，4911 – 4916.

Bottou L，Bousquet O，2007. The tradeoffs of large scale learning［J］. Neural information processing systems，20.

Botvinick M，Ritter S，Wang J X，et al，2019. Reinforcement learning，fast and slow ［J］. Trends in cognitive sciences，23(5)：408 – 422.

Brantley K，Sun W，Henaff M，2019. Disagreementregularized imitation learning［J］. International conference on learning representations.

Brohan A，Chebotar Y，Finn C，et al，2023. Do as i can，not as i say：Grounding language in robotic affordances［J］. Conference on robot learning，287 – 318.

Calinon S，Billard A，2007. Incremental learning of gestures by imitation in a humanoid robot［C］//Proceedings of the ACM/IEEE international conference on Human-robot interaction. 255 – 262.

Chen L L，Lu K，Rajeswaran A，et al，2021. Decision transformer：Reinforcement learning via sequence modeling［J］. Neural information processing systems，34：15084 – 15097.

Chen X，Duan Y，Houthooft R，et al，2016. InfoGAN：Interpretable representation learning by information maximizing generative adversarial nets［J］. Neural information processing systems, 29.

Cheung W C, Simchi-Levi D, Zhu R H, 2020. Reinforcement learning for non-stationary Markov decision processes: The blessing of (more) optimism[J]. International conference on machine learning, 1843 – 1854.

Choi J, Kim K E, 2011. Map inference for bayesian inverse reinforcement learning[J]. Neural information processing systems, 24.

Chopra S, Hadsell R, LeCun Y, 2005. Learning a similarity metric discriminatively, with application to face verification[C]//2005 IEEE Computer Society Conference on Computer Vision and Pattern Recognition (CVPR'05). San Diego, (1): 539 – 546

Codevilla F, Santana E, Lopez A, et al, 2019. Exploring the limitations of behavior cloning for autonomous driving[C]//2019 IEEE/CVF International Conference on Computer Vision. Seoul, 9329 – 9338.

Dabney W, Ostrovski G, Silver D, et al, 2018. Implicit quantile networks for distributional reinforcement learning[J] International conference on machine learning, 1096 – 1105.

Dabney W, Rowland M, Bellemare M, et al, 2018. Distributional reinforcement learning with quantile regression[J]. Proceedings of the AAAI Conference on Artificial Intelligence, 32 (1): 2892 – 2901.

Dadashi R, Hussenot L, Geist M, et al, 2021. Primal wasserstein imitation learning [C]. 2021-Ninth International Conference on Learning Representations.

Daniels Z, Raghavan A, Hostetler J, et al, 2022. Model-free generative replay for lifelong reinforcement learning: Application to starcraft-2[J]. The 1st Conference on Lifelong Learning Agents, 199: 1120 – 1145.

de Haan P, Jayaraman D, Levine S, 2019. Causal confusion in imitation learning[J]. Neural information processing systems, 32.

Delbaen F, Biagini S, 2000. Coherent risk measures[J]. Springer.

D'Eramo C, Tateo D, Bonarini A, et al, 2024. Sharing knowledge in multi-task deep reinforcement learning[J]. International conference on learning representations.

Devroye L, Lugosi G, 2001. Combinatorial methods in density estimation [M]. New York: Springer.

Edwards A D, Sahni H, Schroecker Y, et al, 2019. Imitating latent policies from observation[J]. International conference on machine learning, 1755 – 1763.

Espeholt L, Soyer H, Munos R, et al, 2018. IMPALA: Scalable distributed deep-RL with importance weighted actor-learner architectures[J]. International conference on machine learning，1407 – 1416.

Eysenbach B，Gupta A，Ibarz J，et al，2018. Diversity is all you need：Learning skills without a reward function[EB/OL]. https：//arxiv. org/abs/1802. 06070v6.

Fickinger A，Cohen S，Russel S，et al，2021. Crossdomain imitation learning via optimal transport[J]. International conference on learning representations.

Field M，Stirling D，Naghdy F，et al，2009. Motion capture in robotics review[C]// 2009 IEEE international conference on control and automation. New Zealand：Christchurch，1697 – 1702.

Finn C，Abbeel P，Levine S，2017. Model-agnostic meta-learning for fast adaptation of deep networks[J]. International conference on machine learning，1126 – 1135.

Finn C，Christiano P，Abbeel P，et al，2016. A connection between generative adversarial networks，inverse reinforcement learning，and energy-based models[EB/OL]. https：// arxiv. org/abs/1611. 03852.

Finn C，Levine S，Abbeel P，2016. Guided cost learning：Deep inverse optimal control via policy optimization[J]. 33rd International conference on machine learning，49 – 58.

Fu J，Kumar A，Nachum O，et al，2020. D4RL：Datasets for deep data-driven reinforcement learning[EB/OL]. https：//arxiv. org/abs/2004. 07219.

Fu J，Luo K T，Levine S，2017. Learning robust rewards with adversarial inverse reinforcement learning[EB/OL]. https：//arxiv. org/abs/1710. 11248.

Fujimoto S，van Hoof H，Meger D，2018. Addressing function approximation error in actor-critic methods[J]. International conference on machine learning，1587 – 1596.

Fujimoto S，Meger D，Precup D，2019. Off-policy deep reinforcement learning without exploration[J]. International conference on machine learning，2052 – 2062.

Ganguly A，Jain S，Watchareeruetai U，2023. Amortized variational inference：A systematic review[J]. Journal of Artificial Intelligence Research，78：167 – 215.

Ganin Y，Lempitsky V，2015. Unsupervised domain adaptation by backpropagation[J]. 32nd international conference on machine learning，2：1180 – 1189.

Garcıa J，Fernández F，2015. A comprehensive survey on safe reinforcement learning [J]. Journal of machine learning research，16(1)：1437 – 1480.

Garg D，Hejna J，Geist M，et al，2023. Extreme Q-learning：MaxEnt RL without entropy [EB/OL]. https：//arxiv. org/abs/2301. 02328.

Ghavamzadeh M，Mannor S，Pineau J，et al，2015. Bayesian reinforcement learning：A survey[J]. Foundations and Trends © in Machine Learning，8(5/6)：359 – 483.

Goodfellow I，Pouget-Abadie J，Mirza M，et al，2014．Generative adversarial nets[J]．Neural information processing systems，27．

Gretton A，Borgwardt K，Rasch M J，et al，2008．A kernel method for the two-sample problem[EB/OL]．https://arxiv.org/abs/0805.2368．

Gu A，Dao T，2023．Mamba：Linear-time sequence modeling with selective state spaces [EB/OL]．https://arxiv.org/abs/2312.00752．

Gu A，Goel K，Re C，2022．Efficiently modeling long sequences with structured state spaces[J]．International conference on learning representations．

Gupta A，Devin C，Liu Y X，et al，2016．Learning invariant feature spaces to transfer skills with reinforcement learning[J]．International conference on learning representations.

Gupta A，Devin C，Liu Y X，et al，2017．Learning invariant feature spaces to transfer skills with reinforcement learning[EB/OL]．https://arxiv.org/abs/1703.02949v1.

Haarnoja T，Tang H R，Abbeel P，et al，2017．Reinforcement learning with deep energy-based policies[J]．International conference on machine learning，1352 - 1361.

Haarnoja T，Zhou A，Abbeel P，et al，2018．Soft actor-critic：Off-policy maximum entropy deep reinforcement learning with a stochastic actor[J]．International conference on machine learning，pages 1861 - 1870.

Hanna J，Stone P，2017．Grounded action transformation for robot learning in simulation[J]．Thirty-first AAAI conference on artificial intelligence，31(1).

Hazan E，Kalai A，Kale S，et al，2006．Logarithmic regret algorithms for online convex optimization[M]//Lecture Notes in Computer Science．Berlin，Heidelberg：Springer Berlin Heidelberg，499 - 513.

He K M，Zhang X Y，Ren S Q，et al，2016．Deep residual learning for image recognition [C]//2016 IEEE Conference on Computer Vision and Pattern Recognition (CVPR)．Las Vegas，770 - 778.

Henderson P，Chang W D，Bacon P L，et al，2018．OptionGAN：Learning joint reward-policy options using generative adversarial inverse reinforcement learning[J]．The AAAI Conference on Artificial Intelligence，32(1).

Ho J，Ermon S，2016．Generative adversarial imitation learning[J]．Neural information processing systems，29.

Ho J，Gupta J K，Ermon S，2016．Model-free imitation learning with policy optimization[J]．International Conference on Machine Learning，2760 - 2769.

Holden D，Saito J，Komura T，2016．A deep learning framework for character motion synthesis and editing[J]. ACM Transactions on Graphics，35(4)：138.

Ijspeert A J，Nakanishi J，Schaal S，2001. Trajectory formation for imitation with nonlinear dynamical systems[C]//Proceedings 2001 IEEE/RSJ International Conference on Intelligent Robots and Systems. Expanding the Societal Role of Robotics in the the Next Millennium (Cat. No. 01CH37180). Maui，2：752－757.

Janner M，Li Q Y，Levine S，2021. Offline reinforcement learning as one big sequence modeling problem[J]. Neural information processing systems，34：1273－1286.

Kakade S M，Tewari A，2008. On the generalization ability of online strongly convex programming algorithms[J]. Neural Information Processing Systems，21.

Karpas E D，Abend O，Belinkov Y，et al，2022. MRKL Systems：A modular，neuro-symbolic architecture that combines large language models，external knowledge sources and discrete reasoning[EB/OL]. https://arxiv. org/abs/2205. 00445.

Ke L，Choudhury S，Barnes M，et al，2020. Imitation learning as f-divergence minimization [J]. International workshop on the algorithmic foundations of robotics，313－329.

Khetarpal K，Riemer M，Rish I，et al，2022. Towards continual reinforcement learning：A review and perspectives[J]. Journal of artificial intelligence research，75：1401－1476.

Kidambi R，Chang J，Sun W，2021. Mobile：Model-based imitation learning from observation alone[J]. Neural Information Processing Systems，34：28598－28611.

Kim K，Gu Y，Song J，et al，2020. Domain adaptive imitation learning[J]. International conference on machine learning，5286－5295.

Kingma D P，Ba J，Hammad M M，2014. Adam：A method for stochastic optimization [EB/OL]. https：//arxiv. org/abs/1412. 6980v9.

Kingma D P，Welling M，2013. Auto-encoding variational Bayes[EB/OL]. https：// arxiv. org/abs/1312. 6114.

Kingma D P，Welling M，2019. An introduction to variational autoencoders[J]. Foundations and Trends © in Machine Learning，12(4)：307－392.

Klein E，Geist M，Piot B，et al，2012. Inverse reinforcement learning through structured classification[J]. Neural information processing systems，25.

Klein E，Piot B，Geist M，et al，2013. A cascaded supervised learning approach to inverse reinforcement learning[M]//Joint European conference on machine learning and knowledge discovery in databases，1－16.

Konidaris G，Barto A，2006. Autonomous shaping：Knowledge transfer in reinforcement learning［C］//Proceedings of the 23rd international conference on Machine learning. Pittsburgh，489－496.

Kumar A，Fu J，Soh M，et al，2019. Stabilizing off-policy q-learning via bootstrapping error reduction［J］. Neural information processing systems，32.

Kuniyoshi Y，Inaba M，Inoue H，1994. Learning by watching：Extracting reusable task knowledge from visual observation of human performance［J］. IEEE transactions on robotics and automation，10(6)：799－822.

Laskin M，Wang L，Oh J，et al，2023. In-context reinforcement learning with algorithm distillation［J］. The 11th international conference on learning representations.

Lecarpentier E，Rachelson E，2019. Non-stationary Markov decision processes，a worst-case approach using model-based reinforcement learning，extended version［J］. Neural information processing systems，32.

Lee J，Xie A，Pacchiano A，et al，2024. Supervised pretraining can learn in-context reinforcement learning［J］. Neural information processing systems，36.

Lee K-H，Nachum O，Yang M S，et al，2022. Multi-game decision transformers［J］. Neural information processing systems，35：27921－27936.

Levine S，Popovic Z，Koltun V，2010. Feature construction for inverse reinforcement learning［J］. Neural information processing systems，23.

Li M H，Song FF，Yu B W，et al，2023. API-bank：A comprehensive benchmark for tool-augmented LLMs［EB/OL］. https：//arxiv. org/abs/2304. 08244.

Li X L，Zhou Y B，Wu T F，et al，2019. Learn to grow：A continual structure learning framework for overcoming catastrophic forgetting［J］. International conference on machine learning，3925－3934.

Lillicrap T P，Hunt J J，Pritzel A，et al，2015. Continuous control with deep reinforcement learning［EB/OL］. https：//arxiv. org/abs/1509. 02971v6.

Liu B，Jiang Y，Zhang X，et al，2023a. Llm＋p：Empowering large language models with optimal planning proficiency.

Liu B，Jiang Y Q，Zhang X H，et al，2023. LLM＋P：Empowering large language models with optimal planning proficiency［EB/OL］. https：//arxiv. org/abs/2304. 11477.

Liu F，Ling Z，Mu T，et al，2019. State alignment-based imitation learning［J］. International conference on learning representations.

Liu H，Sferrazza C，Abbeel P，2023. Chain of hindsight aligns language models with feedback. ［EB/OL］. https：//arxiv. org/abs/2302. 02676.

Liu H，Simonyan K，Yang Y，2018. Darts：Differentiable architecture search［J］. International conference on learning representations.

Liu Y X，Gupta A，Abbeel P，et al，2018. Imitation from observation：Learning to imitate behaviors from raw video via context translation［C］//2018 IEEE International Conference on Robotics and Automation. Brisbane，1118 – 1125.

Liu Z，Guo Z，Yao Y，et al，2023. Constrained decision transformer for offline safe reinforcement learning［J］. International conference on machine learning，21611 – 21630.

Maurer A，Pontil M，Romera-Paredes B，2016. The benefit of multitask representation learning. Journal of machine learning research，17(81)：1 – 32.

Mémoli F，2011. Gromov-Wasserstein distances and the metric approach to object matching［J］. Foundations of computational mathematics，11(4)：417 – 487.

Mendonca R，Gupta A，Kralev R，et al，2019. Guided meta-policy search［J］. Neural information processing systems，32.

Merel J，Tassa Y，Tb D，et al，2017. Learning human behaviors from motion capture by adversarial imitation［EB/OL］. https：//arxiv. org/abs/1707. 02201v2.

Mitchell E，Rafailov R，Peng X B，et al，2021. Offline meta-reinforcement learning with advantage weighting［J］. International conference on machine learning，7780 – 7791.

Mnih V，Kavukcuoglu K，Silver D，et al，2015. Human-level control through deep reinforcement learning［J］. Nature，518(7540)：529 – 533.

Müller M，2007. Dynamic time warping［M］//Information Retrieval for Music and Motion. Heidelberg：Springer Berlin Heidelberg，69 – 84.

Nair A，Chen D，Agrawal P，et al，2017. Combining self-supervised learning and imitation for vision-based rope manipulation［C］//2017 IEEE International Conference on Robotics and Automation (ICRA). Singapore，2146 – 2153.

Ng A Y，Russell S，2000. Algorithms for inverse reinforcement learning［J］. International conference on machine learning，2.

Nguyen T，Le T，Zhao H，et al，2021. MOST：Multi-source domain adaptation via optimal transport for student-teacher learning (supplementary material)［J］. Uncertainty in Artificial Intelligence，225 – 235.

Orsini M，Raichuk A，Hussenot L，et al，2021. What matters for adversarial imitation learning? ［J］. Neural information processing systems，34：14656 – 14668.

Padakandla S，K J P，Bhatnagar S，2020. Reinforcement learning algorithm for non-stationary environments[J]. Applied Intelligence, 50(11): 3590 - 3606.

Papagiannis G, Li Y, 2020. Imitation learning with sinkhorn distances [EB/OL]. https://arxiv. org/abs/2008. 09167.

Parisi A, Zhao Y, Fiedel N, 2022. Talm: Tool augmented language models[EB/OL]. https://arxiv. org/abs/2205. 12255.

Parisi G I, Kemker R, Part J L, et al, 2019. Continual lifelong learning with neural networks: A review[J]. Neural networks, 113: 54 - 71.

Pavse B S, Torabi F, Hanna J, et al, 2020. RIDM: Reinforced inverse dynamics modeling for learning from a single observed demonstration[J]. IEEE Robotics and Automation Letters, 5(4): 6262 - 6269.

Peng X B, Abbeel P, Levine S, et al, 2018. DeepMimic: Example-guided deep reinforcement learning of physics-based character skills[J]. ACM Transactions on graphics, 37(4): 143.

Peyré G, Cuturi M, 2019. Computational optimal transport: With applications to data science[J]. Foundations and Trends © in Machine Learning, 11(5/6): 355 - 607.

Powers S, Xing E, Kolve E, et al, 2022. CORA: Benchmarks, baselines, and metrics as a platform for continual reinforcement learning agents[J]. Conference on lifelong learning agents, 705 - 743.

Pratt J W, 1978. Risk aversion in the small and in the large[J]. Uncertainty in economics, 59 - 79.

Puterman M L, 2014. Markov decision processes: Discrete stochastic dynamic programming [M]. London: John Wiley & Sons.

Rabin M, 2013. Risk aversion and expected-utility theory: A calibration theorem[J]. Handbook of the fundamentals of financial decision making: Part I, 241 - 252.

Radford A, Narasimhan K, Salimans T, et al, 2018. Improving language understanding by generative pre-training[EB/OL]. https://gwern. net/doc/www/s3-us-west-2. amazonaws. com/d73fdc5ffa8627bce44dcda2fc012da638ffb158. pdf.

Rakelly K, Zhou A, Quillen D, et al, 2019. Efficient off-policy meta-reinforcement learning via probabilistic context variables[J]. International conference on machine learning, 5331 - 5340.

Ramachandran D, Amir E, 2007. Bayesian inverse reinforcement learning[J]. International joint conference on artificial intelligence, 7: 2586 - 2591.

Raychaudhuri D S, Paul S, Vanbaar J, et al, 2021. Cross-domain imitation from observations[J]. International conference on machine learning, 8902 - 8912.

Rengarajan D, Chaudhary S, Kim J, et al, 2022. Enhanced meta reinforcement learning via demonstrations in sparse reward environments[J]. Neural information processing systems, 35: 2737 - 2749.

Riemer M, Klinger T, Bouneffouf D, et al, 2019. Scalable recollections for continual lifelong learning[J]. Proceedings of the AAAI conference on artificial intelligence, 33 (1): 1352 - 1359.

Rockafellar R T, Uryasev S, 2002. Conditional value-at-risk for general loss distributions[J]. Journal of banking & finance, 26(7): 1443 - 1471.

Ross S, Bagnell D, 2010. Efficient reductions for imitation learning[J]. Proceedings of the thirteenth international conference on artificial intelligence and statistics, 661 - 668.

Ross S, Bagnell J A, 2014. Reinforcement and imitation learning via interactive No-regret learning[EB/OL]. https://arxiv.org/abs/1406.5979v1.

Ross S, Gordon G, Bagnell D, 2011. A reduction of imitation learning and structured prediction to no-regret online learning[J]. Proceedings of the fourteenth international conference on artificial intelligence and statistics, 627 - 635.

Santambrogio F, 2015. Optimal Transport for Applied Mathematicians: Calculus of Variations, PDEs, and Modeling[M]. Cham: Springer International Publishing.

Schaul T, Horgan D, Gregor K, et al, 2015. Universal value function approximators [J]. International conference on machine learning, 1312 - 1320.

Schlegel M, Chung W, Graves D, et al, 2019. Importance resampling for off-policy prediction[J]. Neural information processing systems, 32.

Schmidhuber J, 2013. PowerPlay: Training an increasingly general problem solver by continually searching for the simplest still unsolvable problem[J]. Frontiers in psychology, 4: 313.

Schwarz J, Czarnecki W, Luketina J, et al, 2018. Progress & compress: A scalable framework for continual learning[J]. International conference on machine learning, 4528 - 4537.

Sermanet P, Lynch C, Chebotar Y, et al, 2018. Time-contrastive networks: Self-supervised learning from video[C]//2018 IEEE international conference on robotics and automation (ICRA). Brisbane, 1134 - 1141.

Shafiullah N M, Cui Z, Altanzaya A A, et al, 2022. Behavior transformers: Cloning k modes with one stone[J]. Neural information processing systems, 35: 22955 - 22968.

Shalev-Shwartz S, Kakade S, 2008. Mind the Duality Gap: Logarithmic regret algorithms for online optimization[J]. Neural information processing systems, 21.

Sharma P, Pathak D, Gupta A, 2019. Third-person visual imitation learning via decoupled hierarchical controller[J]. Neural information processing systems, 32.

Shen Y L, Song K T, Tan X, et al, 2024. HuggingGPT: Solving AI tasks with ChatGPT and its friends in hugging face[J]. Neural information processing systems, 36.

Shinn N, Cassano F, Gopinath A, et al, 2024. Reflexion: Language agents with verbal reinforcement learning[J]. Neural information processing systems, 36.

Silver T, Allen K, Tenenbaum J, et al, 2018. Residual policy learning[EB/OL]. https://arxiv. org/abs/1812. 06298v2.

Singh R, Lee K, Chen Y, 2022. Sample-based distributional policy gradient[J]. Learning for dynamics and control conference, 676 - 688.

Singh R, Zhang Q, Chen Y, 2020. Improving robustness via risk averse distributional reinforcement learning[J]. Learning for dynamics and control conference, 958 - 968.

Sriperumbudur B K, Fukumizu K, Gretton A, et al, 2009. On integral probability metrics, φ-divergences and binary classification[EB/OL]. https://arxiv. org/abs/0901. 2698v4.

Stadie B C, Abbeel P, Sutskever I, 2017. Third-person imitation learning[EB/OL]. https://arxiv. org/abs/1703. 01703v2.

Sun W, Vemula A, Boots B, et al, 2019. Provably efficient imitation learning from observation alone[J]. International conference on machine learning, 6036 - 6045.

Sun W, Venkatraman A, Gordon G J, et al, 2017. Deeply AggreVaTeD: Differentiable imitation learning for sequential prediction[J]. International conference on machine learning, 3309 - 3318.

Taylor M E, Jong N K, Stone P, 2008. Transferring instances for model-based reinforcement learning[M]//Lecture Notes in Computer Science. Berlin, Heidelberg: Springer Berlin Heidelberg, 488 - 505.

Taylor M E, Stone P, Liu Y X, 2007. Transfer learning via inter-task mappings for temporal difference learning[J]. Journal of Machine Learning Research, 8: 2125 - 2167.

Tessler C, Givony S, Zahavy T, et al, 2017. A deep hierarchical approach to lifelong learning in minecraft[J]. Proceedings of the AAAI conference on artificial intelligence, 2017, 31(1).

Torabi F，Warnell G，Stone P，2018. Behavioral cloning from observation[EB/OL]. https：//arxiv. org/abs/1805. 01954.

Torabi F，Warnell G，Stone P，2019. Recent advances in imitation learning from observation[EB/OL]. https：//arxiv. org/abs/1905. 13566.

Tversky A，Kahneman D，1992. Advances in prospect theory：Cumulative representation of uncertainty[J]. Journal of Risk and Uncertainty，5(4)：297 - 323.

Uchibe E，2018. Model-free deep inverse reinforcement learning by logistic regression [J]. Neural Processing Letters，47(3)：891 - 905.

Urp'i N A，Curi S，Krause A，2021. Risk-averse offline reinforcement learning[EB/OL]. https：//arxiv. org/abs/2102. 05371.

Villani C，2009. Optimal transport：Old and new[J]. Springer，338.

Wang Y F，Yang C，Wen Y，et al，2024. Critic-guided decision transformer for offline reinforcement learning[J]. The AAAI conference on artificial intelligence，38(14)：15706 - 15714.

Wang Z F，Zhang ZZ，Lee C Y，et al，2022. Learning to prompt for continual learning [C]//2022 IEEE/CVF Conference on Computer Vision and Pattern Recognition (CVPR). New Orleans，LA，139 - 149.

Watkins C J C H，Dayan P，1992. Q-learning[J]. Machine learning，8(3)：279 - 292.

Wei J，Wang X，Schuurmans D，et al，2022. Chain-of-thought prompting elicits reasoning in large language models[J]. Neural information processing systems，35：24824 - 24837.

Weng L，2019. Meta reinforcement learning[EB/OL]. lilianweng. github. io.

Weng L，2023. Llm-powered autonomous agents[EB/OL]. lilianweng. github. io.

Williams R J，1992. Simple statistical gradient-following algorithms for connectionist reinforcement learning[J]. Machine Learning，8(3)：229 - 256.

Wolczyk M，Zaj？c M，Pascanu R，et al，2022. Disentangling transfer in continual reinforcement learning[J]. Neural information processing systems，35：6304 - 6317.

Yang D，Zhao L，Lin Z C，et al，2019. Fully parameterized quantile function for distributional reinforcement learning[J]. Neural information processing systems，32.

Yao S，Yu D，Zhao J，et al，2024. Tree of thoughts：Deliberate problem solving with large language models[J]. Neural information processing systems，36.

Yao S，Zhao J，Yu D，et al，2022. React：Synergizing reasoning and acting in language models[J]. The 11th international conference on learning representations.

Yu T H，Quillen D，He Z P，et al，2020. Meta-world：A benchmark and evaluation for multi-task and meta reinforcement learning[J]. Conference on robot learning，1094 - 1100.

Zhao M，Abbeel P，James S，2022. On the effectiveness of finetuning versus meta-reinforcement learning [J]. Neural information processing systems，35：26519 - 26531.

Zheng Q，Zhang A，Grover A，2022. Online decision transformer[J]. International conference on machine learning，27042 - 27059.

Zhu F D，Chang X J，Zeng R H，et al，2019. Continual reinforcement learning with diversity exploration and adversarial self-correction[EB/OL]. https：//arxiv. org/abs/ 1906. 09205.

Ziebart B D，Bagnell J，Dey A，2010. Modeling interaction via the principle of maximum causal entropy[J]. International conference on machine learning.

Ziebart B D，Maas A L，Bagnell J A，et al，2008. Maximum entropy inverse reinforcement learning[J]. The AAAI，8：1433 - 1438.

Zweig A，Bruna J，2020. Provably efficient third-person imitation from offline observation [J]. Conference on uncertainty in artificial intelligence，1228 - 1237.

本书结束语

本书介绍了丰富多样的强化学习算法和技术,讨论了它们的理论基础、数学推导以及应用场景。尽管本书并未覆盖强化学习领域的所有内容,但我们希望通过阅读本书,读者能够获得强化学习领域广泛性的初步认识,并理解其与统计学、信息论、优化理论、博弈论、自动机等多个领域的紧密联系。本书中介绍的基本概念、算法及其证明技巧,将为读者提供分析其他学习算法所需的工具,包括书中分析的算法的各种变种。此外,这些概念和方法也有助于新算法的设计或新学习方案的研究。

我们鼓励读者不仅要探索本书中的内容,还应广泛寻求理论、算法及应用学习问题的更优解决方案。每章穿插的提问环节将帮助读者更加深入地理解本书中描述的技术和概念,其中的一些思考也可作为开展研究工作的起点,激发对新问题的探索。本书所介绍的许多算法及其变种,多数能够直接应用于实际问题的解决,帮助我们应对现实中的学习挑战。我们对这些算法的详细描述及讨论,将有助于读者在实际工作中实现这些算法,或将其调整应用到其他学习场景中。尽管强化学习是机器学习中一个相对较传统的领域,但它无疑仍是计算机科学中最为活跃的研究方向之一。随着模型性能的不断提升、数字化数据的获取更加广泛及其在各个领域中的广泛应用,预计该领域将在未来的十几年继续快速发展。

不同性质的强化学习问题将为研究者提出新的挑战,这些问题有的来源于数据规模的急剧增加,一些应用已经需要处理数十亿条记录;有的则与全新的学习框架的引入相关。在这些新挑战面前,新的算法解决方案将成为必须。无论如何,强化学习理论、算法及研究前沿依然充满着无限的可能性和机遇。

致　谢

　　首先，感谢国家对人工智能领域的持续支持。在政策和资源的不断支持下，中国的人工智能研究正在蓬勃发展，这不仅为本书研究的顺利进行提供了宝贵的资源，也为从事人工智能工作的科研人员提供了无限的机会和支持。正是国家的支持，使得我们能够在这一技术前沿领域不断探索。

　　其次，感谢浙江大学提供的优越科研环境与支持平台。作为学术研究的沃土，浙江大学为我们提供了一个自由探索与创新的环境，使我得以在强化学习的领域深入钻研，发掘技术背后的深层逻辑。浙江大学的科研平台和资源，为本书研究工作的推进提供了坚实的后盾。

　　我还要特别感谢我的博士生导师钱徽教授，他在我的学术生涯中给予了无私的帮助和指导。导师不仅在学术上为我指引方向，更在研究方法和思维方式上对我产生了深远影响。导师的耐心教导和鼓励，使我在面对学术上的挑战时始终充满信心。没有他的支持，本书的完成将难以想象。

　　我深深感谢我的父母和妻子，正是他们始终如一的理解和支持，成为我在研究道路上的精神支柱和坚强后盾。父母的无条件关爱和妻子的协助与支持，让我得以心无旁骛地投身于本书的研究与写作中。

　　此外，还要感谢实验室的其他老师，尤其是张超老师和赵涵斌老师。他们在实验设计和论文写作过程中提出了宝贵的指导意见，使我在研究的各个阶段都能够获得有益的反馈。他们的建议不仅丰富了本书的内容，更使我在科研能力上得到了进一步提升。

　　感谢所有在我学术生涯中给予过支持的人士，正是你们的帮助和鼓励，才使得本书得以顺利完成。

白文松

浙江大学

2024 年 11 月 15 日